建筑工程快速识图技巧

第二版

黄 梅 主编

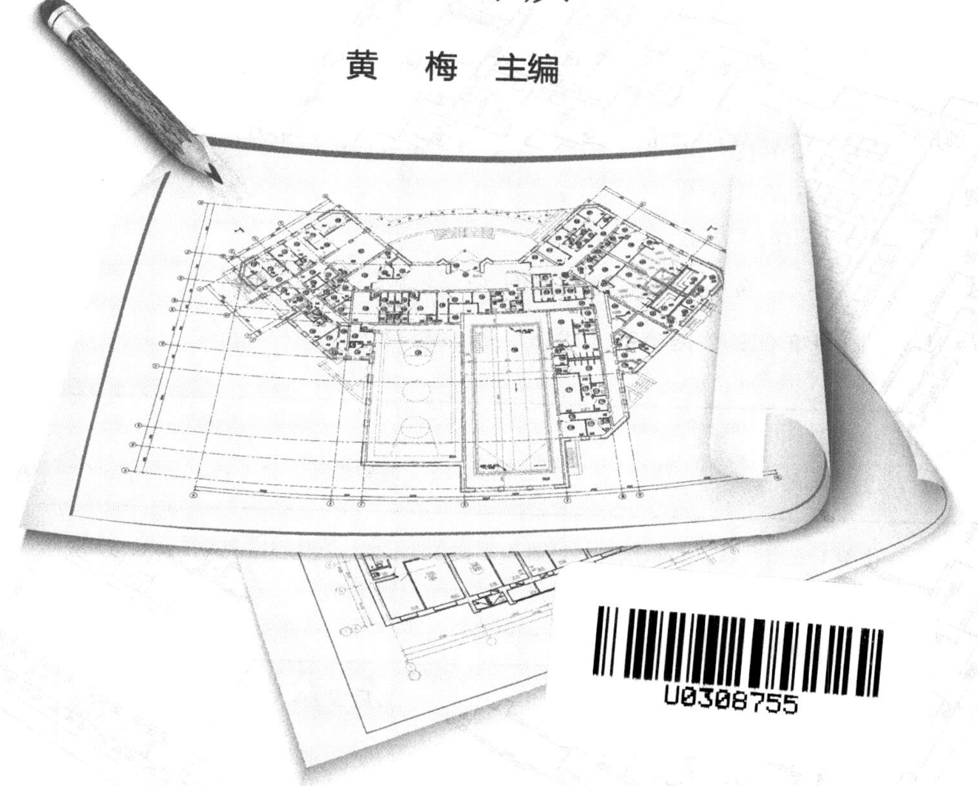

化学工业出版社

·北京·

本书共分12章，内容包括建筑工程制图基础、建筑施工图识读技巧、结构施工图识读技巧、房屋构造基础知识、基础工程施工图识读技巧、地下室构造图识读技巧、墙体施工图识读技巧、楼地面构造图识读技巧、楼梯和电梯施工图识读技巧、屋顶构造图识读技巧、门窗构造图识读技巧、变形缝构造图识读技巧，详细地讲解了最新制图标准，识图方法、步骤与技巧，并配有大量识读实例，具有内容简明实用，重点突出，与实际结合性强等特点。

本书既可供建筑工程设计、施工、监理等相关技术管理人员使用，也可供广大有志于从事建筑工程施工工作的人员自学工程施工图基础知识及相关识读技巧时参考使用。

图书在版编目（CIP）数据

建筑工程快速识图技巧/黄梅主编．—2版．—北京：化学工业出版社，2018.6（2023.1重印）

ISBN 978-7-122-31925-8

Ⅰ.①建… Ⅱ.①黄… Ⅲ.①建筑制图-识图 Ⅳ.①TU204.21

中国版本图书馆CIP数据核字（2018）第073874号

责任编辑：徐　娟

责任校对：边　涛　　装帧设计：张　辉

出版发行：化学工业出版社（北京市东城区青年湖南街13号　邮政编码100011）

印　　装：北京天宇星印刷厂

710mm×1000mm　1/16　印张14½　字数290千字　2023年1月北京第2版第13次印刷

购书咨询：010-64518888　　售后服务：010-64518899

网　　址：http://www.cip.com.cn

凡购买本书，如有缺损质量问题，本社销售中心负责调换。

定　　价：49.80元

编写人员名单

主　　编： 黄　梅

编写人员： 马辰雨　王　柳　刘济铭　齐　琳
宋宜静　张　月　张　铎　李　倩
罗舒心　姜　丹　徐　闯　袁　震
崔珊珊　曹思梦　曹　雷　白雅君
张光明　谢　奕　朱思怡　申　思
刘　璐　王　惠　刘敬霞　李　颖
白　阳　邹　韵　王志良　赵华宇
赵　静　王金鹏　牟　艺　姜万凤
马国瑞　徐　涛　李　峰　孙腾飞
高艳梅　徐倩倩　王　燕　陈　露
黄　梅

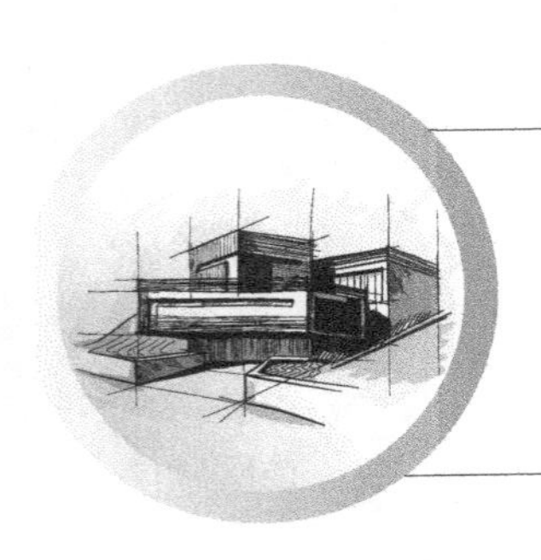

前 言

近年来，我国经济的稳步发展，促使建筑以及与建筑业有关的行业蓬勃发展起来，从事建筑行业的人员也日益壮大。而如何提高这些建筑相关人员的专业素质，是我们迫切需要解决的问题。

在与建筑有关的许多专业知识中，建筑制图与识图方面的知识是最为基础和重要的。然而，当今市场上有关这方面的书籍大多为专业教材，而教材主要是面向在校大学生，通过老师的讲解来介绍有关建筑制图与识图方面的知识，这对社会上的大多数工程技术人员来讲，很难消化、理解并吸收。他们真正需求的是能够快速地通过自学来提高相关的专业知识，理论与实践相结合，迅速掌握建筑识图知识，从而成为建筑识图方面的佼佼者。

本书完全依照现阶段我国施工图设计的要求，系统地介绍了建筑、结构施工图中所包含的内容、编排顺序，并结合有关规范和部分工程施工图实例详尽地讲解建筑、结构识图的方法及要点，并针对实际工程中容易被初学者忽略的问题做了特别说明。同时为了帮助一些基础知识相对薄弱的读者，适当讲解了建筑、结构专业的基本概念和专业基础知识。本书共分 12 章，内容包括建筑工程制图基础、建筑施工图识读技巧、结构施工图识读技巧、房屋构造基础知识、基础工程施工图识读技巧、地下室构造图识读技巧、墙体施工图识读技巧、楼地面构造图识读技巧、楼梯和电梯施工图识读技巧、屋顶构造图识读技巧、门窗构造图识读技巧、变形缝构造图识读技巧。书中详细地讲解了最新制图标准，识图方法、步骤与技巧，并配有大量识读实例，具有内容简明实用、重点突出、与实际结合性强等特点。本书既可供建筑工程设计、施工、监理等相关技术管理人员使用，也可作为广大从事建筑工程施工工作的人员自学工程施工图基础知识及相关识读技巧时的参考工具书。

本书编写过程中参考或引用了部分单位或个人的相关资料，在此表示衷心的感谢。尽管编写人员尽心尽力，但书中疏漏及不当之处在所难免，敬请广大读者批评指正，以便及时修订与完善。

编　者

2018 年 2 月

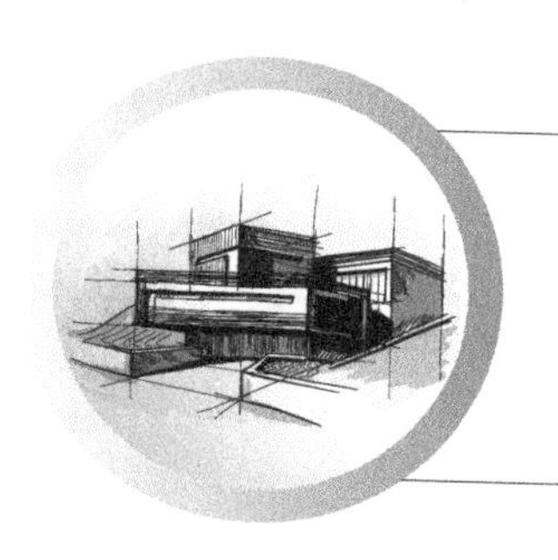

第一版前言

我国经济的稳步发展，促使建筑业以及与建筑业有关的行业蓬勃发展起来，从事建筑行业的人员也日益壮大。如何提高建筑行业从业人员的专业素质，是我们迫切需要解决的问题。

在与建筑有关的许多专业知识中，建筑制图与识图方面的知识是最为基础和重要的。市场上的图书主要是结合老师的讲解来学习有关建筑制图与识图方面的知识，这对大多数工程技术人员来讲很难消化、理解并吸收。他们真正需求的是能够快速地通过自学来提高相关的专业知识，理论与实践相结合，从而迅速掌握建筑识图知识，成为建筑识图方面的佼佼者。最近，住房和城乡建设部重新对制图标准进行了修订，最新颁布了《房屋建筑制图统一标准》(GB/T 50001—2010)、《总图制图标准》(GB/T 50103—2010)、《建筑制图标准》(GB/T 50104—2010)、《建筑结构制图标准》(GB/T 50105—2010) 等标准。这些都促使我们编写一本真正适合广大工程技术人员参考使用的书籍。

本书详细地讲解了最新制图标准，识图方法、步骤与技巧，并配有大量识读实例，具有内容简明实用、重点突出、与实际结合性强等特点，可供建筑工程设计、施工、监理等相关技术和管理人员使用，也可供广大有志于从事建筑工程施工工作的人员自学工程施工图基础知识及相关识读技巧时参考。

本书编写过程中参考或引用了部分单位或个人的相关资料，在此表示衷心的感谢。尽管编写人员尽心尽力，但不当之处在所难免，敬请广大读者批评指正，以便及时修订与完善。

编者

2012 年 6 月

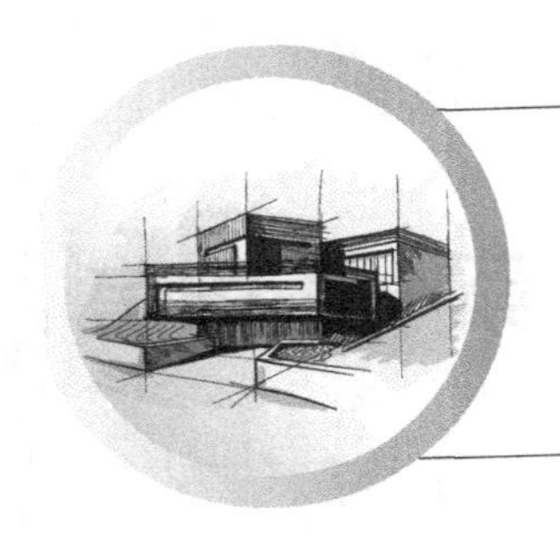

目录

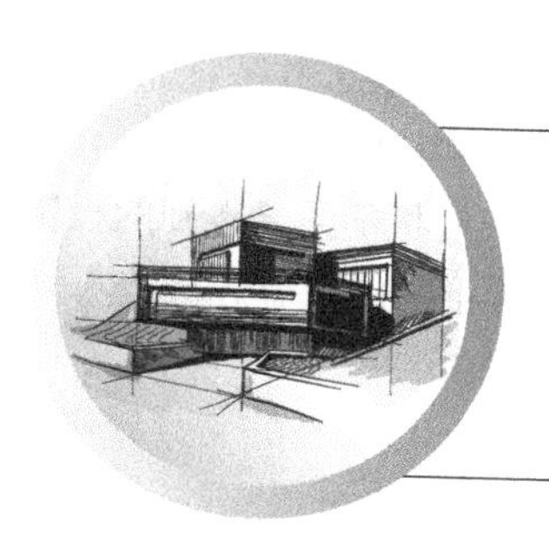

1 建筑工程制图基础

1.1 投影原理

1.1.1 投影的形成与分类

(1) 投影的形成

在日常生活中我们可以看到许多有关投影的现象。例如，在阳光照射下，一棵树、一幢楼等都会在地面上或墙面上形成影子。在室内，当灯光照射桌子时，会在地板上产生影子，如图 1-1 所示。当光线照射角度或者光源位置改变时，影子的位置、形状也会随之变化。工程上的投影图应精确表达工程物体及其内部的形状和结构，因此，假设光线必须能够穿透物体内部，即把生活中的投影现象抽象出来，表述为光线照射在物体上在投影面上就形成了投影。

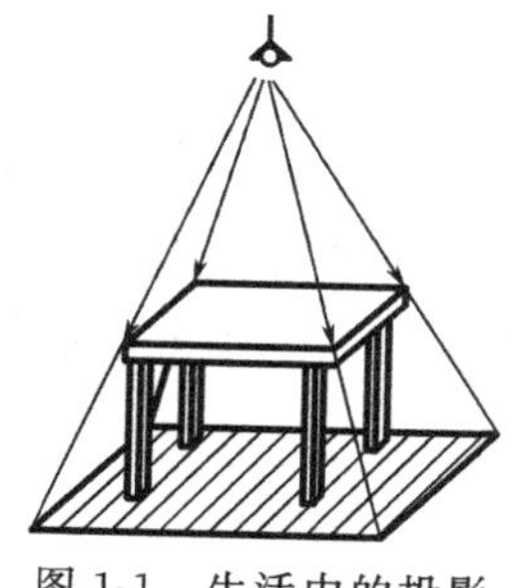

图 1-1　生活中的投影

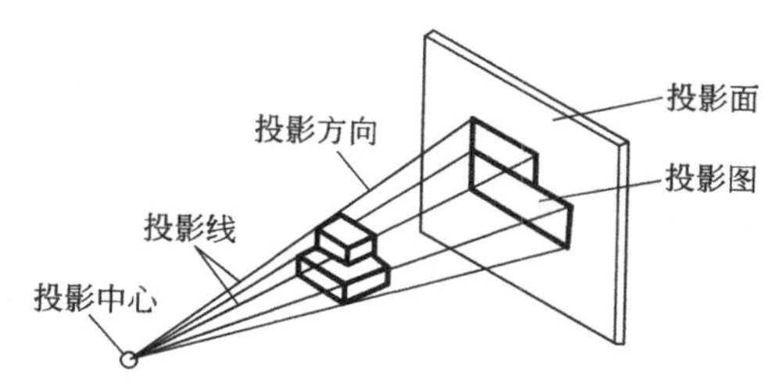

图 1-2　投影图的形成

投影中心投射出投影线在投影面上就形成了投影图，如图 1-2 所示。对投影概念的理解应注意以下两点。

① 投影形成的三个要素：投影线、投影对象（点、线、面或形体）、投影面。其中投影线是投影中心发出的。如把投影中心移到无穷远处，投影中心发出的投影线就可看成是平行的。投影对象是介于投影面和投影中心之间的位置的。投影面是一平面，通常情况下此平面和形体是平行的。

② 在制图中所得到的投影图和现实中的投影不同。制图中的投影是把形体内部或后面看不到的结构用虚线来表示。然而生活中的投影只是表现为阴影。

投影线所确定的投影方向不同，反映出的投影对象的大小和形状不同，得到的投影图也不同。根据不同的投影方向得到不同的投影图，也就对应着不同的投影方法。

(2) 投影的分类

投影分中心投影和平行投影两大类。

① 中心投影　中心投影是指由一点发出投影线所形成的投影，如图 1-3(a) 所示。

② 平行投影　平行投影是指投影线相互平行所形成的投影。依据投影线与投影面的夹角不同，平行投影又分为正投影和斜投影两种，如图 1-3(b) 所示。

a. 正投影：投影线相互平行且垂直于投影面的投影。

b. 斜投影：投影线倾斜于投影面所形成的投影。

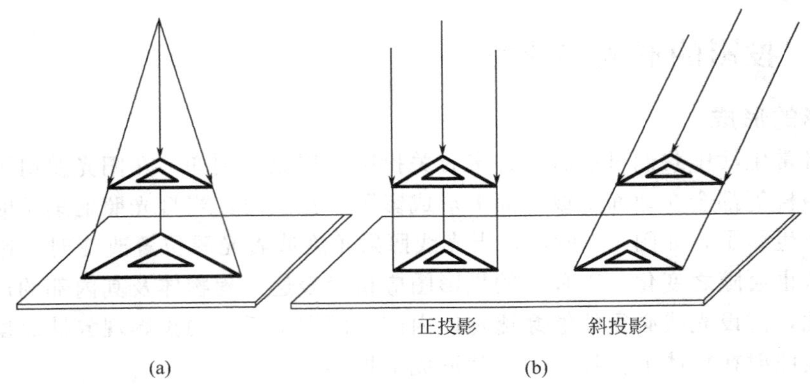

图 1-3　投影的分类

(a) 中心投影；(b) 平行投影

在正投影条件下，使物体的某个面平行于投影面，则该面的正投影反映其实际形状和大小。因此，一般工程图样都选用正投影原理绘制。运用正投影法绘制的图形称为正投影图。在投影图中，可见轮廓画成实线，不可见的画成虚线，如图 1-4 所示。

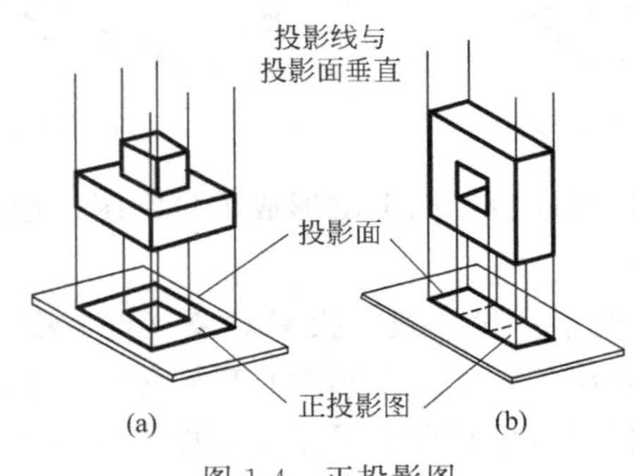

图 1-4　正投影图

(a) 可见轮廓；(b) 不可见轮廓

1.1.2 正投影的基本特征

(1) 真实性

当直线线段或平面图形平行于投影面时，其投影反映实长或实形，如图 1-5(a)、(b) 所示。

(2) 积聚性

当直线或平面平行于投影线时（或垂直于投影面），其投影积聚为一点或一直线，如图 1-5(c)、(d) 所示。

(3) 类似性

当直线或平面倾斜于投影面而又不平行于投影线时，其投影小于实长或不反映实形，但与原形类似，如图 1-5(e)、(f) 所示。

(4) 平行性

互相平行的两直线在同一投影面上的投影保持平行，如图 1-5(g) 中 $AB/\!/CD$，则 $ab/\!/cd$。

(5) 从属性

如果点在直线上，则点的投影必在直线的投影上，如图 1-5(e) 中 C 点在 AB 上，C 点的投影 c 必在 AB 的投影 ab 上。

(6) 定比性

直线上一点所分直线线段的长度之比等于它们的投影长度之比；两平行线段的

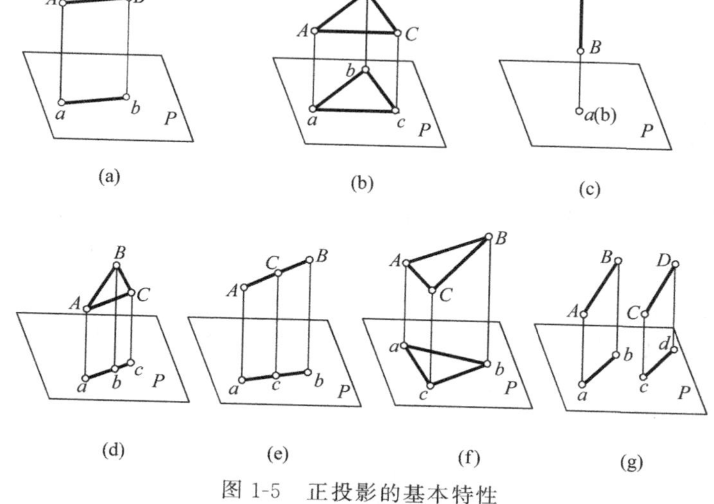

图 1-5 正投影的基本特性

(a) 直线线段平行于投影面；(b) 平面图形平行于投影面；(c) 直线垂直于投影面；(d) 平面平行于投影线；(e) 直线倾斜于投影面而又不平行于投射线；(f) 平面倾斜于投影面而又不平行于投影线；(g) 互相平行的两直线在同一投影面上

长度之比等于它们没有积聚性的投影长度之比，如图 1-5(e) 中 $AC:CB=ac:cb$，图 1-5(g) 中 $AB:CD=ab:cd$。

1.2 点、直线和平面的投影

1.2.1 点的投影

任何形体都是由若干表面所围成的，而表面都是由点、线等几何元素所组成的。所以，点是组成空间形体最基本的几何要素，要研究形体的投影问题，首先要研究点的投影。

(1) 点的三面投影的形成

图 1-6(a) 是空间点 A 的三面投影的直观图，过 A 点分别向 H、V、W 面的投影为 a、a'、a''。

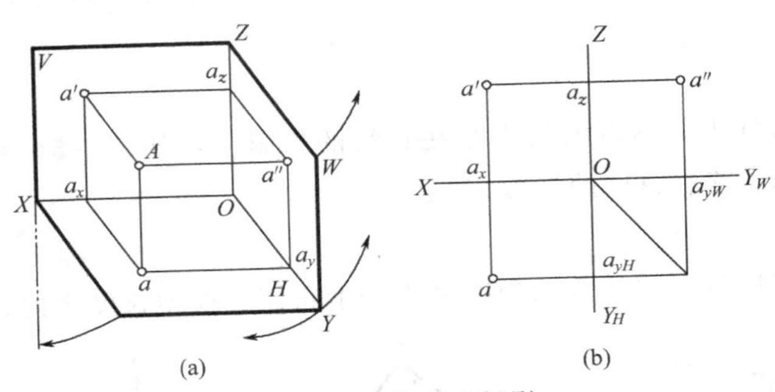

图 1-6 点的三面投影

(a) 空间状况；(b) 投影图

(2) 点的三面投影规律

从图 1-6(a) 可看出：$aa_x=Aa'=a''a_z$，即 A 点的水平投影 a 到 OX 轴的距离等于 A 点的侧面投影 a'' 到 OZ 轴的距离，都等于 A 点到 V 面的距离；由 Aa' 和 Aa 确定的平面 Aaa_xa' 为一矩形，所以 $aa_x=Aa'$（A 点到 V 面的距离），$a'a_x=Aa$（A 点到 H 面的距离）。

同时，还可以看出：因为 $Aa\perp H$ 面，$Aa'\perp V$ 面，所以平面 $Aaa_xa'\perp H$ 面和 V 面，则 $OX\perp a'a_x$ 和 aa_x；当两投影面体系按展开规律展开后，aa_x 与 OX 轴的垂直关系不变，所以 $a'a_x$ 为一垂直于 OX 轴的直线，即 $a'a\perp OX$。

同理可知：$a'a''\perp OZ$，如图 1-6(b) 所示。

综上所述，可得以下三条点的三面投影规律。

① 一点的水平投影与正面投影的连线垂直于 OX 轴。

② 一点的正面投影与侧面投影的连线垂直于 OZ 轴。

③ 一点的水平投影到 OX 轴的距离等于该点的侧面投影到 OZ 轴的距离，都反映该点到 V 面的距离。

由上面所述规律知，由已知点的两个投影便可求出第三个投影。

【例 1-1】 已知点 A 的水平投影 a 和正面投影 a'，求其侧面投影 a''（图 1-7）。

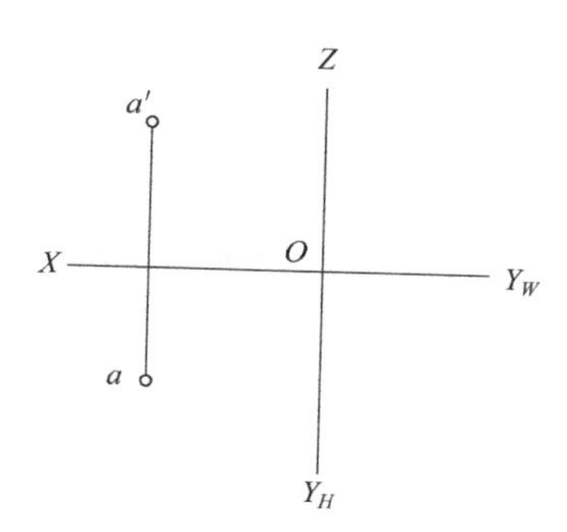

图 1-7 两点投影

【解】 ① 过 a' 作 OZ 轴的垂线。

② 量取 $aa_x = a''a_z$，a''即为所求，如图 1-8(a) 所示。

用图 1-8(b) 所示的方法也可求得同一结果。

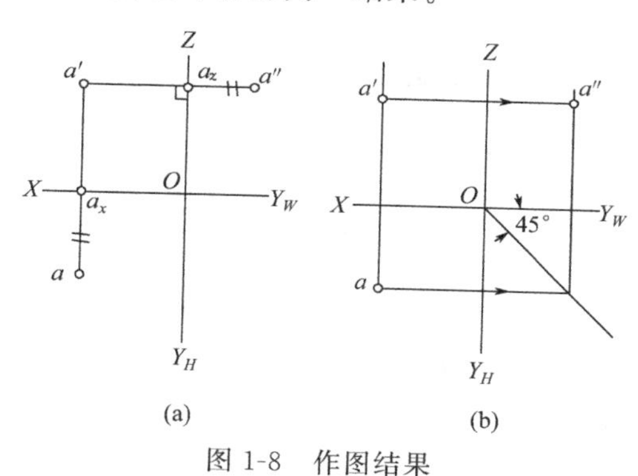

图 1-8 作图结果

（a）方法一；（b）方法二

（3）特殊位置点的投影

若空间点处于投影面上或投影轴上，即为特殊位置点，如图 1-9 所示。

① 如果点在投影面上，则点在该投影面上的投影与空间点重合，另两个投影均在投影轴上，如图 1-9(a) 中的点 A 和点 B。

② 如果点在投影轴上，则点的两个投影与空间点重合，另一个投影在投影轴原点，如图 1-9(b) 中的点。

（4）点的投影与坐标的关系

空间点的位置除了用投影表示以外，还可用坐标来表示。我们把投影面当作坐

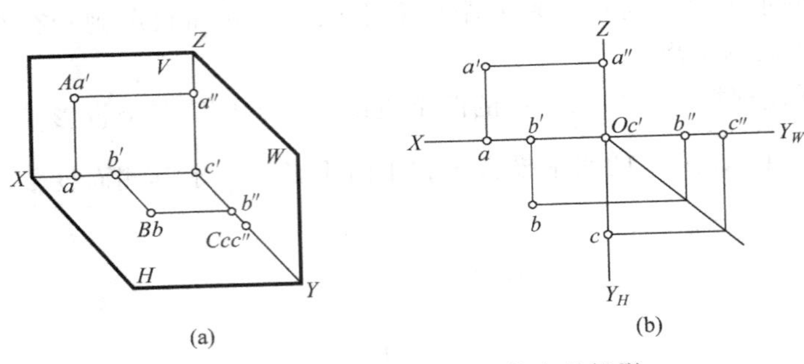

图 1-9　投影面、投影轴上的点的投影

(a) 空间状况；(b) 投影图

标面，把投影轴当作坐标轴，把投影原点当作是坐标原点，则点到三个投影面的距离便可以用点的三个坐标来表示，如图 1-10 所示。

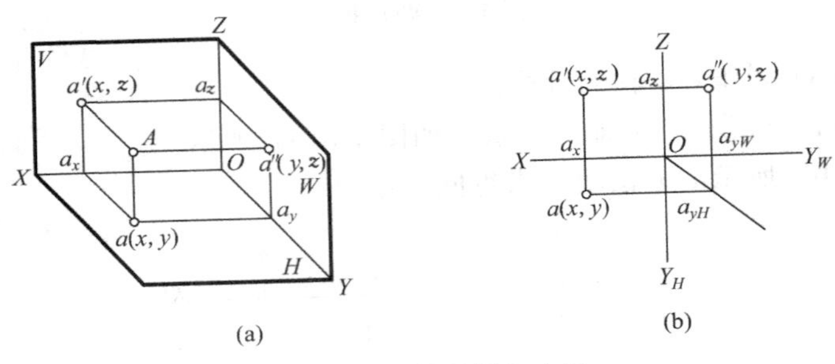

图 1-10　点的投影与坐标

(a) 空间状况；(b) 投影图

设 A 坐标为 (x，y，z)，则点的投影与坐标的关系如下。

① A 点到 H 面的距离 $Aa=Oa_z=a'a_x=a''a_y=z$ 坐标。

② A 点到 V 面的距离 $Aa'=Oa_y=aa_x=a''a_z=y$ 坐标。

③ A 点到 W 面的距离 $Aa''=Oa_x=a'a_z=aa_y=x$ 坐标。

由此可知，已知点的三面投影就能确定该点的三个坐标；反之，已知点的三个坐标，就能确定该点的三面投影或空间点的位置。

【例 1-2】 已知 $B(4,6,5)$，求 B 点的三面投影。

【解】 作图步骤如图 1-11 所示。

① 画出三轴及原点后，在 X 轴自 O 点向左量取 4mm 得 b_x 点，如图 1-11(a) 所示。

② 过 b_x 引 OX 轴的垂线，由 b_x 向上量取 $z=5$mm，得 V 面投影 b'，再向下量取 $y=6$mm，得 H 面投影 b，如图 1-11(b) 所示。

③ 过 b'，作水平线与 Z 轴相交于 b_z 并延长，量取 $b_zb''=b_xb$，得 W 面投影 b''，

此时 b、b'、b''即为所求。在做出 b、b'以后也可利用 45°斜线求出 b''，如图 1-11(c) 所示。

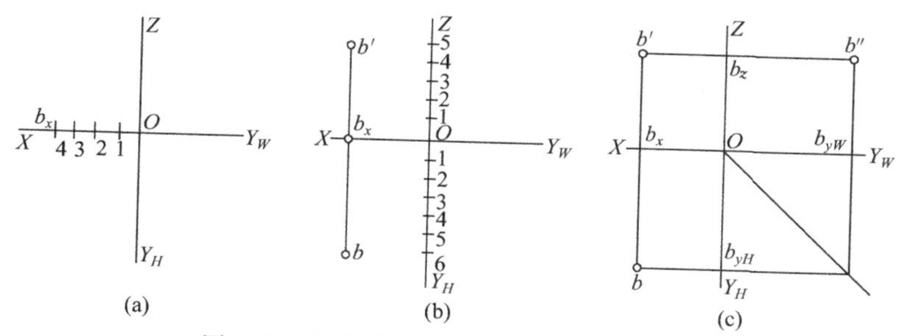

图 1-11 已知点的坐标，求点的三面投影

(a) 自 O 点向左量取 4mm 得 b_x 点；(b) V 面投影 b'和 H 面投影 b；(c) W 面投影 b''

(5) 两点的相对位置与重影点

① 两点的相对位置 如图 1-12 所示，根据两点的投影，可以判断两点的相对位置。从图 1-12(a) 表示的上下、左右、前后位置对应关系可以看出：可以由正面投影或侧面投影判断上下位置，由正面投影或水平投影判断左右位置，由水平投影或者侧面投影判断前后位置。根据图 1-12(b) 中 A、B 两点的投影，可以判断出 A 点在 B 点的左、前、上方；反之，B 点在 A 点的右、后、下方。

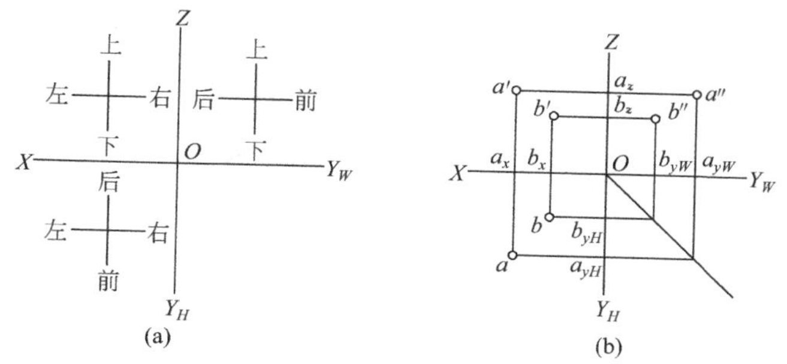

图 1-12 两点的相对位置

(a) 空间状况；(b) 作图

② 重影点及可见性的判断 当空间两点位于某一投影面的同一条投影线上时，则此两点在该投影面上的投影重合，这两点称为对该投影面的重影点。

图 1-13(a) 中，A、C 两点处于对 V 面的同一条投影线上，它们的 V 面投影 a'、c'重合，A、C 两点就称为对 V 面的重影点。同理，A、B 两点处于对 H 面的同一条投影线上，A、B 两点就称为对 H 面的重影点。

当空间两点为重影点，其中必有一点遮挡另一点，这就存在着可见性的问题。图 1-13(b) 中，A 点和 C 点在 V 面上的投影重合为 $a'(c')$，A 点在前遮挡 C 点，其正面投影 a'是可见的，而 C 点的正面投影 (c') 不可见，加括号表示（称前遮后，即前可见后不可见）。同时，A 点在上遮挡 B 点，a 为可见，(b) 为不可见

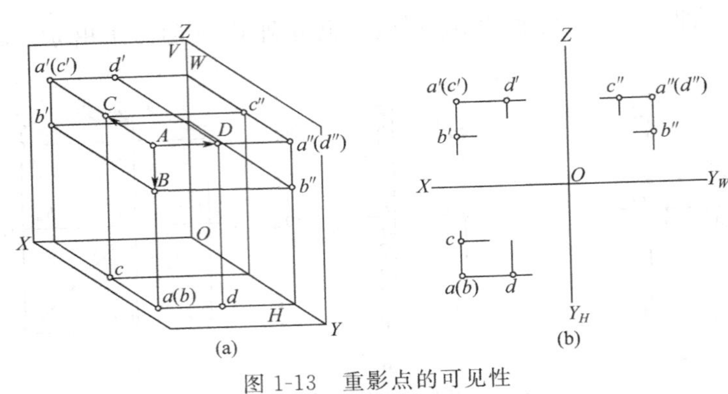

图 1-13 重影点的可见性

(a) 空间状况；(b) 投影图

(称上遮下，即上可见下不可见)。同理，也有左遮右的重影状况（左可见右不可见），如 A 点遮住 D 点。

【例 1-3】 求点 C 与点 D 的正面投影，说明它们的相对位置，并判别其可见性（图 1-14）。

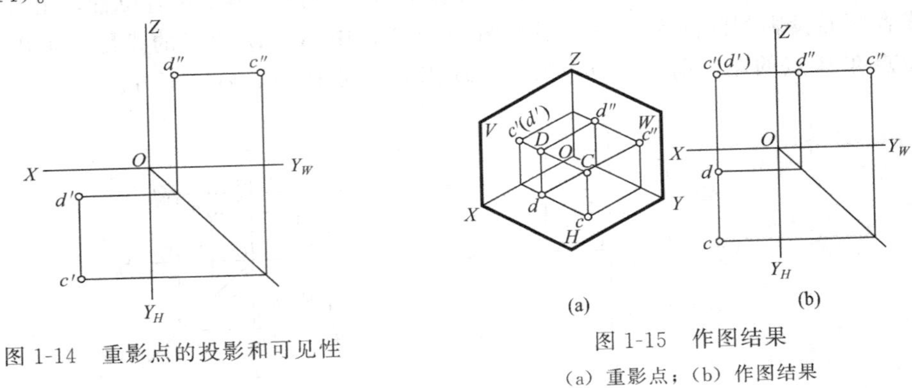

图 1-14 重影点的投影和可见性

图 1-15 作图结果

(a) 重影点；(b) 作图结果

【解】 作图如图 1-15(b) 所示。

从图 1-14 可知，点 C 与点 D 的 X 坐标与 Z 坐标均相等，因此，这两点位于对 V 面的同一投射线上，它们是正面重影点，如图 1-15(a) 所示。点 D 距 V 面近，所以点 D 不可见。

1.2.2 直线的投影

直线一般用线段表示，在不考虑线段本身的长度时，也常把线段称为直线。从几何学得知，直线的空间位置可以由直线上任意两点的位置来确定。所以，直线的投影可由直线上两点在同一投影面上的投影（称为同面投影）相连而得。

直线按其与投影面相对位置的不同，可分为一般位置线、投影面平行线和投影面垂直线，后两种直线统称为特殊位置直线。

(1)一般位置直线

对三个投影面均倾斜的直线称为一般位置直线，又称倾斜线。

图 1-16(a) 为通常位置直线的直观图，直线和它在某一投影面上的投影所形成的锐角，称为直线对该投影面的倾角。对 H 面的倾角用 α 表示，对 V、W 面的倾角分别用 β、γ 表示。从图 1-16(b) 中看出，一般位置直线的投影特性为：

① 线的三个投影仍为直线，但不反映实长；

② 直线的各个投影都倾斜于投影轴，并且各个投影与投影轴的夹角，都不反映该直线与投影面的真实倾角。

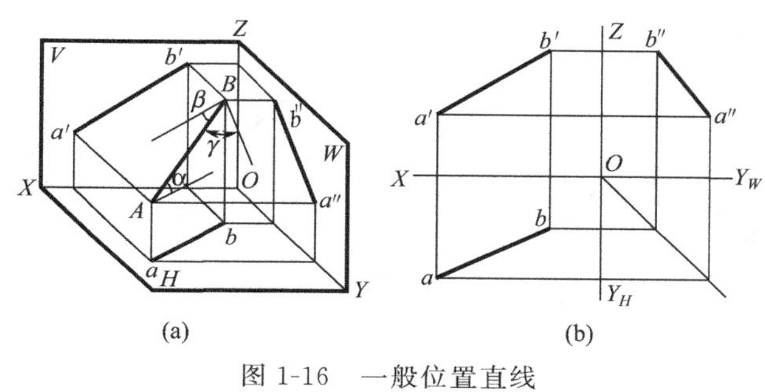

图 1-16　一般位置直线

(a) 直观图；(b) 投影图

(2)投影面平行线

只平行于一个投影面，倾斜于其他两个投影面的直线，称为某投影面的平行线。它有以下三种状况。

① 水平线：与 H 面平行且与 V、W 面倾斜的直线，如表 1-1 中的 AB 直线。

② 正平线：与 V 面平行且与 H、W 面倾斜的直线，如表 1-1 中的 CD 直线。

③ 侧平线：与 W 面平行且与 H、V 面倾斜的直线，如表 1-1 中的 EF 直线。

由表 1-1 各投影面平行线的投影特性，可概括出它们的共同特性为：投影面平行线在它所平行的投影面上的投影反映实长，并且该投影与相应投影轴的夹角，反映直线与其他两个投影面的倾角；直线在另外两个投影面上的投影分别平行于相应的投影轴，但是不反映实长。

表 1-1　投影面平行线的投影特性

名　称	直　观　图	投　影　图	投影特性
水平线	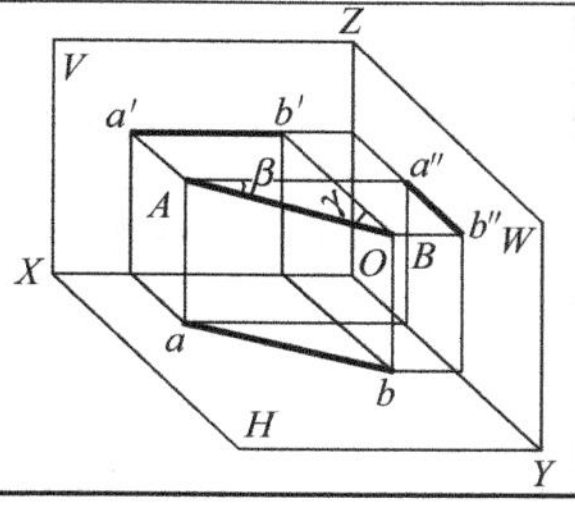	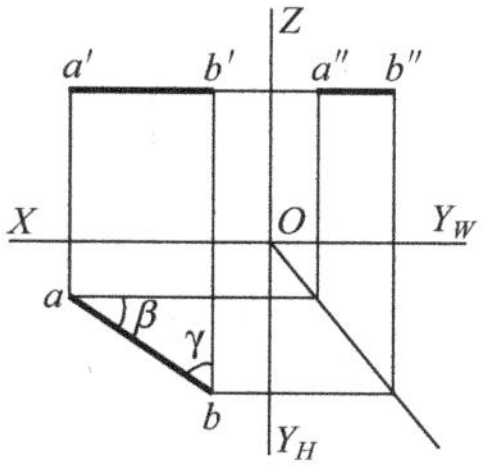	(1)水平投影反映实长 (2)水平投影与 X 轴和 Y 轴的夹角分别反映直线与 V 面的倾角 β 和 γ (3)正面投影和侧面投影分别平行于 X 轴及 Y 轴，但不反映实长

续表

名称	直观图	投影图	投影特性
正平线	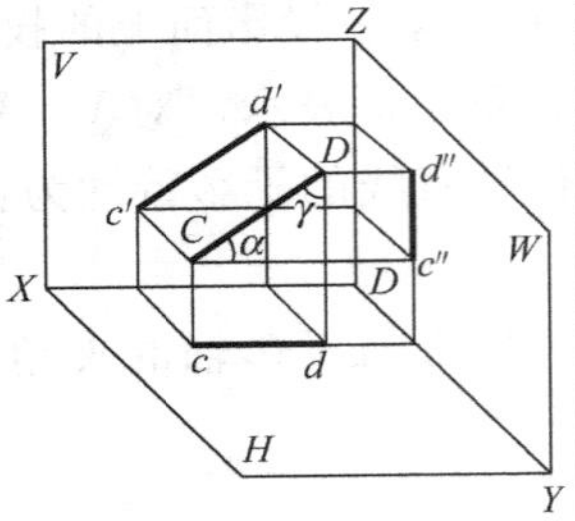	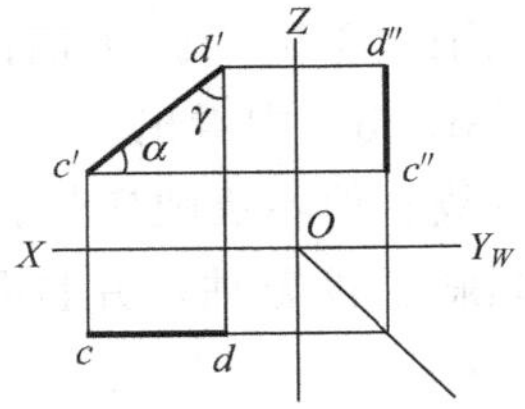	(1)正面投影反映实长 (2)正面投影与 X 轴和 Z 轴的夹角分别反映直线与 H 面和 W 面的倾角 α 和 γ (3)水平投影及侧面投影分别平行于 X 轴及 Z 轴，但不反映实长
侧平线	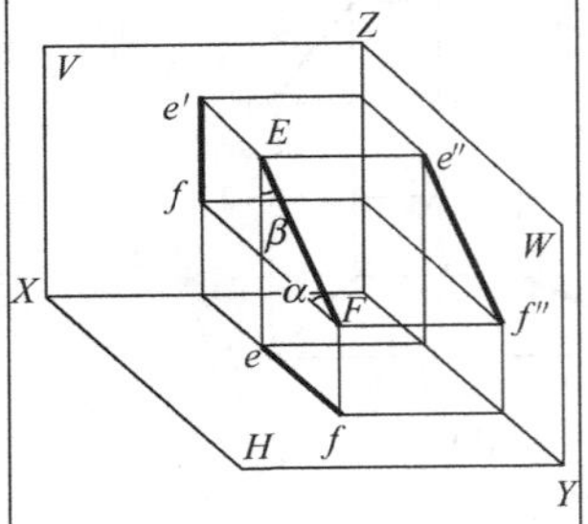	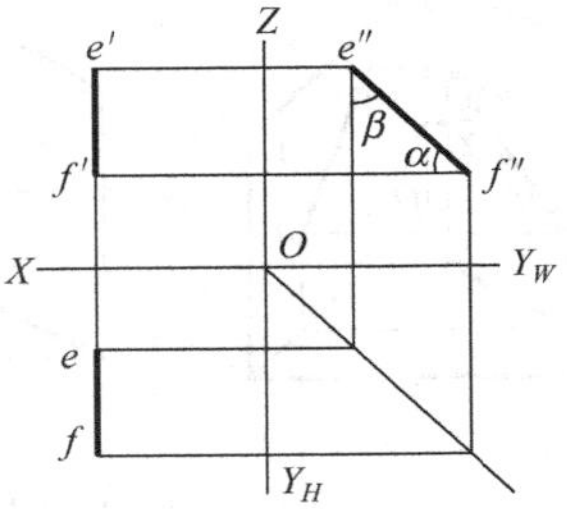	(1)侧面投影反映实长 (2)侧面投影与 Y 轴和 Z 轴的夹角分别反映直线与 H 面和 Y 面的倾角 α 和 β (3)水平投影及正面投影分别平行于 Y 轴及 Z 轴，但不反映实长

(3) 投影面垂直线

指只垂直于一个投影面，同时平行于其他两个投影面的直线。投影面垂直线也有三种状况。

① 铅垂线只垂直于 H 面，同时平行于 V、W 面的直线，如表 1-2 中的 AB 线。

② 正垂线只垂直于 V 面，同时平行于 H、W 面的直线，如表 1-2 中的 CD 线。

③ 侧垂线只垂直于 W 面，同时平行于 V、H 面的直线，如表 1-2 中的 EF 线。

综合表 1-2 中的投影特性，可知投影面垂直线的共同特性为：投影面垂直线在其所垂直的投影面上的投影积聚为一点；直线在另两个投影面上的投影反映实长，并且垂直于相应的投影轴。

表 1-2　投影面垂直线的投影特性

名称	直观图	投影图	投影特性
铅垂线	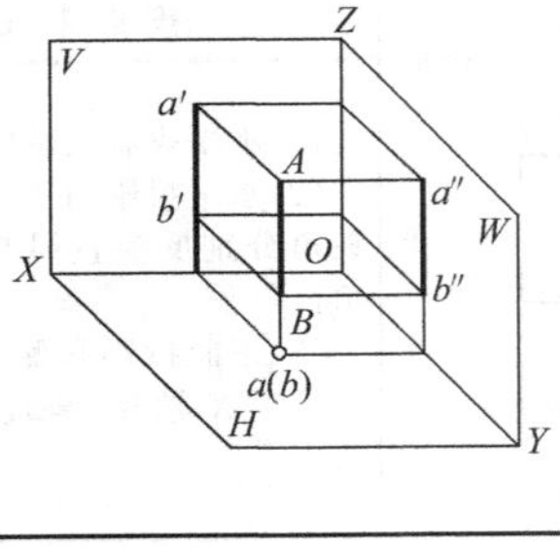	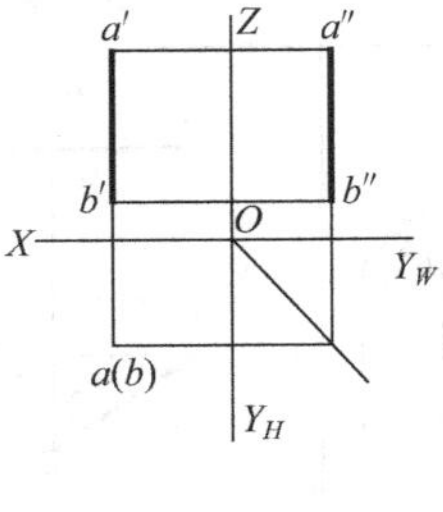	(1)水平投影积聚成一点 (2)正面投影及侧面投影分别垂直于 X 轴及 Y 轴，且反映实长

续表

名　称	直　观　图	投　影　图	投影特性
正垂线	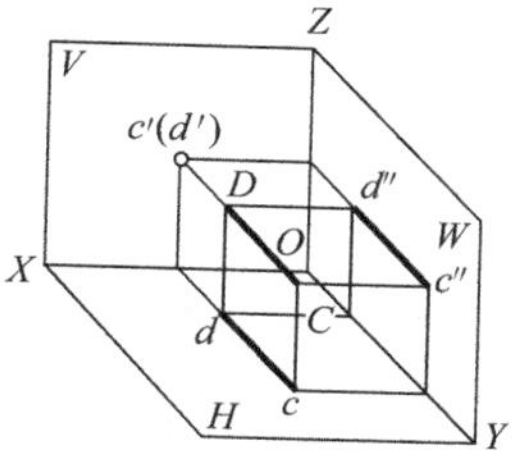	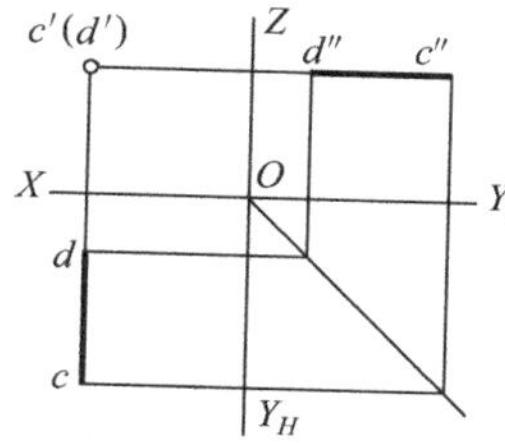	(1)正面投影积聚成一点 (2)水平投影及侧面投影分别垂直于 X 轴及 Z 轴，且反映实长
侧垂线	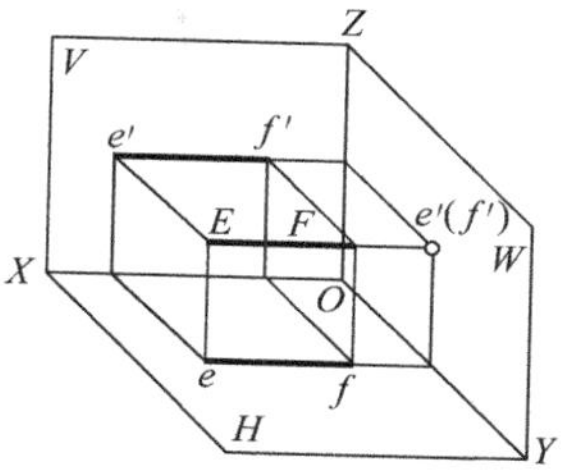	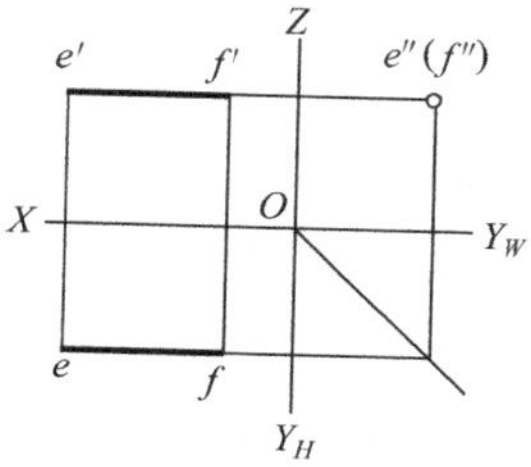	(1)侧面投影积聚成一点 (2)水平投影及正面投影分别垂直于 Y 轴及 Z 轴，且反映实长

(4) 直线投影的识读

识读直线的投影图，判别它们的空间位置，主要是依据直线在三投影面上的投影特性来确定。

【例 1-4】 判别图 1-17 所示几何体三面投影图中直线 AB、CD、EF 的空间位置。

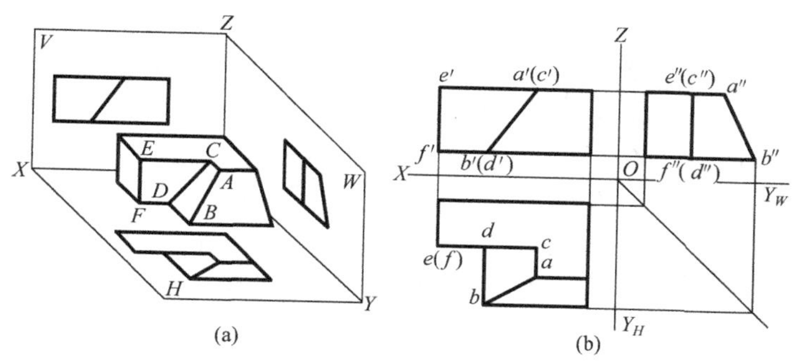

图 1-17　直线的空间位置

【解】 判别：图中直线 AB 的三个投影都呈倾斜，所以它为投影面的一般位置线；直线 CD 在 H 面和 W 面上的投影分别平行于 OX 轴和 OZ 轴，而在 V 面上的投影呈倾斜，所以它为 V 面的平行线（即正平线）；直线 EF 在 H 面上的投影积聚成一点，在 V 面、W 面上的投影分别垂直于 OX 轴和 OY_W 轴，所以它为 H 面的垂直线（即铅垂线）。

1.2.3 平面的投影

(1) 平面的表示法

平面的表示方法有以下几种，如图1-18所示。

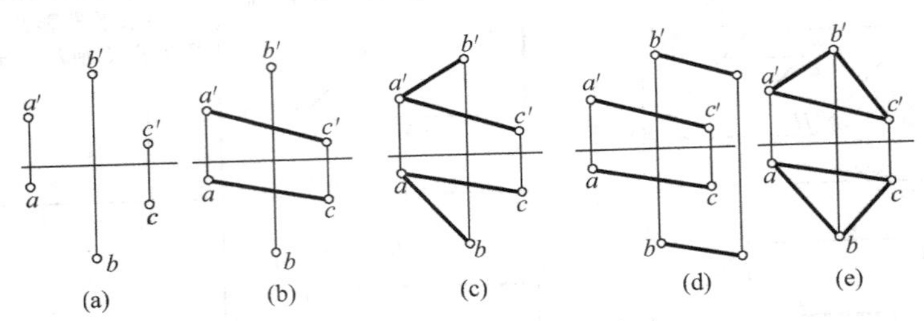

图1-18 几何元素表示平面

(a) 不在同一直线上的三点；(b) 一直线和直线外一点；(c) 两相交直线；(d) 两平行直线；(e) 任意平面图形（如四边形、三角形、圆等）

平面与投影面之间按相对位置的不同，可分为：一般位置平面、投影面平行面和投影面垂直面，后两种统称为特殊位置平面。

(2) 一般位置平面

与三个投影面均倾斜的平面称为一般位置平面，也称倾斜面。图1-19所示为一般位置平面的投影，从中可知，它的任何一个投影，既不反映平面的实形，也无积聚性。因此，一般位置平面的各个投影，为原平面图形的类似形。

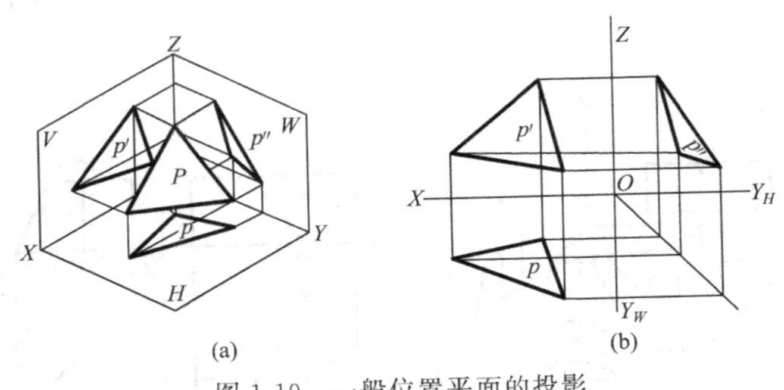

图1-19 一般位置平面的投影

(a) 直观图；(b) 投影图

(3) 投影面平行面

平行于某一投影面，因而垂直于另两个投影面的平面，称为投影面平行面。投影面平行面有以下三种状况。

① 水平面：与 H 面平行，同时垂直于 V、W 面的平面，见表1-3中 P 平面。

② 正平面：平行于 V 面，同时垂直于 H、W 面的平面，见表1-3中 Q 平面。

③ 侧平面：平行于 W 面，同时垂直于 V、H 的平面。见表 1-3 中 R 平面。

表 1-3 投影面平行面的投影特性

名称	直观图	投影图	投影特性
水平面	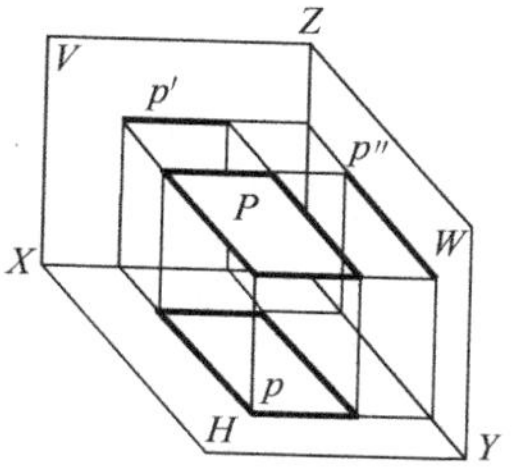 Z V p' p'' P W X p H Y	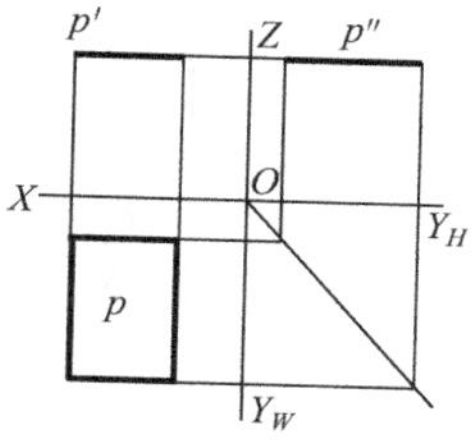 p' Z p'' X O Y_H p Y_W	(1)水平投影反映实形 (2)正面投影及侧面投影积聚成一条直线，且分别平行于 X 轴及 Y 轴
正平面	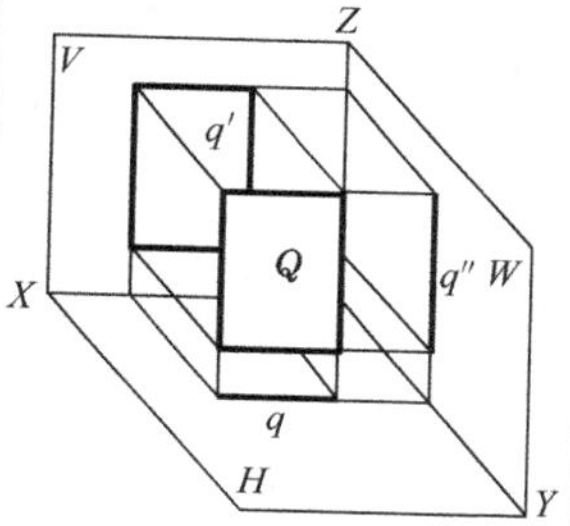 Z V q' Q q'' W X q H Y	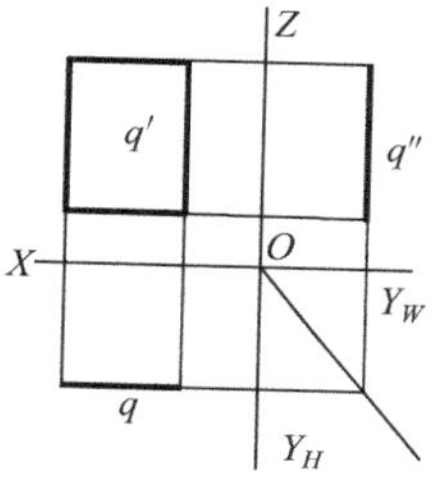 Z q' q'' X O Y_W q Y_H	(1)正面投影反映实形 (2)水平投影及侧面投影积聚成一条直线，且分别平行于 X 轴及 Z 轴
侧平面	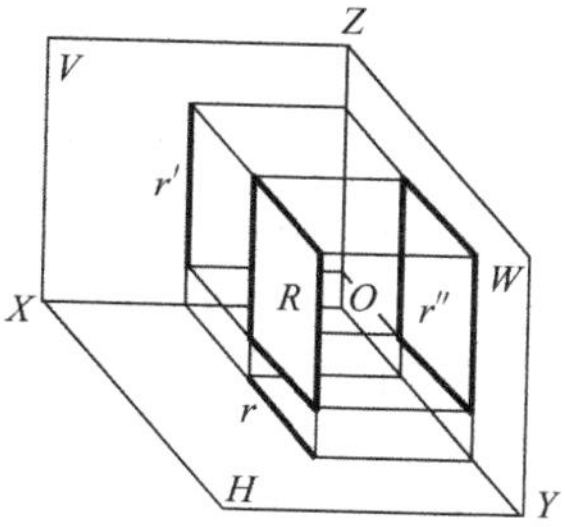 Z V r' W X R O r'' r H Y	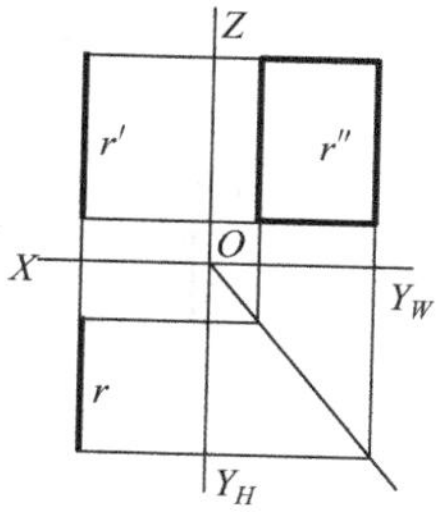 Z r' r'' X O Y_W r Y_H	(1)侧面投影反映实形 (2)水平投影及正面投影积聚成一条直线，且分别平行于 Y 轴及 Z 轴

综合表 1-3 中的投影特性，可知投影平行面的共同特性为：投影面平行面在它所平行的投影面的投影反映实形，在其他两个投影面上投影积聚为直线，并且与相应的投影轴平行。

(4) 投影面垂直面

垂直于一个投影面，同时倾斜于其他投影面的平面称为投影面垂直面。投影面垂直面也有三种状况，其状况如下。

① 铅垂面：垂直于 H 面，倾斜于 V、W 面的平面，见表 1-4 中的 P 平面。

② 正垂面：垂直于 V 面，倾斜于 H、W 面的平面，见表 1-4 中的 Q 平面。

③ 侧垂面：垂直于 W 面，倾斜于 H、V 面的平面，见表 1-4 中的 R 平面。

表 1-4　投影面垂直面的投影特性

名　称	直　观　图	投　影　图	投影特性
铅垂面	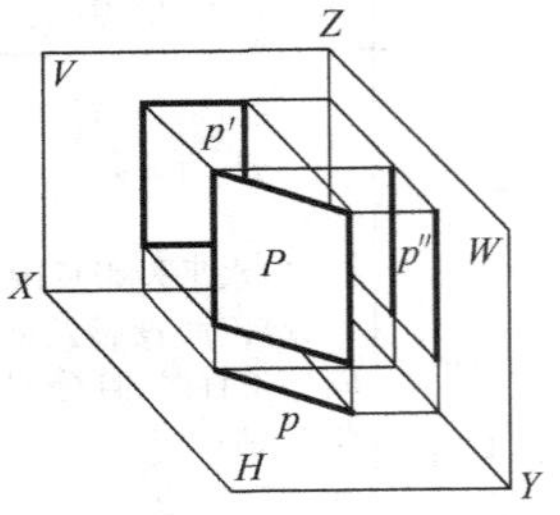	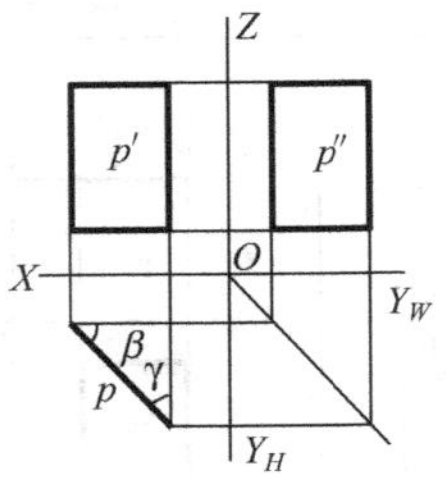	(1)水平投影积聚成一条斜直线 (2)水平投影与 X 轴和 Y 轴的夹角，分别反映平面与 V 面和 W 面的倾角 β 和 γ (3)正面投影及侧面投影为平面的类似形
正垂面	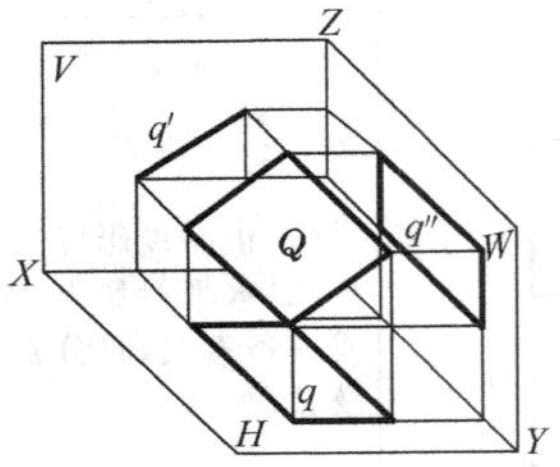	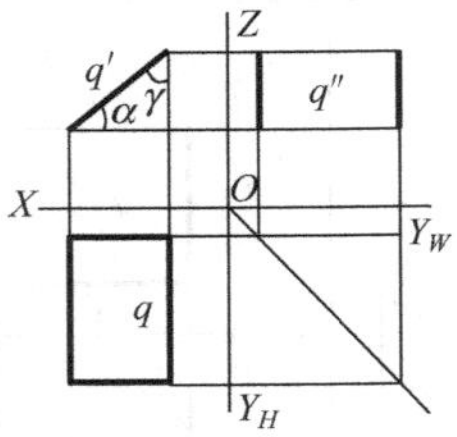	(1)正面投影积聚成一条斜直线 (2)正面投影与 X 轴和 Z 轴的夹角，分别反映平面与 H 面和 W 面的倾角 α 和 γ (3)水平投影及侧面投影为平面的类似形
侧垂面	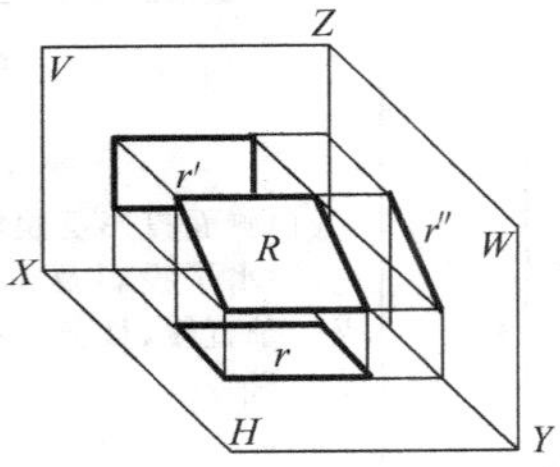	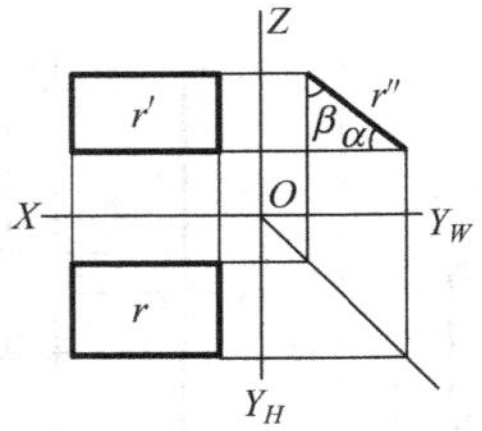	(1)侧面投影积聚成一条斜直线 (2)侧面投影与 Y 轴和 Z 轴的夹角，分别反映平面与 H 面和 V 面的倾角 α 和 β (3)水平投影及正面投影为平面的类似形

综合表 1-4 中的投影特性，可知投影面垂直面的共同特性为：投影面垂直面在它所垂直的投影面上的投影积聚为一斜直线，它与相应投影轴的夹角，反映该平面对其他两个投影面的倾角；在另两个投影面上的投影反映该平面的类似形，且小于实形。

【例 1-5】 已知四边形 $ABCD$ 的水平投影 $abcd$，完成四边形 $ABCD$ 的正面投影，如图 1-20(a) 所示。

【解】（1）分析

四边 $ABCD$ 是一平面图形，所以点 D 可以看作是三角形 ABC 确定的平面上的点。根据点在平面内的几何条件知，则点 D 一定在 ABC 平面的某条直线上。为此，可先过点 D 在已知平面内作一条辅助线 BD，再根据点在直线上的从属性求得

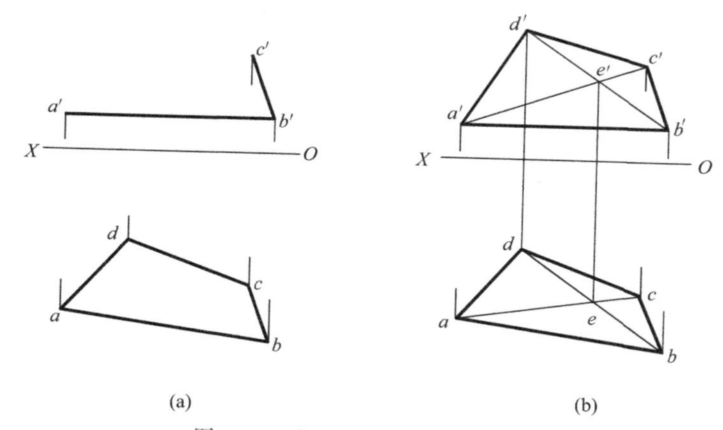

图 1-20 完成四边形的正面投影

(a) 平面图形 $ABCD$；(b) 作图过程

点 D 的正面投影 d'，最后连线即可。

(2) 作图［如图 1-20(b) 所示］

① 连接 AC 的同面投影 ac、$a'c'$，得到三角形 ABC 的两面投影。

② 连接 bd，bd 与 ac 相交于 e，BD 与 AC 是平面 ABC 的一对相交直线，e 为其交点。

③ 由 e 在 $a'c'$ 上求得 e'。

④ 连接 $b'e'$，延长后得 d'。

⑤ 连接 $a'd'$、$c'd'$，完成四边形的正面投影。

【例 1-6】 已知等腰三角形 ABC 的顶点 A，该三角形为铅垂面，水平投影积聚成直线 bac，高为 25mm，$\beta=30°$，底边 BC 为水平线，长等于 20mm，如图 1-21 所示，试过点 A 作等腰三角形的投影。

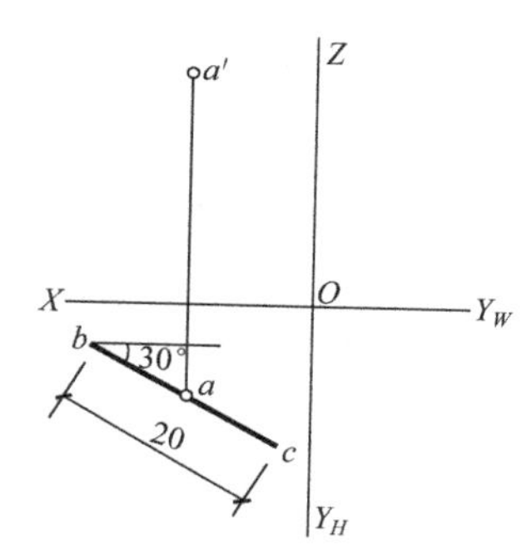

图 1-21 作等腰三角形的投影

【解】 ① 过 a 作 bc，与 X 轴成 30°且使 $ba=ac=10$mm。

② 过 a'向正下方截取 25mm，并作 BC 的正面投影 $b'c'$。

③ 根据水平投影及正面投影，完成侧面投影，如图 1-22 所示。

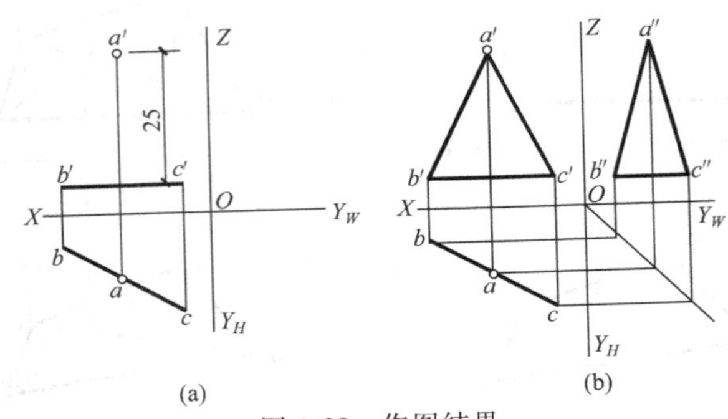

图 1-22 作图结果

(a) 过 a' 向正下方截取 25mm，并作 BC 的正面投影 $b'c'$；

(b) 根据水平投影及正面投影，完成侧面投影

1.3 基本形体投影

任何复杂的立体都是由简单的基本几何体所组成。基本几何体可分为平面立体和曲面立体两大类。

1.3.1 平面立体的投影

平面立体的每个表面都是平面，例如棱柱、棱锥，由底平面和侧平面围成。立体的侧面称为棱面，棱面的交线称为棱线，棱线的交点称为顶点。平面立体的投影实际上就是画出组成立体各表面的投影。看得见的棱线画成实线，看不见的棱线画成虚线。

(1) 棱柱

棱柱的棱线互相平行，上底面和下底面互相平行且大小相等。常见的棱柱包括三棱柱、四棱柱、五棱柱和六棱柱。

现以五棱柱为例说明棱柱的投影特征和作图方法。

① 棱柱的投影

a. 分析。如图 1-23(a) 所示，正五棱柱的顶面和底面平行于水平面，后棱面平行于正平面，各棱面均垂直于水平面。在这种位置下，五棱柱的投影特征是：顶面和底面的水平投影重合，并反映实形——正五边形。五个棱面的水平投影分别积聚为五边形的五条边。正面和侧面投影上大、小不同的矩形分别是各棱面的投影，不可见的棱线画虚线。

b. 作图。其步骤如下。

ⅰ. 先画出对称中心线，如图 1-23(b) 所示。

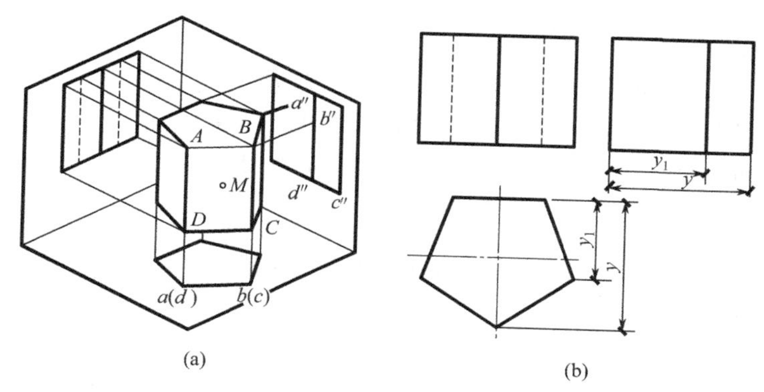

图 1-23 正五棱柱的投影

(a) 空间示意；(b) 投影图

ⅱ. 再画出两个底面的三面投影。其 H 面投影重合，反映正五边形实形，是五棱柱的特征投影；它们的 V 面投影和 W 面投影均积聚为直线。

ⅲ. 画出各棱线的三面投影。H 面投影积聚为正五边形的五个顶点，其 V 面投影和 W 面投影均反映实长，如图 1-23(b) 所示。

② 棱柱表面取点、取线　由于组成棱柱的各表面都是平面，所以，在平面立体表面上取点、取线的问题，实际上就是在平面上取点、取线的问题。

判别立体表面上点和线可见与否的原则是：若点、线所在表面的投影可见，那么点、线的同面投影可见，否则不可见。

【例 1-7】 如图 1-24(a) 所示，已知五棱柱棱面上点 M 的正面投影 m'，求作另外两投影 m、m''。

【解】 (1) 分析

从图 1-24(a) 中可知：M 点的正面投影 m' 可见，由此判断 M 点在五棱柱的左前面 $ABCD$ 上，左前面为铅垂面，H 投影有积聚性，其 M 点 H 投影 m 必在该侧面的积聚投影上。

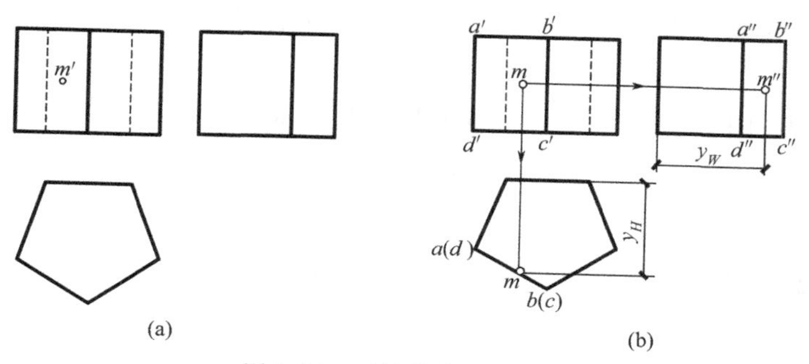

图 1-24 五棱柱表面上取点

(a) 已知条件；(b) 作图

（2）作图

其过程如图 1-24(b) 所示。

① 分别过 m' 向下引垂线交积聚投影 $abcd$ 于 m 点。

② 根据已知点的两面投影求第三投影的方法，求得 m''。

③ 判别可见性：因 M 点在左前侧面，则 m'' 可见。

（2）棱锥

棱锥的棱线交于一点。常见的棱锥有三棱锥、四棱锥、五棱锥等。现以图 1-25 所示的三棱锥为例说明棱锥的三面投影。

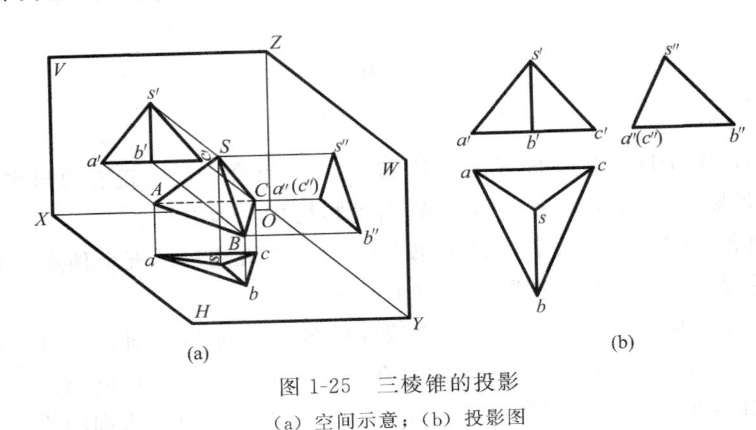

图 1-25　三棱锥的投影

（a）空间示意；（b）投影图

① 棱锥的投影

a. 分析。三棱锥是由一个底面和三个侧面所组成。底面及侧面均为三角形。三条棱线交于一个顶点，三棱锥的底面为水平面，侧面△SAC 为侧垂面。

b. 作图。其步骤如下。

ⅰ. 画出底面△ABC 的三面投影：H 面投影反映实形，V、W 面投影均积聚为直线段。

ⅱ. 画出顶点 S 的三面投影：将顶点 S 和底面△ABC 的三个顶点 A、B、C 的同面投影两两连线，即得三条棱线的投影，三条棱线围成三个侧面，完成三棱锥的投影。

② 棱锥表面上取点、取线　棱锥的棱面是一般位置平面，其三面投影没有积聚性，解题时首先确定所给点、线在哪个表面上，再按照表面所处的空间位置利用辅助线作图。

【例 1-8】 如图 1-26(a) 所示，已知三棱锥棱面 OAB 上点 M 的正面投影 m' 和棱面 OAC 上点 N 的水平投影 n，求作另外两个投影。

【解】（1）分析

M 点所在棱面 OAB 是一般位置平面，其投影没有积聚性，必须借助在该平面

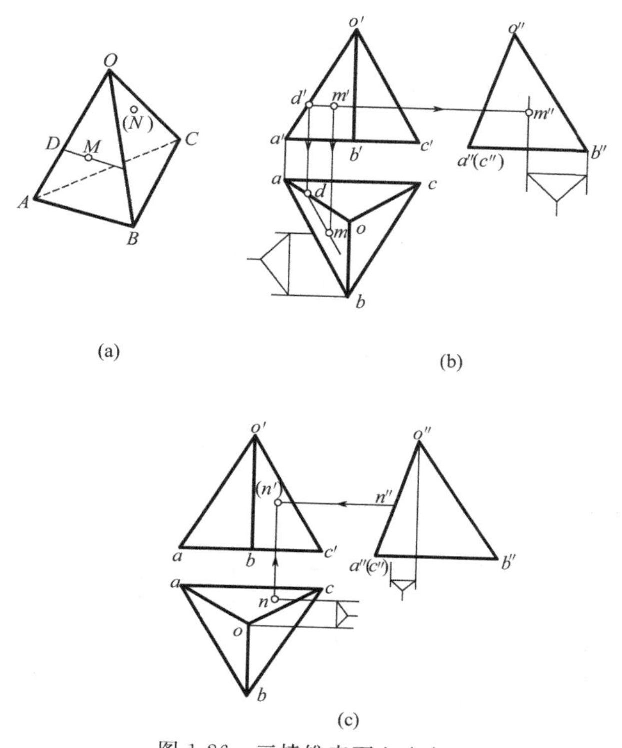

(a) (b) (c)

图 1-26 三棱锥表面上取点

(a) 三棱锥 $OABC$；(b) 作图过程一；(c) 作图过程二

上作辅助线的方法求作另外两个投影，如图 1-26(b) 所示。也可以在棱面 OAB 上过 M 点作 AB 的平行线为辅助线作出其投影。N 点所在棱面 OAC 是侧垂面，可利用积聚性画出其投影。

（2）作图

其过程如图 1-26(b)、图 1-26(c) 所示。

① 过 m' 作 $m'd' /\!/ a'b'$ 交 $o'a'$ 于 d'，由 d' 作垂线得出 d，过 d 作 ab 的平行线，再由 m' 求得 m。

② 由 m' 高平齐、宽相等求得 m''，如图 1-26(b) 所示。

③ N 点在三棱锥的后面侧垂面上，其侧面投影 n'' 在 $o''a''$ 上，因此不需要作辅助线，利用“高平齐”可直接作出 n'。

④ 再由 n'、n''，根据“宽相等”直接作出 n，如图 1-26(c) 所示。

⑤ 判别可见性：m、n、m'' 可见。

1.3.2 曲面立体的投影

常见的曲面立体是回转体，主要包括圆柱体、圆锥体、圆球体等。曲面立体是由曲面或曲面与平面围成的。

曲面立体投影应判别其可见性。曲面上可见与不可见的分界线称为回转面对该投影面的转向轮廓线。由于转向轮廓线是对某一投影面而言，所以它们的其他投影不应画出。

(1) 圆柱体

圆柱体由圆柱面和上下两底面围成。圆柱面可看作由一条母线绕平行于它的轴线回旋而成，圆柱面上任意一条平行于轴线的直母线称为圆柱面的素线。现以图 1-27(a) 所示的圆柱为例说明圆柱体的三面投影。

① 圆柱体的投影

a. 分析。圆柱体由圆柱面、顶面、底面围成。圆柱也可看成是由无数条相互平行且长度相等的素线所围成。当圆柱轴线垂直于 H 面，底面、顶面为水平面，底面、顶面的水平投影反映圆的实形，其他投影积聚为直线段。

b. 作图。其过程如图 1-27(b) 所示。

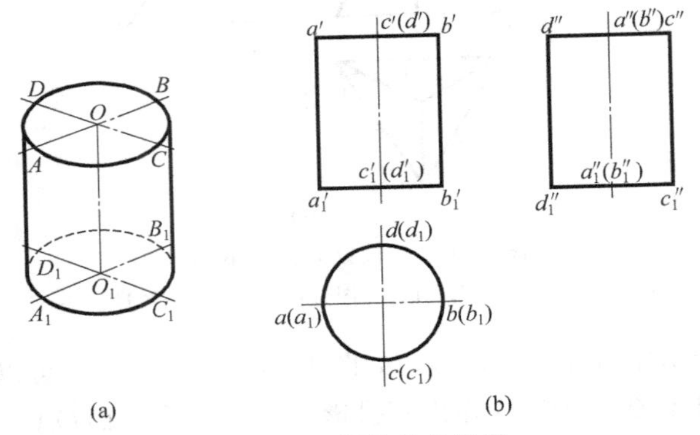

图 1-27　圆柱体的投影

(a) 空间示意；(b) 投影图

ⅰ. 用点画线画出圆柱体的轴线、中心线。

ⅱ. 画出顶面、底面圆的三面投影。

ⅲ. 画转向轮廓线的三面投影，该圆柱面对正面的转向轮廓线（正视转向轮廓线）为 AA_1 和 BB_1，其侧面投影与轴线重合，对侧面的转向轮廓线（侧视转向轮廓线）为 DD_1 和 CC_1，其正面投影与轴线重合。

ⅳ. 还应注意圆柱体的 H 面投影圆是整个圆柱面积聚成的圆周，圆柱面上所有的点和线的 H 面投影都重合在该圆周上。圆柱体的三面投影特征为一个圆对应两个矩形。

② 圆柱表面上取点、取线　在圆柱体表面上取点，可直接利用圆柱投影的积聚性作图。

【例 1-9】 如图 1-28(a) 所示已知圆柱面上的点 M、N 的正面投影，求其另两个投影。

【解】 (1) 分析

M 点的正面投影 m' 可见，又在点划线的左面，由此判断 M 点在左前半圆柱面上，侧面投影可见；N 点的正面投影（n'）不可见，又在点划线的右面，由此判断 N 点在右后半圆柱面上，侧面投影不可见。

(2) 作图

其过程如图 1-28(b) 所示。

① 求 m、m''。过 m' 向下作垂线交于圆周上一点为 m；根据 y 坐标求出 m''。

② 求 n、n''。作法与 M 点相同。

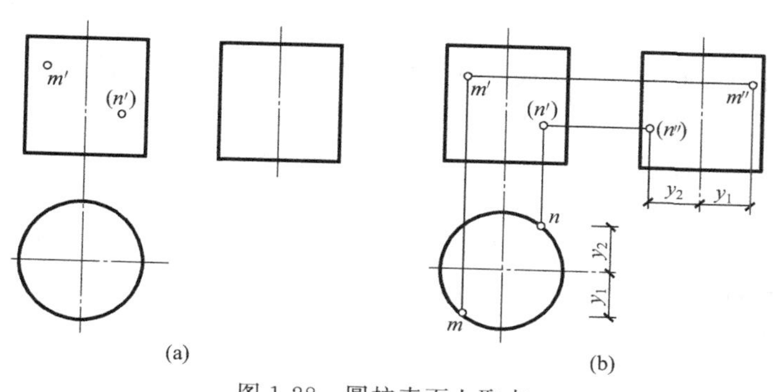

图 1-28 圆柱表面上取点

(a) 已知条件；(b) 作图

【例 1-10】 如图 1-29(a) 所示，已知圆柱面上的三点 ABC 的一个投影 a'、b、c''，求其另两个投影，并把 ABC 顺序连接起来。

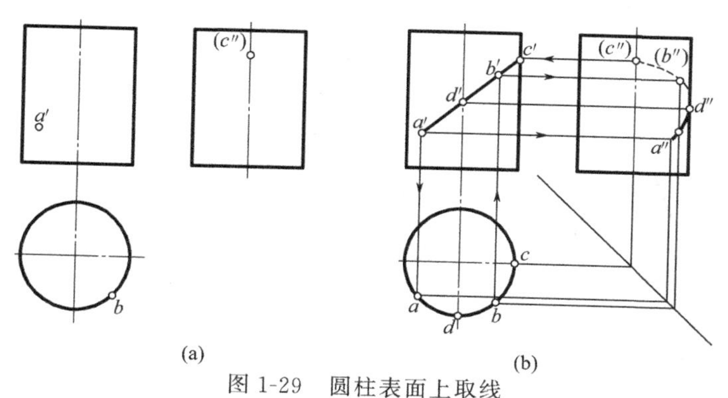

图 1-29 圆柱表面上取线

(a) 已知条件；(b) 作图

【解】 (1) 分析

圆柱面上的线除了素线外均为曲线，由此判断线段 ABC 是圆柱面上的一段曲线。AB 位于前半圆柱面上，C 位于最右的转向轮廓线上，因此 $a'b'c'$ 可见。为了准确地画出曲线 ABC 的投影，找出转向轮廓线上的点（如 D 点），把它们光滑连接即可。

（2）作图

其过程如图1-29(b)所示。

① 求端点 A、C 的投影。利用积聚性求得 H 面投影 a、c，再根据 y 坐标求得 a''、c''。

② 求侧视转向轮廓线上的点 D 的投影 d、d''。

③ 求中间点 B 的投影 b、b''。

④ 判别可见性并连线。D 点为侧面投影可见与不可见分界点，曲线的侧面投影 $c''b''d''$ 为不可见，画成虚线。$a''d''$ 为可见，画成实线。

（2）圆锥体

圆锥体由圆锥面和底圆围成。圆锥面可看作由一条母线绕与它斜交的轴线回旋而成，圆锥面上任意一条与轴线斜交的直母线称为柱锥面的素线。现以图1-30(a)为例说明圆锥的三面投影。

① 圆锥体的投影

a. 分析。圆锥体可看作是由无数条交于顶点的素线所围成，也可看作是由无数个平行于底面的纬圆所组成。当圆锥轴线垂直于 H 面，底面为水平面，H 面投影反映底面圆的实形，其他两投影均积聚为直线段。

b. 作图。其过程如图1-30(b)所示。

ⅰ. 用点划线画出圆锥体各投影轴线、中心线。

ⅱ. 画出底面圆和锥顶 O 的三面投影。

ⅲ. 画出各转向轮廓线的投影。正视转向轮廓线的 V 面投影 $o'a'$、$o'b'$，侧视转向轮廓线的 W 面投影为 $o''c''$、$o''d''$。

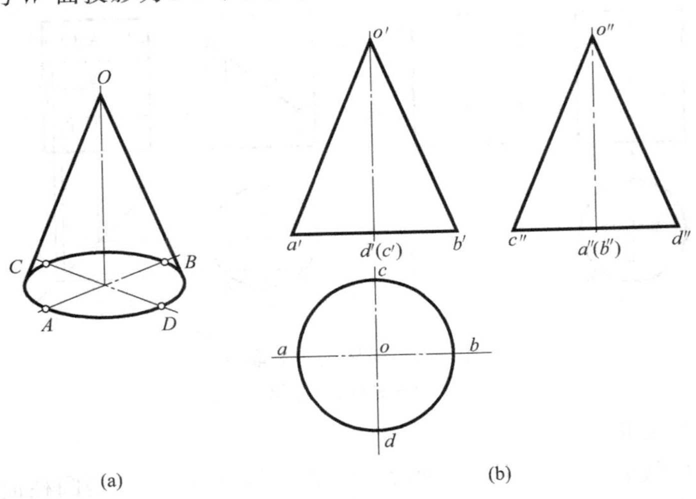

图1-30 圆锥体的投影

(a) 空间示意；(b) 投影图

ⅳ.圆锥面的三个投影都没有积聚性。圆锥面三面投影的特征为一个圆对应两个三角形。

② 圆锥体表面上取点、取线 由于圆锥面的三个投影都没有积聚性，求表面上的点时，需采用辅助线法。为了作图方便，在曲面上作的辅助线应尽量为直线（素线）或平行于投影面的圆（纬圆）。因此在圆锥面上取点的方法包括素线法和纬圆法两种。

【例 1-11】 如图 1-31 所示，已知圆锥面上点 M 的正面投影 m'，求 m、m''。

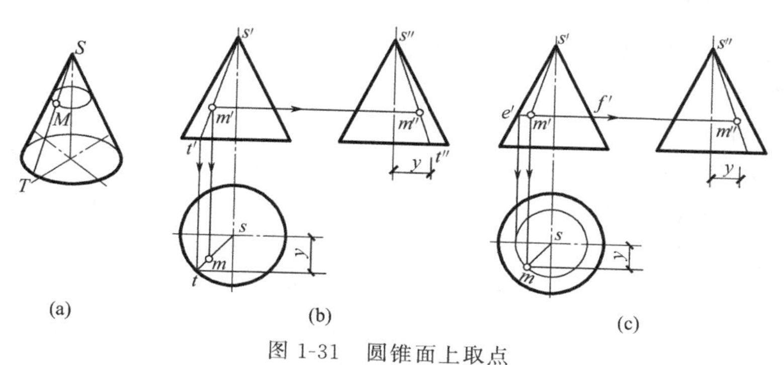

图 1-31 圆锥面上取点

（a）空间示意；（b）素线法；（c）纬圆法

【解一】 素线法

（1）分析

如图 1-31(a) 所示，M 点在圆锥面上，一定在圆锥面的一条素线上，所以过锥顶 S 和点 M 作一素线 ST，求出素线 ST 的各投影，根据点线的从属关系，即可求出 m、m''。

（2）作图

其过程如图 1-31(b) 所示。

① 在图 1-31（b）中连接 $s'm'$ 延长交底圆于 t'，在 H 面投影上求出 t 点，根据 t、t' 求出 t''，连接 st、$s''t''$ 即为素线 ST 的 H 面投影和 W 面投影。

② 根据点线的从属关系求出 m、m''。

【解二】 纬圆法

（1）分析

过点 M 作一平行于圆锥底面的纬圆。该纬圆的水平投影为圆。正面投影、侧面投影为一直线。M 点的投影一定在该圆的投影上。

（2）作图

其过程如图 1-31(c) 所示。

① 在图 1-31(c) 中，过 m' 作与圆锥轴线垂直的线 $e'f'$，它的 H 面投影为一直径等于 $e'f'$、圆心为 s 的圆，m 点必在此圆周上。

② 由m'、m 求出m''。

1.4　组合体投影

由基本形体组合而成的形体称为组合体。组合体从空间形态上看，要比基本形体复杂。

1.4.1　组合体的画法

画组合体投影图也是有规律可循的，通常先将组合体进行形体分析，然后按照分析，从其基本体的作图出发，逐步完成组合体的投影。

(1) 形体分析

一个组合体，可以看作由若干基本形体按照一定组合方式、位置关系组合而成。对组合体中基本形体的组合方式、位置关系以及投影特性等进行分析，弄清各部分的形状特征及投影表达，这种分析过程称为形体分析。

如图 1-32 所示为房屋的模型，从形体分析的角度看，它是叠加式的组合体：屋顶是三棱柱，屋身和烟囱则是长方体，而烟囱一侧小屋则是由带斜面的长方体组成。位置关系中，烟囱、小屋均位于大屋形体的左侧，它们的底面都位于同一水平面上。由图 1-32(b) 可见其选定的正面方向，因此在正立投影上反映该形体的主要特征和位置关系，侧立投影反映形体左侧及屋顶三棱柱的特征，而水平投影则反映各组成部分前后左右的位置关系，如图 1-32(c) 所示。

另外，有些组合体在形体分析中位置关系为相切或平齐时，其分界处是不应画线的，如图 1-33 所示，否则与真实的表面情况不符。

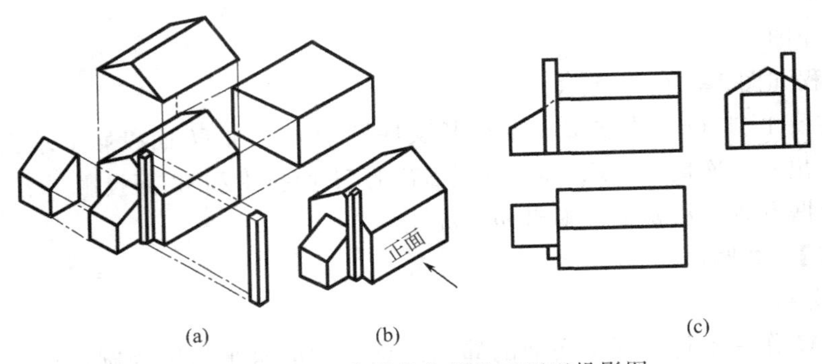

(a)　(b)　(c)

图 1-32　房屋的形体分析及三面正投影图

(a) 形体分析；(b) 直观图；(c) 房屋的三面正投影图

(2) 确定组合体在投影体系中的安放位置

在作图前，需对组合体在投影体系中的安放位置进行选择、确定，以利于清晰、完整地反映形体。

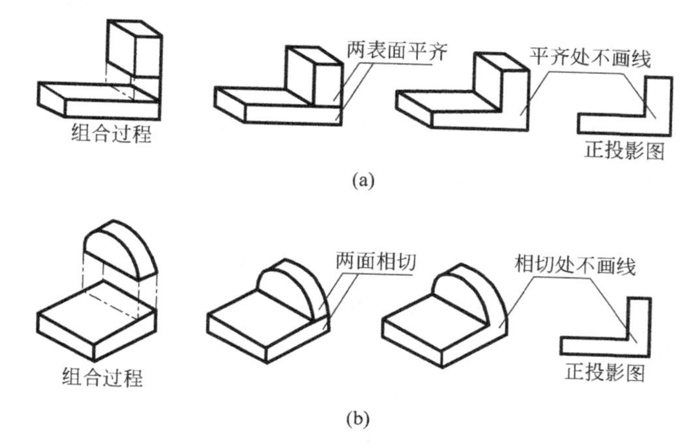

图 1-33 形体表面的平齐与相切

(a) 表面平齐；(b) 表面相切

① 符合平稳原则。形体在投影体系中的位置，应当重心平稳，使其在各投影面上的投影图形尽量反映实形，符合日常的视觉习惯及构图的平稳原则。如图 1-32 所示的房屋模型，体位平稳，其墙面均与 V、W 面平行，反映实形。

② 符合工作位置。有些组合体类似于工程形体，例如像建筑物、水塔等，在画这些形体投影图时，应当使其符合正常的工作位置，以便理解，如图 1-34 所示为水塔的两面投影，不能将水塔躺倒画出。

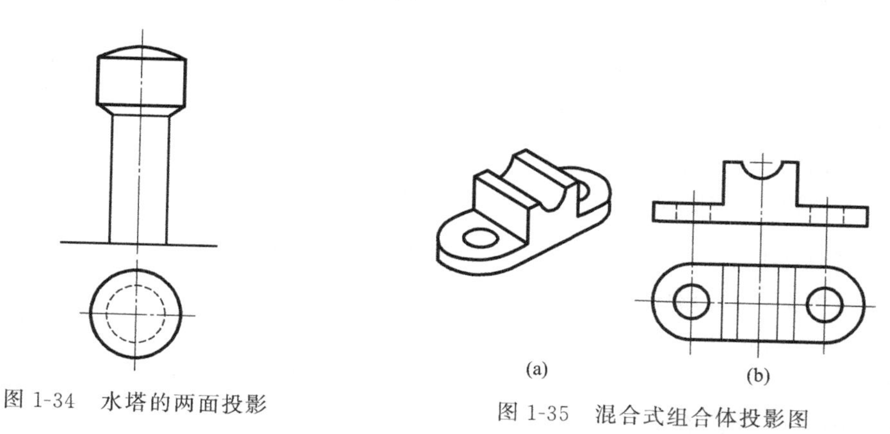

图 1-34 水塔的两面投影

图 1-35 混合式组合体投影图

(a) 直观图；(b) 投影图

③ 摆放的位置要显示尽可能多的特征轮廓。形体在投影体系中的摆放位置很多，但是最好使其主要的特征面平行于基本投影面，使其反映实形。通常我们把组合体上特征最明显（或特征最多）的那个面，平行正立投影面摆放，使正立投影反映特征轮廓。例如建筑物的正立面图，通常都用于反映建筑物主要出入口所在墙面的情况，用以表达建筑物的主要造型及风格。对于较抽象的形体，则是将最能区别于其他形体的

那个面作为特征来确定，例如三棱柱的三角形侧面，圆柱的圆形底面等。

(3) 确定投影图的数量

确定的原则是：以最少的投影图，反映尽可能多的内容。如特征投影选择合理，同时又符合组合体中基本形的表达要求，有的投影即可省略。如图 1-35 所示为混合式的组合体，其底板是半圆柱圆孔和长方体组成，上部为长方体挖去半圆槽而成。对圆柱、圆孔形体通常只需两个投影即可表达清楚，但对长方体，则需三个投影。而对于该组合体来说，上部为长方体上挖去半圆槽，所以具有区别一般长方体的特征，因此该组合体只需两个投影图即可表达。

(4) 选择比例和图幅

为了作图和读图的方便，最好采用 1∶1 的比例。但是工程物体有大有小，无法按实际大小作图，所以必须选择适当的比例作图。当比例选定以后，再按照投影图所需面积大小，选用合理的图幅。

(5) 作投影图

画组合体投影的已知条件有两种：一是给出组合体的实物或模型；二是给出组合体的直观图。不论哪一种已知条件，在作组合体投影时，一般应按下列步骤进行。

① 对组合体进行形体分析。

② 选择摆放位置，确定投影图数量。

③ 选择比例与图幅。

④ 作投影图。其作图步骤如下。

a. 布置投影图的位置，根据组合体选定的比例计算每个投影图的大小，均衡匀称地布置图位，并画出各投影图的基准线。

b. 按形体分析分别画出各基本形体的投影图。

c. 检查图样底稿，校核无误后，按规定的线型、线宽描深图线。

【例 1-12】 画出如图 1-36(a) 所示组合体的三面投影图。

【解】 (1) 形体分析

该组合体是由下方叠加两个高度较小的长方体，左方叠加一个三棱柱体，以及后方叠加长方体，同时在其略靠中的位置挖去一个半圆柱体及长方体后组合而成的组合体，属于既有叠加又有切割的混合式组合体。

(2) 选择摆放位置及正立投影方向

摆放位置及正立投影方向如图 1-36(a) 所示，使孔洞的特征反映在正立投影上。

(3) 作投影图

① 按形体分析先画下方两长方体的三投影，如图 1-36(b) 所示。先从 V 面投影开始作图。

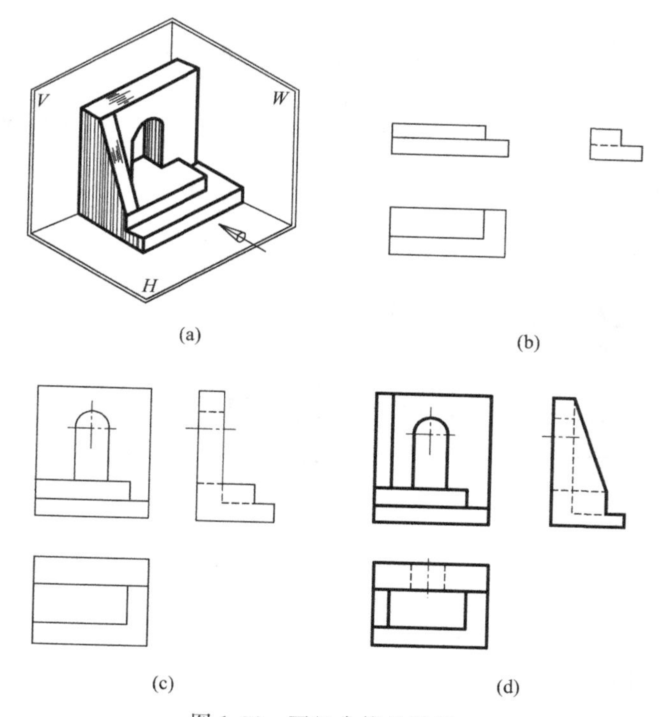

图 1-36 画组合体投影图

（a）摆放位置；（b）画下方长方体；（c）叠加后方长方体并挖孔；

（d）叠加左侧三棱柱，完成作图

② 画出后方长方体及挖去孔洞的三投影，如图 1-36（c）所示。先作反映实形的 V 面投影，再作其他投影。

③ 作出叠加左方三棱柱的三面投影，如图 1-36（d）。先作反映实形的 *W* 面投影，再作 *H*、*V* 面投影，因 *W* 面投影方向孔洞、台阶形轮廓均不可见，所以用虚线表示。

④ 检查并加深加粗图线，完成作图。

1.4.2 组合体的尺寸标注

建筑形体的投影图应当注上足够的尺寸，才能明确形体的实际大小和各部分的相对位置。组合体标注尺寸的方法仍然采用形体分析法，先标注每一基本立体的尺寸，然后标注建筑形体的总体尺寸。

(1) 尺寸标注的基本要求

① 在图上所注的尺寸要完整，不能有遗漏，但是也不应有重复多余的尺寸。

② 要准确无误且符合制图标准的规定。

③ 尺寸布置要清晰，便于读图。

（2）尺寸标注的种类

① 定形尺寸是确定组合体中各基本形体大小的尺寸。基本形体形状简单，只要标注出它的长、宽、高或直径，即可确定它的大小。尺寸一般标注在反映该形体特征的实形投影上，对于带切口基本体，在反映出各种形状尺寸的同时，还应标出切口处截平面的位置尺寸，如图 1-37 所示。

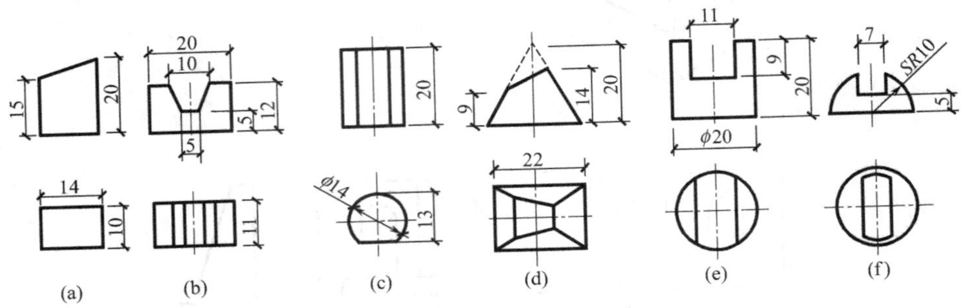

图 1-37　带切口基本体的尺寸标注

（a）基本体一；（b）基本体二；（c）基本体三；（d）基本体四；（e）基本体五；（f）基本体六

② 定位尺寸是确定各基本形体在建筑形体中相对位置的尺寸。

③ 总体尺寸是确定组合体总长、总宽、总高的尺寸。

（3）尺寸基准

尺寸基准是指标注尺寸的起点。一般将形体大的底面、端面、对称平面、回转体的轴线和圆的中心线定为尺寸基准。组合体的长、宽、高三个方向都必须有一个以上的尺寸基准。长度方向通常可选择左侧面或右侧面为起点，宽度方向可选择前侧面或后侧面为起点，高度方向通常以底面或顶面为起点。若物体是对称形，还可以选择对称中心线作为标注长度和宽度尺寸的起点。

（4）组合体的尺寸标注举例

现以图 1-38 所示的肋式杯形基础为例来介绍标注尺寸的步骤。

① 确定尺寸基准并标注定形尺寸。肋式杯形基础是一个对称形物体，其长度方向的尺寸基准即是两条中心对称线；高度方向的尺寸基准一般选为底面。各基本形体的定形尺寸有四棱柱底板长、宽和高；中间四棱柱长、宽和高；前后肋板长、宽、高；左右肋板长、宽、高；楔形杯口上底和下底、高和杯口厚度等，如图 1-39 所示。

② 标注定位尺寸。图 1-38 所示基础的中间四棱柱的长、宽、高定位尺寸是 750mm、500mm、250mm，杯口距离四棱柱的左右侧面 250mm，距离四棱柱的前后侧面 250mm。杯口底面距离四棱柱顶面 650mm，左右肋板的定位尺寸是宽度方向的 875mm，高度方向的 250mm，长度方向因肋板的左右端面与底板的左右端面对齐，不用标注。同理，前后肋板的定位尺寸是 750mm、250mm。

③ 标注总尺寸。基础的总长和总宽，即底板的长度 3000mm 与宽度 2000mm 不用另加标注，总高尺寸为 1000mm。

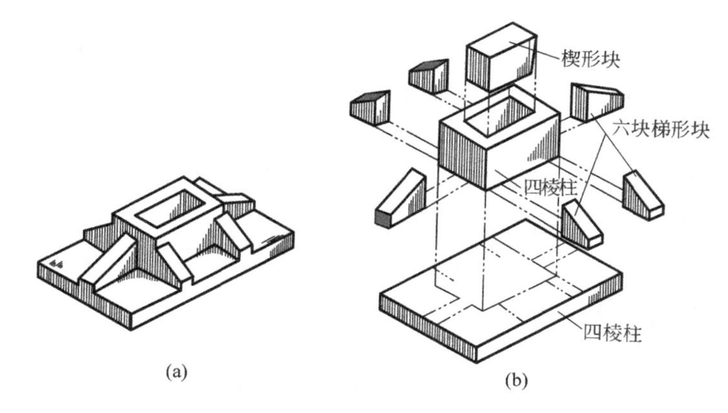

图 1-38 肋式杯形基础形体分析

(a) 肋式杯形基础；(b) 形体分析

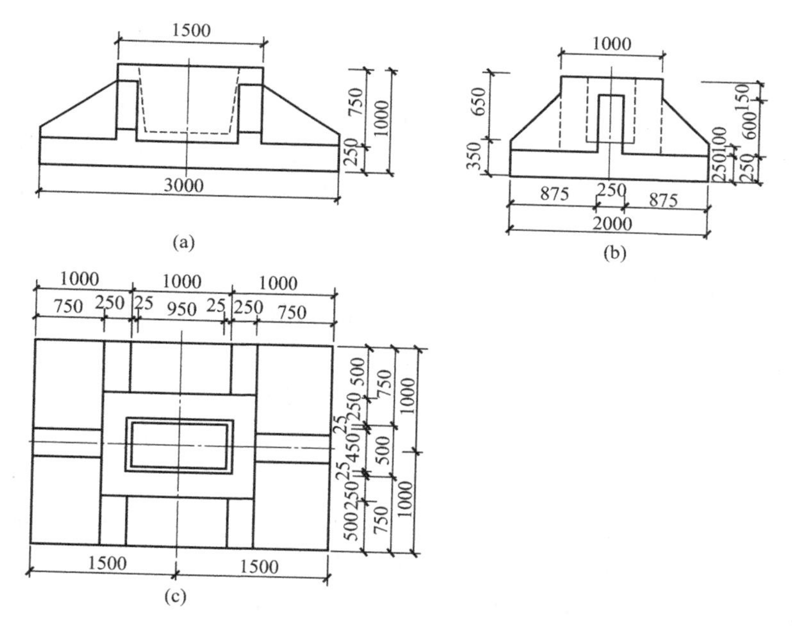

图 1-39 肋式杯形基础的尺寸标注

(a) 立面图；(b) 剖面图；(c) 平面图

1.4.3 组合体投影图的识读

(1) 识读前的准备工作

① 掌握三面投影关系，即“长对正、高平齐、宽相等”的关系，熟悉建筑形体的长、宽、高三个方向尺度和上、下、左、右、前、后六个方向在形体投影图上

的对应位置。

② 熟练掌握基本形体的投影特点及其识读方法，并且能进行形体分析。

③ 掌握各种位置的线、平面、曲面，以及截交线、相贯线的投影特点，并能进行线面分析。

④ 掌握形体的各种表达方法，也就是掌握单面、两面、三面、多面投影图，辅助投影图，剖面图，断面图等的特性和画法。

⑤ 掌握尺寸标注法，并且能用尺寸配合图形，来确定形体的形状和大小。

（2）识读的基本方法和步骤

① 形体分析法读图　形体分析法是根据基本形体的投影特点，用适当的分析方法，在投影图上分析形体各个组成部分的形状和相对位置，然后综合起来确定形体的总的形状。

下面以图1-40中的形体为例，说明用形体分析法读图的步骤和方法。

a. 识投影，抓特征。纵观三个投影图，正面投影图特征最为明显，可以清楚地抓住形体的特征，并在整个投影图的浏览过程中，可看出此形体具有左右对称的特点。

b. 分线框对投影。从正面投影图入手，结合侧面投影图分线框，即把形体的几个基本部分确定下来。通常一个线框对应空间的一个基本形体。在此图中可以分为三个线框：一个大矩形线框、一个梯形线框和一个小的虚线矩形框。下面具体分析其各部分形体。

ⅰ. 矩形线框（形体Ⅰ）。如图1-40(b)中，根据三等关系，将水平投影图和侧面投影图对应，由此可知：三个投影都为矩形，形体Ⅰ为四棱柱（长方体），并且由侧面投影图可确定其在形体的中间位置。

ⅱ. 梯形线框（形体Ⅱ）。如图1-40(c)中，根据三等关系，将水平投影图和侧面投影图对应，由此可知：正面投影图为其特征投影图，另两投影为矩形。形体Ⅱ应该是一个四棱柱，它的位置在形体的前部。

ⅲ. 矩形线框（形体Ⅲ）。如图1-40(d)中，虚线线框的含义在从前往后的投影中，其不可见，所以这部分形体应该在后面的位置。根据三等关系在三个投影图中的对应，由此可知在侧面投影图上对应的是后部的矩形线框。三个投影图均为矩形线框，因此它是一四棱柱（长方体）。

c. 定位置，想整体。此形体的位置在侧面投影图中表现得很明显。前面是形体Ⅰ，中间是形体Ⅱ，后面是形体Ⅲ。从上下位置来看，这三部分形体的上表面平齐，成为一个表面，在俯视图中没有分界线。另外，形体是左右对称的。综合这三部分的形状和位置，在头脑中把它们合成为一个整体。

总之，在整个读图过程中是按先整体后部分，然后从部分到整体的思路进行的。在这个过程中关键是要分得合理，中间步骤要想得正确，最后的整合要注意其表面的连接关系。

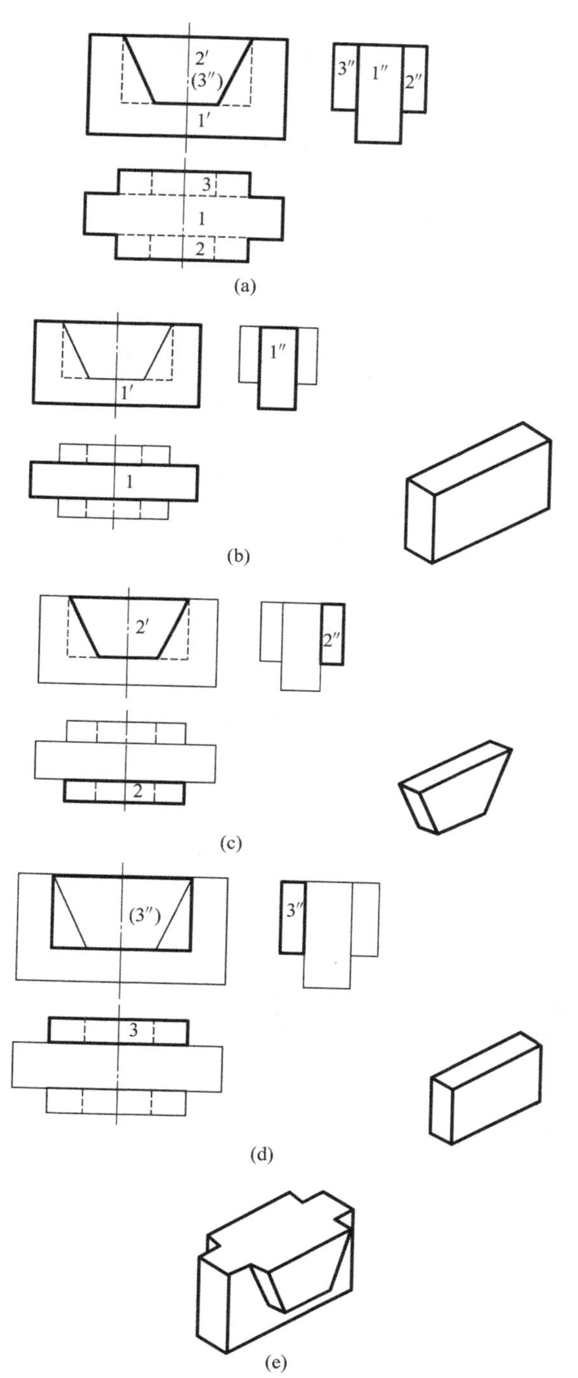

图 1-40 形体分析法读图

（a）对已知的三面投影图分线框；（b）对投影想出形体Ⅰ；（c）对投影想出形体Ⅱ；（d）对投影想出形体Ⅲ；（e）根据各部分相对位置，想出整体形状

② 线面分析法读图　线面分析法是从形体分析获得该形体的大致整体形象，若有局部投影仍弄不清楚时，可对该部分投影的线段和线框加以分析，运用线、面的投影规律，分析形体上线、面的空间关系和形状，从而把握形体的细部。

a. 如图 1-41(a) 所示为三视图，首先应仔细观察各个视图的特点，对整个形体有大概的判断，并分析出其特征视图。仔细观察，可判断出此为长方体切割得到的形体，而且左视图最能反映其特征。

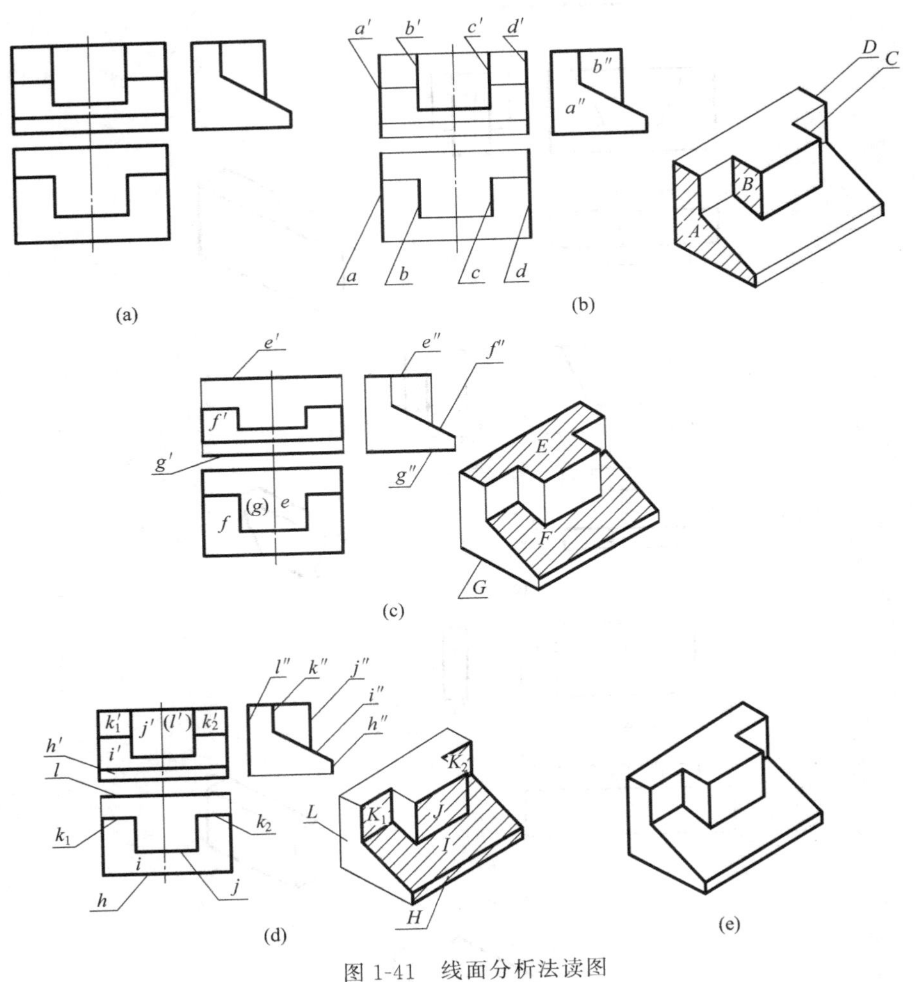

图 1-41　线面分析法读图

(a) 形体三视面投影图；(b) 特征视图的线框分析；(c) 俯视图的线框分析；(d) 主视图的线框分析；(e) 空间形体

b. 从特征投影图入手，可分析各个线框的空间含义。在侧面投影图中可以看到有两个线框。通过三等关系的对应，可以得到其在 H、V 面投影图中的投影都为竖直的线，也就是说实际上有四个侧平面。通过 H、V 面投影图还可以分析出它们的位置关系，即可以看着 W 面投影图中的线框，想象从左往右依次拉出其长度尺寸，在脑海里呈现出立体的各个位置侧面的具体情况，如图 1-41(b) 立体图中所示。

c. 接下来分析俯视图的各个线框的空间含义，如图 1-41(c) 所示。俯视图中有三个线框，包含最外围的一个矩形线框。根据其三等关系对应的左视图各个位置的线段，可很容易判断出这三个面的情况。其中，E、G 面是水平面，而 F 则是一个侧垂面。可看着俯视图的线框的形状，在头脑里想象分别在不同高度位置拉出各个面的情况：先把 E 面拉到最高，再把 F 面斜拉到中间的位置，最后是 G 面在最底面。

d. 再来分析一下主视图线框的情况，方法和以上两个视图的步骤一样，如图 1-41(d) 所示。通过分析可以得出，在正面的方向上共有六个面，分别为 H 面、I 面、J 面、K_1 面、K_2 面、L 面。在左视图中，可看到它们的前后不同的位置，进而可以想象着在前后的宽度方向来把各个面依次拉出。

e. 在分析各个方向上的各个不同位置面的形状之后，可把这些面在头脑中组合起来，进行三个方向的综合，最后想象出最终形体的结构，如图 1-41(e) 所示。

1.5 轴测投影图

1.5.1 轴测投影的形成与分类

(1) 轴测投影的形成

轴测投影属于平行投影的一种，是用一组平行投射线选择适当的投射方向，将空间形体向某一个投影面进行投射，这时得到的图形能同时反映形体长、宽、高三个方向的情况，有较强的立体感。此种将形体连同确定形体长、宽、高三个向度的直角坐标轴（OX、OY、OZ）用平行投影的方法一起投射到某一投影面（例如 P、R 面）上所得到的投影，称为轴测投影。该投影面称为轴测投影面。用轴测投影方法绘制的图形，称为轴测投影图（简称轴测图），如图 1-42 所示。

(2) 轴测投影的分类

根据空间直角坐标系对投影面相对位置的变化以及投影线对投影面是否垂直，轴测投影可以分为正轴测投影和斜轴测投影两类。

① 正轴测投影　形体的长、宽、高三个方向的坐标轴与轴测投影面倾斜，投射线垂直于投影面所得到的投影，如图 1-42(a)、(b) 所示。

② 斜轴测投影　形体两个方向的坐标轴与轴测投影面平行（即形体的一个面与投影面平行），投影线与轴测投影面倾斜所得到的投影，如图 1-42(a)、(c) 所示。

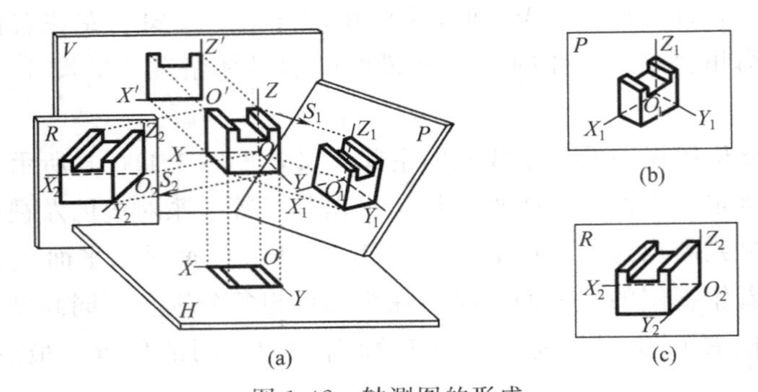

图 1-42 轴测图的形成

（a）轴测投影形成；（b）正轴测投影图；（c）斜正轴测投影图

1.5.2 平面体轴测投影的画法

(1) 正等轴测图的画法

当确定形体空间位置的三个坐标轴与轴测投影面的倾角相等，投射线与轴测投影面垂直时，所得到的轴测投影称为正等轴测投影，简称正等测，如图 1-43 所示。

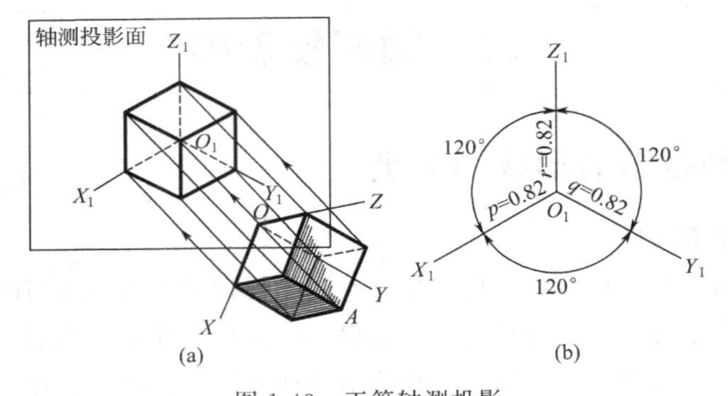

图 1-43 正等轴测投影

（a）正等轴测投影的形成；（b）轴间角和轴向伸缩系数

由于三个直角坐标轴与轴测投影面夹角相等，所以三个轴间角相等，均为 120°，三个轴向伸缩系数约等于 0.82。为了作图方便，取 $p=q=r=1$，称为简化系数。用简化系数作出的轴测投影图比实际轴测投影沿轴向分别放大了 1.22 倍。

平面体的正等轴测图的绘制主要采用坐标法、切割法、叠加法和特征面法等，有些也将几种方法混合使用。

① 坐标法 坐标法的绘图步骤如下。

a. 读懂正投影图，并确定原点和坐标轴的位置。

b. 选择轴测图种类，画出轴测轴。

c. 作出各顶点的轴测投影。

② 切割法　当形体是由基本体切割而成时，可先画出基本体的轴测图，然后再逐步切割而形成切割类形体的轴测图。

③ 叠加法　当形体是由几个基本体叠加而成时，可逐一画出各个基本体的轴测图，再按基本体之间的相对位置将各部分叠加而形成叠加类形体的轴测图。

④ 特征面法　特征面法是一种适用于柱体的轴测图绘制方法。当形体的某一端面较为复杂而且能够反映形体的形状特征时，可先画出该面的正等测图，再“扩展”成立体，这种方法被称为特征面法。

【例 1-13】 作六棱柱的正等轴测图（图 1-44）。

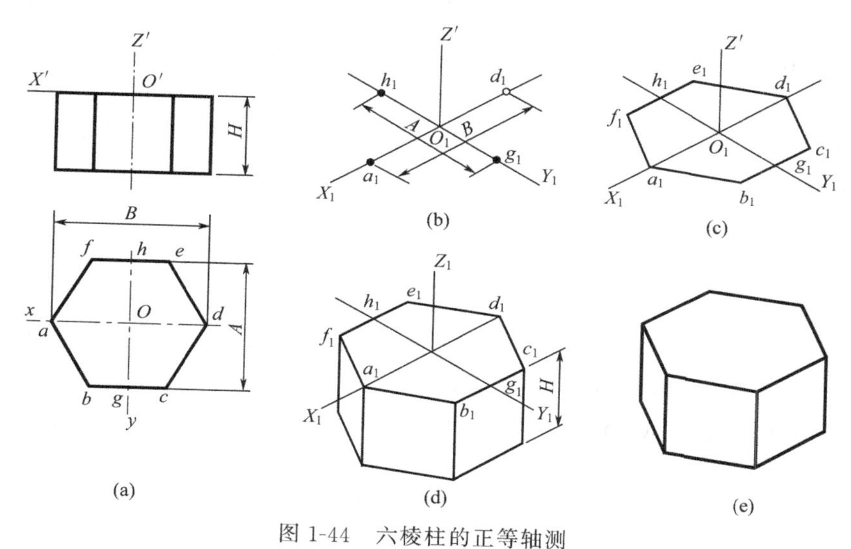

图 1-44　六棱柱的正等轴测

（a）确定坐标轴；（b）画轴测轴；（c）底面六边形的轴测投影；（d）过各顶点向下作可见棱线的轴测投影；（e）擦去作图线，加深可见轮廓线

【解】 ① 确定坐标轴，并在正投影图上表示出来，如图 1-44(a) 所示。

② 画轴测轴，并用坐标法画出六棱柱上底面六边形的轴测投影，如图 1-44(b)、(c) 所示。

③ 过各顶点向下作可见棱线的轴测投影，取棱线高为 H，然后连线，如图 1-44(d) 所示。

④ 擦去作图线，加深可见轮廓线，完成全图，如图 1-44(e) 所示。

（2）斜轴测图的画法

当投影线互相平行且倾斜于轴测投影面时，得到的投影称为斜轴测投影，其图形简称斜轴测图。斜轴测投影又可分为正面斜轴测和水平斜轴测两种。

① 正面斜轴测　当形体的 OX 轴和 OZ 轴决定的坐标面平行于轴测投影面，而投影线倾斜于轴测投影面时，得到的轴测投影称为正面斜轴测投影。如图 1-45

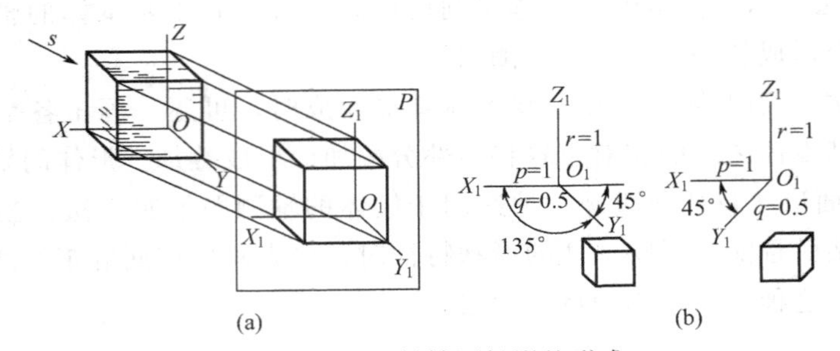

图 1-45 正面斜轴测投影的形成

(a) 形成；(b) 轴测轴、轴间角和轴向变形系数

(a) 所示，由于 OX 轴与 OZ 轴平行于轴测投影面，所以 $p=r=1$，$\angle X_1O_1Z_1=90°$，而$\angle X_1O_1Y_1$ 与$\angle Y_1O_1Z_1$ 常取 135°，$q=0.5$，这样得到的投影图，形体的正立面不发生变形，只有宽度变为原宽度一半，这样轴测图也称为正面斜二测。

工程图中，表达管线空间分布时，常将正面斜轴测图中的 q 取 1，即 $p=q=r=1$，称为斜等测图。

② 水平斜轴测图 如图 1-46(a) 所示，当形体的 OX 轴和 OY 轴所确定的坐标面（水平面）平行于轴测投影面，而投影线与轴测投影面倾斜一定角度时，所得到的轴测投影称为水平斜轴测。由于 OX 轴与 OY 轴平行于轴测投影面，所以 $p=q=1$，$\angle X_1O_1Y_1=90°$，而$\angle Z_1O_1X_1$ 取 120°，$r=0.5$，画图时，习惯把 O_1Z_1 画成铅直方向，则 O_1X_1 和 O_1Y_1 分别与水平线成 30°和 60°。$p=q=1$，$r=0.5$ 的轴测图也称为水平斜二测。水平斜二测常用于画建筑物的鸟瞰图。在水平斜轴测中，将 r 取为 1 时，即 $p=q=r=1$，叫做水平斜等测。

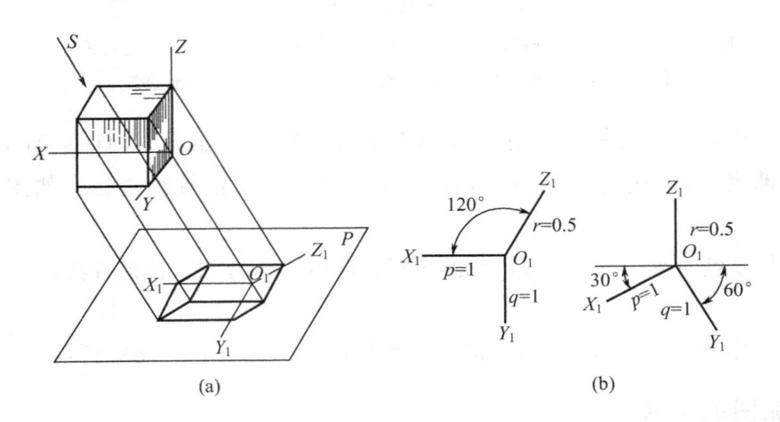

图 1-46 水平斜轴测投影的形成

(a) 形成；(b) 轴测轴、轴间角和轴向变形系数

【例 1-14】 作图 1-47 所示台阶的正面斜二测。

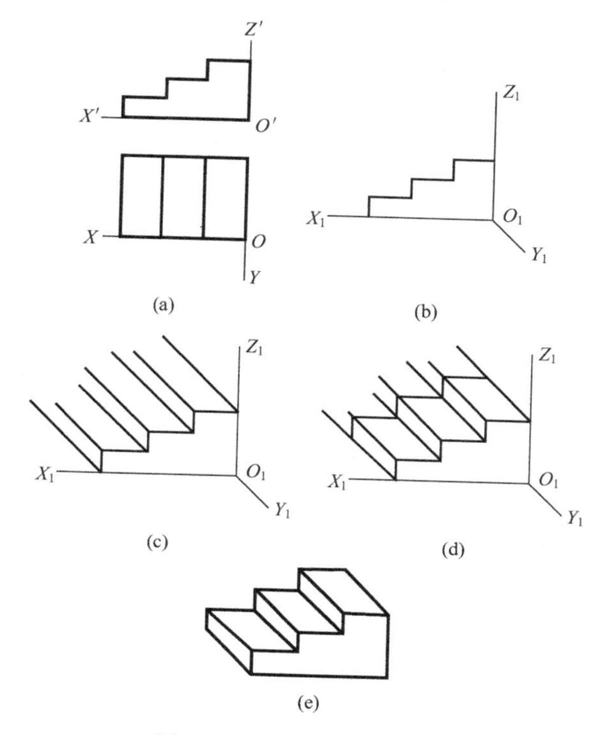

图 1-47 台阶的正面斜二测

(a) 确定坐标轴；(b) 画轴测轴；(c) 过伸出 Y 方向的平行线；(d) 确定台阶宽度的轴测投影；(e) 擦去作图线，加深可见轮廓线

【解】 ① 确定坐标轴，并在正投影图上表示出来，如图 1-47(a) 所示。

② 画轴测轴，并画出台阶前端面的轴测投影，如图 1-47(b) 所示。

③ 从前端面的各顶点向后拉伸出 Y 方向的平行线，如图 1-47(c) 所示。

④ 按 $q=0.5$ 确定台阶宽度的轴测投影，如图 1-47(d) 所示。

⑤ 擦去作图线，加深可见轮廓线，完成全图，如图 1-47(e) 所示。

1.5.3 曲面体轴测投影的画法

(1) 圆的轴测图画法

在正投影中，当圆所在的平面平行于投影面时，其投影仍是圆。当圆所在的平面倾斜于投影面时，它的投影就变成了椭圆。在轴测投影中，除斜轴测投影有一个面不发生变形外，一般情况下正方形的轴测投影都成了平行四边形，平面上圆的轴测投影也都变成了椭圆（图 1-48)。

当圆的轴测投影是一个椭圆时，其作图方法通常是作出圆的外切正方形作为辅助图形，先作圆的外切正方形的轴测图，再用四心圆弧近似法作椭圆或用八点椭圆

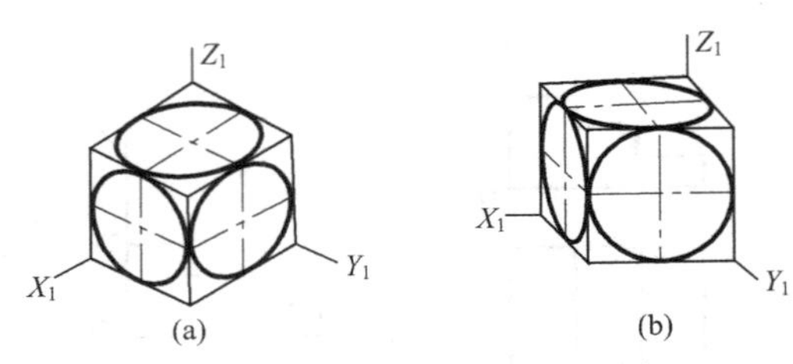

图 1-48　三个方向圆的轴测图

(a) 正等测；(b) 斜二测

法作椭圆。

① 当圆的外切正方形在轴测投影中成为菱形时，可用四心圆弧近似法作出椭圆的正等测图（图 1-49）。步骤如下。

a. 在正投影图上定出原点和坐标轴位置，并作圆的外切正方形 $EFGH$，如图 1-49(a) 所示。

b. 画轴测轴及圆的外切正方形的正等测图，如图 1-49(b) 所示。

c. 连接 F_1A_1、F_1D_1、H_1B_1、H_1C_1，分别交于 M_1、N_1，以 F_1 和 H_1 为圆心，F_1A_1 或 H_1C_1 为半径作大圆弧 $\overset{\frown}{B_1C_1}$ 和 $\overset{\frown}{A_1D_1}$，如图 1-49(c) 所示。

d. 以 M_1 和 N_1 为圆心，M_1A_1 或 N_1C_1 为半径作小圆弧 $\overset{\frown}{A_1B_1}$ 和 $\overset{\frown}{C_1D_1}$，即得平行于水平面的圆的正等测图，如图 1-49(d) 所示。

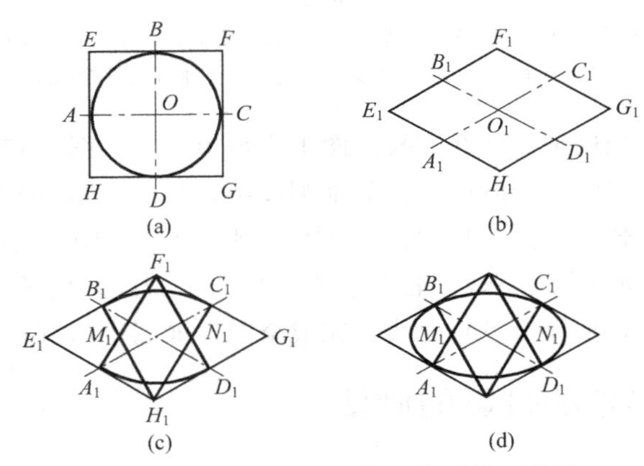

图 1-49　用四心圆弧近似法作圆的正等测

(a) 在正投影图上定出原点和坐标轴位置，并作圆的外切正方形 $EFGH$；(b) 画轴测轴及图的外切正方形的正等测图；(c) 连接 F_1A_1、F_1D_1、H_1B_1、H_1C_1，分别交于 M_1、N_1，以 F_1 和 H_1 为圆心，F_1A_1 或 H_1C_1 为半径作大圆弧 $\overset{\frown}{B_1C_1}$ 和 $\overset{\frown}{A_1D_1}$；(d) 以 M_1 和 N_1 为圆心，M_1A_1 或 N_1C_1 为半径作小圆弧 $\overset{\frown}{A_1B_1}$ 和 $\overset{\frown}{C_1D_1}$，即得平行于水平面的圆的正等测图

② 当圆的外切正方形在轴测投影中成为一般平行四边形时，可用八点椭圆法作出椭圆的斜二测图（图 1-50）。

a. 作圆的外切正方形 $EFGH$，并连接对角线 EG、FH 交圆周于 1、2、3、4 点，如图 1-50(a) 所示。

b. 作圆外切正方形的斜二测图，切点 A_1、B_1、C_1、D_1 即为椭圆上的四个点，如图 1-50(b) 所示。

c. 以 E_1C_1 为斜边作等腰直角三角形，以 C_1 为圆心，腰长 C_1M_1 为半径作弧，交 E_1H_1 于 Ⅴ$_1$、Ⅵ$_1$，过 Ⅴ$_1$、Ⅵ$_1$ 作 C_1D_1 的平行线与对角线交 Ⅰ$_1$、Ⅱ$_1$、Ⅲ$_1$、Ⅳ$_1$ 四点，如图 1-50(c) 所示。

d. 依次用曲线板连接 A_1、Ⅰ$_1$、C_1、Ⅳ$_1$、B_1、Ⅲ$_1$、D_1、Ⅱ$_1$、A_1 各点即得平行于水平面的圆的斜二测图，如图 1-50(d) 所示。

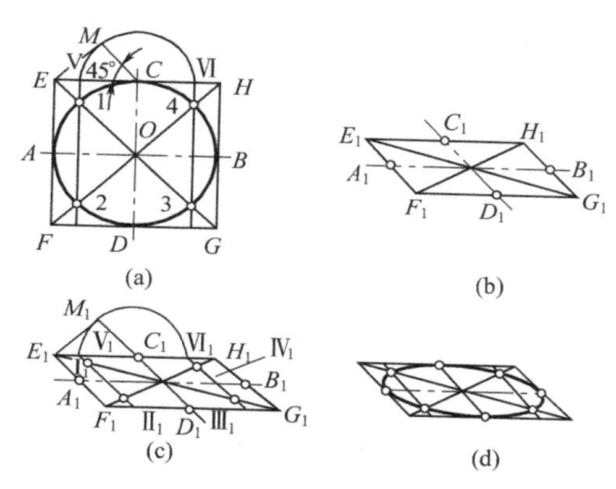

图 1-50 用八点椭圆法作圆的斜二测

(a) 作圆的外切正方形 $EFGH$，并连接对角线 EG、FH 交圆周于 1、2、3、4 点；(b) 作圆外切正方形的斜二测图，切点 A_1、B_1、C_1、D_1 即为椭圆上的四个点；(c) 以 E_1C_1 为斜边作等腰直角三角形，以 C_1 为圆心，腰长 C_1M_1 为半径做弧，交 E_1H_1 于 V_1、Ⅵ$_1$，过 V_1、Ⅵ$_1$ 作 C_1D_1 的平行线与对角线交 Ⅰ$_1$、Ⅱ$_1$、Ⅲ$_1$、Ⅳ$_1$ 四点；(d) 依次用曲线板连接 A_1、Ⅰ$_1$、C_1、Ⅳ$_1$、B_1、Ⅲ$_1$、D_1、Ⅱ$_1$、A_1 各点即得平行于水平面的圆的斜二测图

(2) 曲面体轴测投影的画法

学过平面上圆的轴测图画法，即可作简单曲面体的轴测图。

【例 1-15】 画圆台的正等轴测图，如图 1-51 所示。

【解】 ① 在正投影图中确定坐标系：为简化作图，可取右底面的圆心为轴测轴的原点，如图 1-51(a) 所示。

② 画左、右底面的椭圆，可用四心扁圆法画出，也可将左（右）底椭圆中的各圆弧连接点和各圆心沿 OX 轴向右（左）移动 h，求得另一底椭圆的相应点，画出，如图 1-51(b) 所示。

③ 画左右椭圆的公切线，擦去不可见部分，加深，完成正等轴测图，如图 1-51(d) 所示。

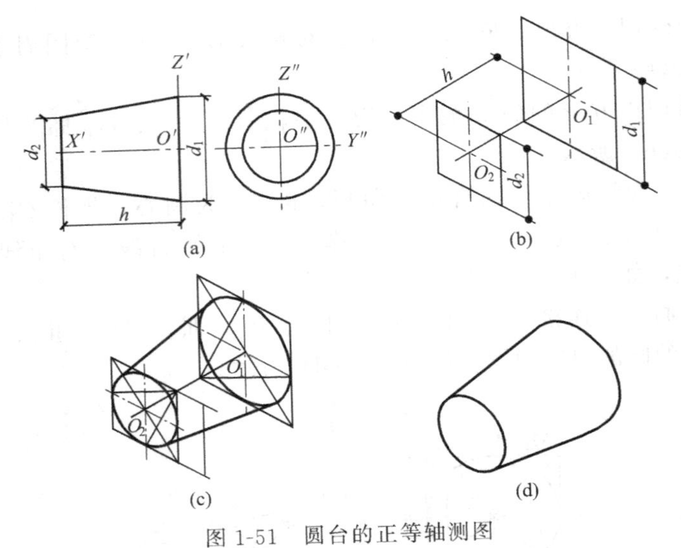

图 1-51 圆台的正等轴测图

(a) 在正投影图中确定坐标系；(b) 画左、右底面的椭圆；
(c) 画左右椭圆的公切线；(d) 完成正等轴测图

【例 1-16】 作图 1-52 所示形体的正面斜二测。

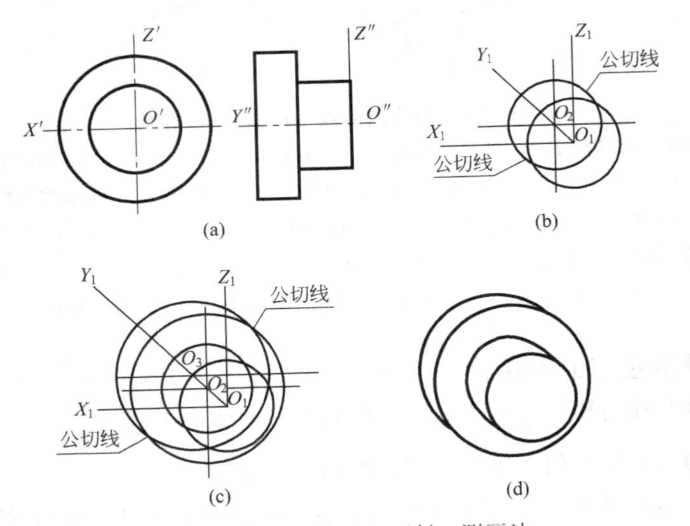

图 1-52 曲面体的正面斜二测画法

(a) 确定坐标轴；(b) 作小圆柱的轴测投影；(c) 作大圆柱的轴测投影；(d) 完成全图

【解】 ① 确定坐标轴，并在正投影图上表示出来，如图 1-52(a) 所示。

② 作小圆柱的轴测投影，如图 1-52(b) 所示。

③ 作大圆柱的轴测投影，如图 1-52(c) 所示。

④ 擦去作图线，加深可见轮廓线，完成全图，如图 1-52(d) 所示。

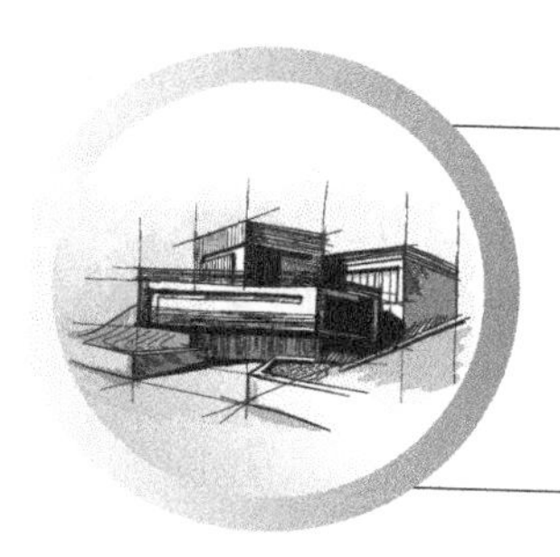

2 建筑施工图识读技巧

2.1 建筑施工图概述

2.1.1 建筑施工图的组成

建筑施工图是建筑设计总说明、总平面图、平面图、立面图、剖面图和详图等的总称。它主要表明拟建工程的平面、空间布置，以及各部位构件的大小、尺寸、内外装修和构造做法等。建筑施工图包括如下内容。

① 图纸首页，包括设计说明、图纸目录等。

② 建筑总平面图，比例 1∶500、1∶1000。

③ 各层平面图，比例 1∶100。

④ 立面图，比例 1∶100。

⑤ 剖面图，比例 1∶100。

⑥ 详图及大样图，比例 1∶20、1∶10、1∶5。

图纸目录是了解建筑工程设计图纸汇总编排顺序的图样。整套施工图由建筑、结构、设备施工图汇总而成，图纸目录由序号、图号、图名、图幅、备注等组成。

设计说明主要是对建筑施工图不易详细表达的内容，例如设计依据、建设地点、建设规模、建筑面积、人防工程等级、抗震设防烈度、主要结构类型等工程概论方面内容、构造做法、用料选择、该项目的相对标高与总图绝对标高的关系，以及防火专篇等一些有关部门要求的明确说明。

2.1.2 建筑施工图的相关规定

(1) 定位轴线

定位轴线是表示建筑物主要结构或构件位置的点划线。凡是承重墙、柱、梁、屋架等主要承重构件都应画上轴线，并编上轴线号，以确定其位置；对于次要的墙、柱等承重构件，则编附加轴线号确定其位置。

定位轴线应用细单点长划线绘制。定位轴线应编号，编号应注写在轴线端部的圆内。圆应用细实线绘制，直径为 8～10mm。定位轴线圆的圆心应在定位轴线的延长线上或延长线的折线上。除较复杂需采用分区编号或圆形、折线形外，平面图上定位轴线的编号，宜标注在图样的下方或左侧。横向编号应用阿拉伯数字，从左至右顺序编写；竖向编号应用大写拉丁字母，从下至上顺序编写，如图 2-1 所示。

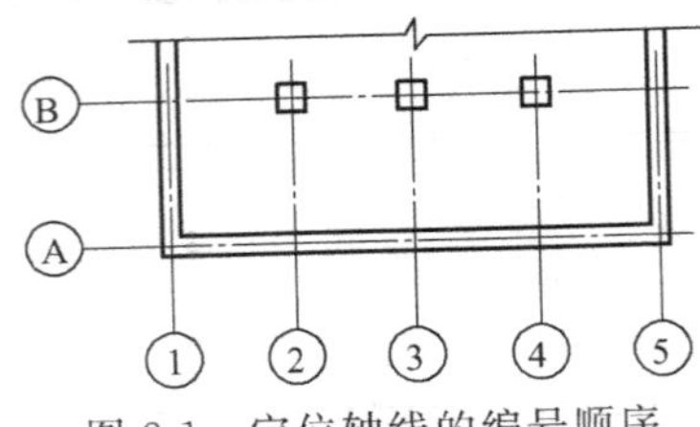

图 2-1　定位轴线的编号顺序

拉丁字母作为轴线号时，应全部采用大写字母，不应用同一个字母的大小写来区分轴线号。拉丁字母的 I、O、Z 不得用作轴线编号。当字母数量不够使用，可增用双字母或单字母加数字注脚。

组合较复杂的平面图中定位轴线也可采用分区编号（图 2-2）。编号的注写形式应为“分区号-该分区编号”。“分区号-该分区编号”采用阿拉伯数字或大写拉丁字母表示。

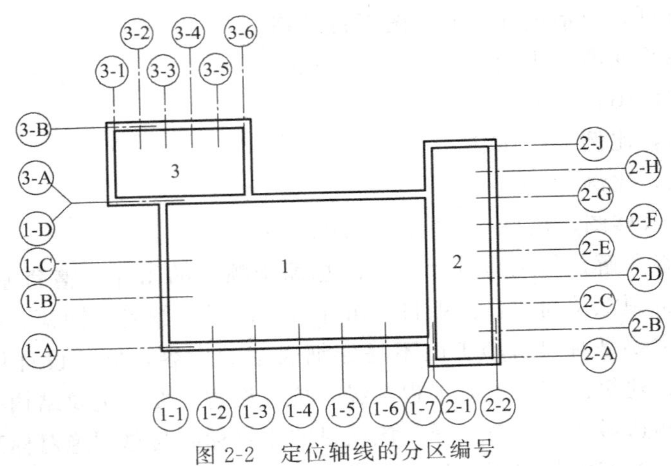

图 2-2　定位轴线的分区编号

附加定位轴线的编号，应以分数形式表示，并应符合下列规定。

① 两根轴线的附加轴线，应以分母表示前一轴线的编号，分子表示附加轴线的编号。编号宜用阿拉伯数字顺序编写。

② 1 号轴线或 A 号轴线之前的附加轴线的分母应以 01 或 0A 表示。

一个详图适用于几根轴线时，应同时注明各有关轴线的编号，如图 2-3 所示。

通用详图中的定位轴线，应只画圆，不注写轴线编号。

圆形与弧形平面图中的定位轴线，其径向轴线应以角度进行定位，其编号宜

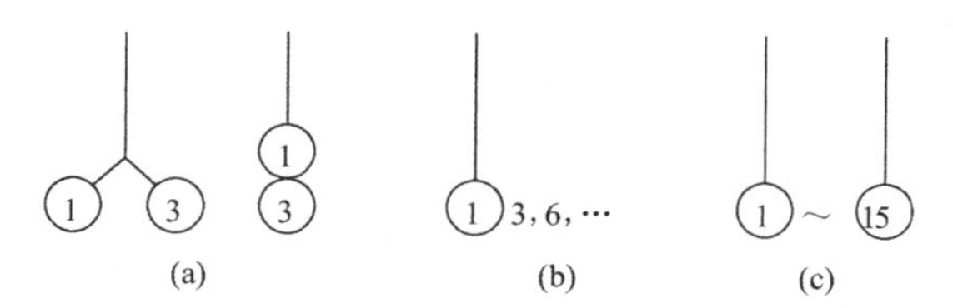

图 2-3 详图的轴线编号

(a) 用于 2 根轴线时；(b) 用于 3 根或 3 根以上轴线时；(c) 用于 3 根以上连续编号的轴线时

用阿拉伯数字表示，从左下角或－90°（若径向轴线很密，角度间隔很小）开始，按逆时针顺序编写；其环向轴线宜用大写阿拉伯字母表示，从外向内顺序编写（图 2-4、图 2-5）。

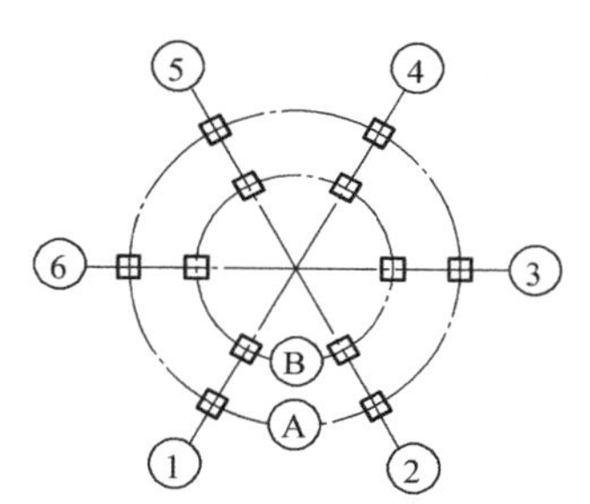

图 2-4 圆形平面定位轴线的编号

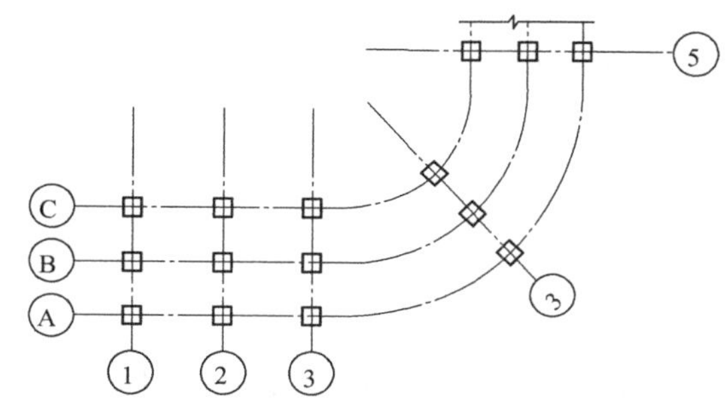

图 2-5 弧形平面定位轴线的编号

折线形平面图中定位轴线的编号可按图 2-6 的形式编写。

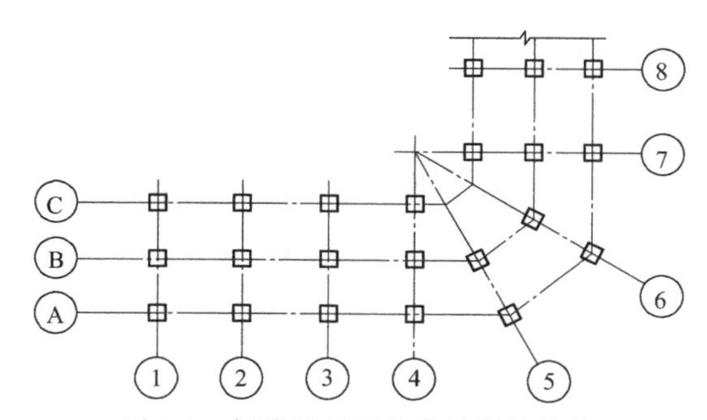

图 2-6 折线形平面定位轴线的编号

(2) 标高

标高是表示建筑物的地面或某个部位的高度。通常将建筑物首层地面标高定为±0.000，在其上部的标高定为“＋”值，常省略不写；在其下部的标高定为“－”值，标注时必须写上，例如－0.300。标高数字应以米为单位，标高注写时一般要写到小数点后三位数字，总平面图中，可注写到小数点以后第二位，但是±0.000不能省略。标高的标注方法如下。

标高符号应以直角等腰三角形表示，按图 2-7(a) 所示形式用细实线绘制，当标注位置不够，也可按图 2-7(b) 所示形式绘制。标高符号的具体画法应符合图 2-7(c)、(d) 的规定。

≈3mm
45°
(a)
(b)
(c)
l
h
≈3mm
45°
(d)

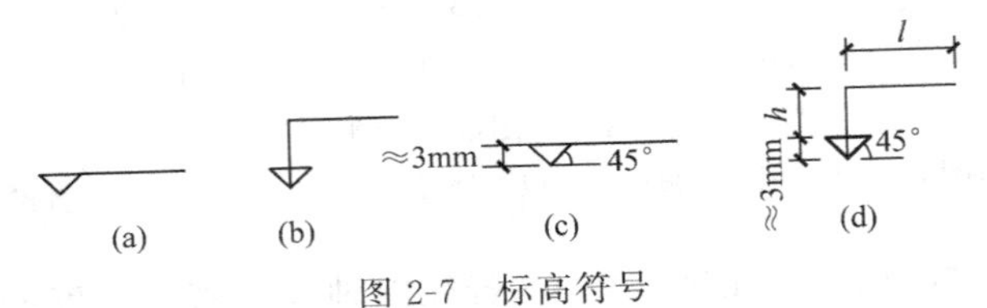

图 2-7　标高符号

(a) 用细实线绘制标高符号；(b) 标注位置不够时标高符号的绘制；

(c) 标高符号规定一；(d) 标高符号规定二

l—取适当长度注写标高数字；h—根据需要取适当高度

总平面图室外地坪标高符号，宜用涂黑的三角形表示，具体画法应符合图 2-8 的规定。

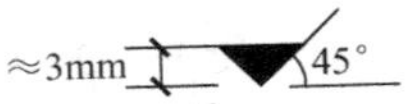

≈3mm
45°

图 2-8　总平面图室外地坪标高符号

标高符号的尖端应指至被注高度的位置。尖端宜向下，也可向上。标高数字应注写在标高符号的上侧或下侧，如图 2-9 所示。

5.250
5.250

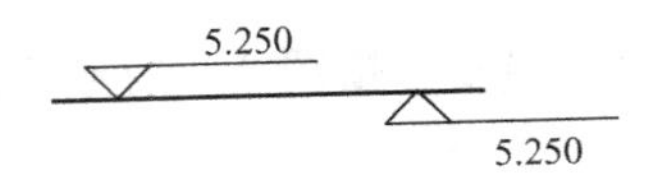

图 2-9　标高的指向

在图样的同一位置需表示几个不同标高时，标高数字可按图 2-10 的形式注写。

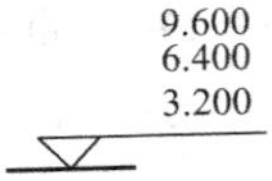

9.600
6.400
3.200

图 2-10　同一位置注写多个标高数字

(3) 引出线

引出线应以细实线绘制，宜采用水平方向的直线，与水平方向成 30°、45°、60°、90°的直线，或经上述角度再折为水平线。文字说明宜注写在水平线的上方，如图 2-11(a) 所示，也可注写在水平线的端部，如图 2-11(b) 所示。索引详图的引出线，应对准索引符号的圆心，如图 2-11(c) 所示。

同时引出几个相同部分的引出线，宜互相平行，如图 2-12(a) 所示，也可画成集中于一点的放射线，如图 2-12(b) 所示。

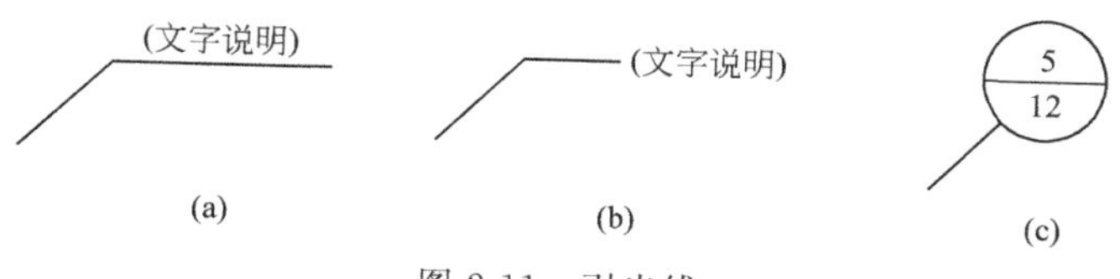

图 2-11 引出线

(a) 文字说明注写在水平线上方；(b) 文字说明注写在水平线端部；
(c) 索引详图的引出线对准索引符号的圆心

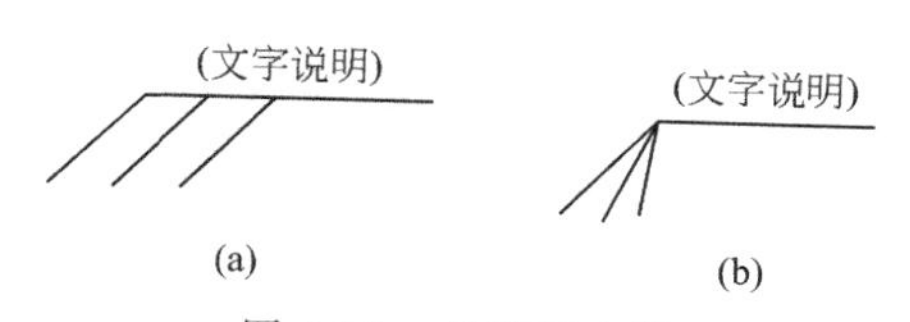

图 2-12 共用引出线

(a) 引出线互相平行；(b) 引出线画成集中于一点的放射线

多层构造或多层管道共用引出线，应通过被引出的各层，并用圆点示意对应各层次。文字说明宜注写在水平线的上方，或注写在水平线的端部，说明的顺序应由上至下，并应与被说明的层次相互一致；若层次为横向排序，则由上至下的说明顺序应与由左至右的层次相互一致，如图 2-13 所示。

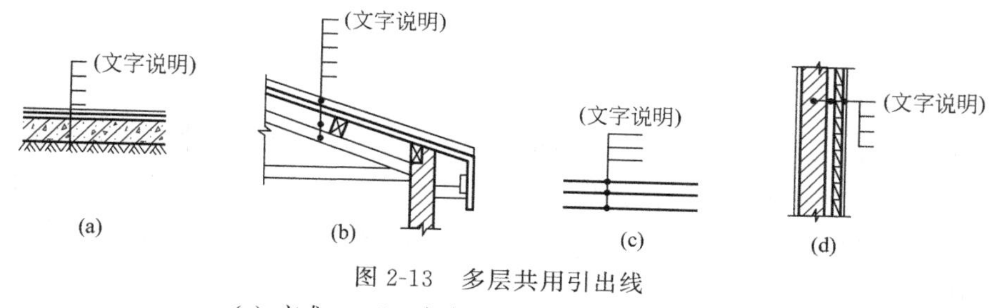

图 2-13 多层共用引出线

(a) 方式一；(b) 方式二；(c) 方式三；(d) 方式四

(4) 索引符号与详图符号

图样中的某一局部或构件需另见详图时，以索引符号索引，如图 2-14(a) 所示。索引符号由直径为 8～10mm 的圆和水平直径组成，圆和水平直径用细实线表示。索引出的详图与被索引出的详图同在一张图纸时，在索引符号的上半圆中用阿拉伯数字注明该详图的编号，在下半圆中间画一段水平细实线，如图 2-14(b) 所示。索引出的详图与被索引出的详图不在同一张图纸时，在索引符号的上半圆中用阿拉伯数字注明该详图的编号，在下半圆中用阿拉伯数字注明该详图所在图纸的编号，如图 2-14(c) 所示，数字较多时，也可加文字标注。

索引出的详图采用标准图时，在索引符号水平直径的延长线上加注该标准图册的编号，如图 2-14(d) 所示。

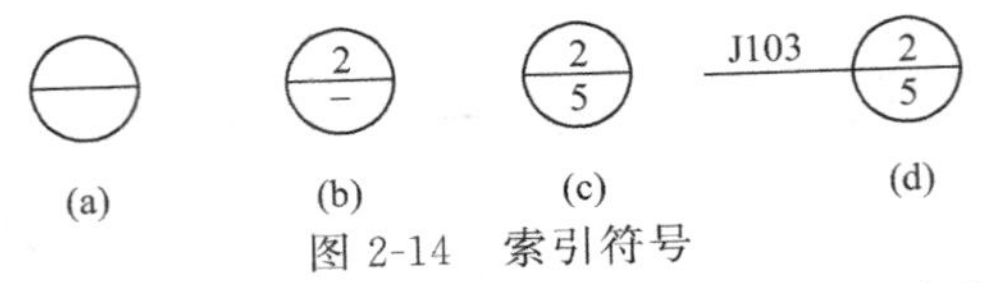

图 2-14　索引符号

(a) 图样中的某一局部或构件需另见详图时的索引符号；(b) 索引出的详图与被索引出的详图同在一张图纸时的索引符号；(c) 索引出的详图与被索引出的详图不在同一张图纸时的索引符号；(d) 索引出的详图采用标准图时的索引符号

索引符号用于索引剖视详图时，在被剖切的部位绘制剖切位置线，并用引出线引出索引符号，投射方向为引出线所在的一侧，如图 2-15 所示，索引符号的编号同上。

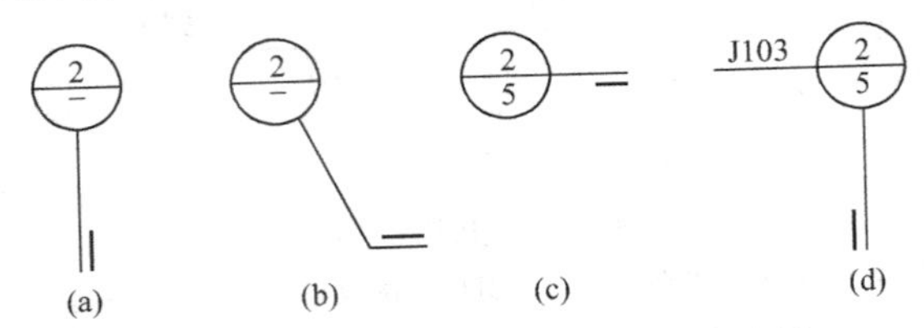

图 2-15　用于索引剖面详图的索引符号

(a) 剖切位置线在右侧；(b) 剖切位置线在上方；(c) 剖切位置线在下方；(d) 剖切位置线在左侧

零件、钢筋、杆件、设备等的编号用阿拉伯数字按顺序编写，以直径为 5～6mm 的细实线圆表示，如图 2-16 所示，同一图样圆的直径要相同。

图 2-16　零件、杆件的编号

详图符号的圆用直径为 14mm 的粗实线绘制，当详图与被索引出的图样在同一张图纸内时，在详图符号内用阿拉伯数字注明该详图编号，如图 2-17 所示。当详图与被索引出的图样不在同一张图纸时，用细实线在详图符号内画一水平直径，上半圆中注明详图的编号，下半圆注明被索引图纸的编号，如图 2-14(c) 所示。

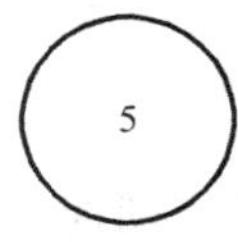

图 2-17　与被索引出的图样在同一张图纸的详图符号

(5) 其他符号

① 对称符号　施工图中的对称符号由对称线和两端的两对平行线组成。对称线用细单点长划线表示，平行线用细实线表示。平行线长度为 6～10mm，每对平行线的间距为 2～3mm，对称线垂直平分于两对平行线，两端超出平行线 2～3mm，如图 2-18 所示。

② 连接符号　施工图中，当构件详图的纵向较长、重复较多时，可省略重复部分，用连接符号相连。连接符号用折断线表示所需连接的部位，当两部位相距过

远时，折断线两端靠图样一侧要标注大写拉丁字母表示连接编号。两个被连接的图样要用相同的字母编号，如图 2-19 所示。

图 2-18　对称符号

图 2-19　连接符号

③ 指北针　在总平面图中应画有指北针，以表示建筑物的方向。指北针的形状如图 2-20 所示，其圆的直径宜为 24mm，用细实线绘制；指针尾部的宽度宜为 3mm，指针头部应注“北”或“N”字。需用较大直径绘制指北针时，指针尾部宽度宜为直径的 1/8。

④ 风向频率玫瑰图　为表示某一地区常年的风向情况，在总平面图中要画上风向频率玫瑰图（简称风玫瑰图），如图 2-21 所示。图中把东南西北划分为 16 个方位，各方位上的长度，就是把多年来各方位平均刮风的次数占刮风总次数的百分比数值按一定的比例定出的。图中所示的风向是指从外面刮向地区中心的方向。实线指全年的风向，虚线指夏季的风向。

⑤ 变更云线　对图纸中局部变更部分宜采用云线，并注明修改版次，如图 2-22 所示。

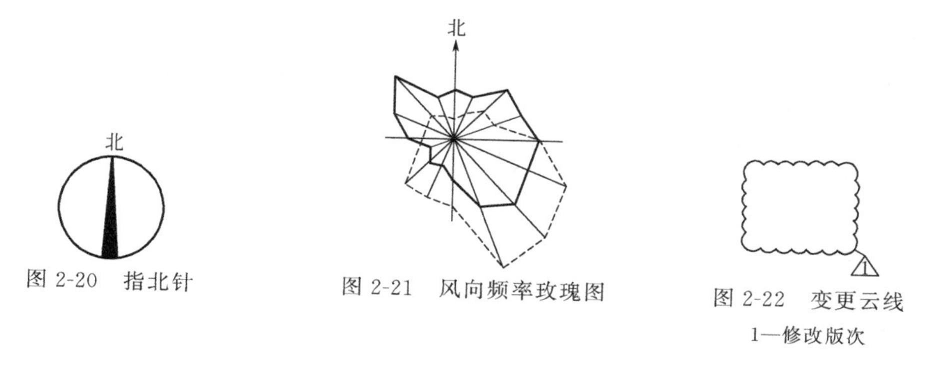

图 2-20　指北针

图 2-21　风向频率玫瑰图

图 2-22　变更云线
1—修改版次

2.1.3　建筑施工图中常用图例

(1) 常用建筑材料图例（表 2-1）

表 2-1　常用建筑材料图例

序号	名称	图　例	备　注
1	自然土壤		包括各种自然土壤
2	夯实土壤		—

续表

序号	名称	图例	备注
3	砂、灰土	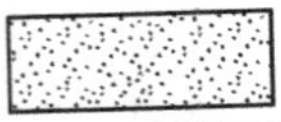	—
4	砂砾石、碎砖三合土	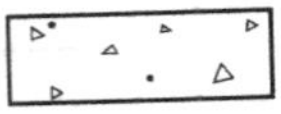	—
5	石材	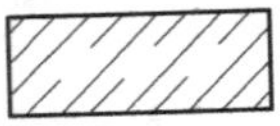	—
6	毛石	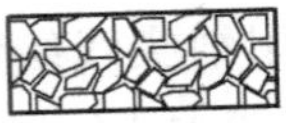	—
7	普通砖	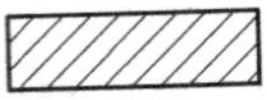	包括实心砖、多孔砖、砌块等砌体。断面较窄不易绘出图例线时，可涂红，并在图纸备注中加注说明，画出该材料图例
8	耐火砖	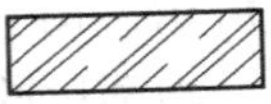	包括耐酸砖等砌体
9	空心砖		指非承重砖砌体
10	饰面砖	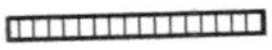	包括铺地砖、马赛克、陶瓷锦砖、人造大理石等
11	焦渣、矿渣	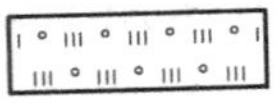	包括与水泥、石灰等混合而成的材料
12	混凝土	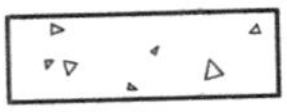	(1)本图例指能承重的混凝土及钢筋混凝土 (2)包括各种强度等级、骨料、添加剂的混凝土 (3)在剖面图上画出钢筋时，不画图例线 (4)断面图形小，不易画出图例线时，可涂黑
13	钢筋混凝土	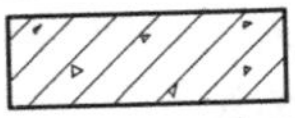	
14	多孔材料	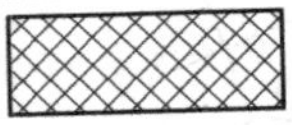	包括水泥珍珠岩、沥青珍珠岩、泡沫混凝土、非承重加气混凝土、软木、蛭石制品等
15	纤维材料	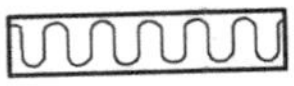	包括矿棉、岩棉、玻璃棉、麻丝、木丝板、纤维板等
16	泡沫塑料材料	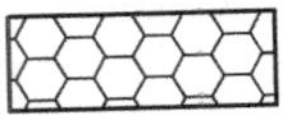	包括聚苯乙烯、聚乙烯、聚氨酯等多孔聚合物类材料
17	木材		(1)上图为横断面，左图为垫木、木砖或木龙骨 (2)下图为纵断面
18	胶合板	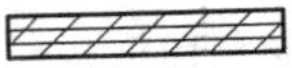	应注明为×层胶合板
19	石膏板	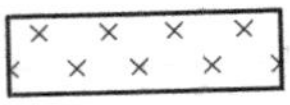	包括圆孔、方孔石膏板、防水石膏板、硅钙板、防火板等
20	金属	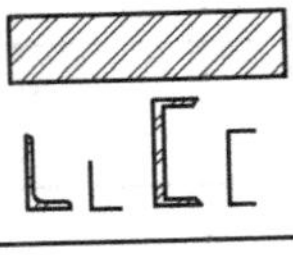	(1)包括各种金属 (2)图形小时，可涂黑

续表

序号	名称	图例	备注
21	网状材料		(1)包括金属、塑料网状材料 (2)应注明具体材料名称
22	液体		应注明液体名称
23	玻璃		包括平板玻璃、磨砂玻璃、夹丝玻璃、钢化玻璃、中空玻璃、夹层玻璃、镀膜玻璃等
24	橡胶		—
25	塑料		包括各种软、硬塑料及有机玻璃等
26	防水材料		构造层次多或比例大时，采用上图图例
27	粉刷		本图例采用较稀的点

注：1、2、5、7、8、13、14、17、18图例中的斜线、短斜线、交叉斜线等均为45°。

(2)常用建筑构造及配件图例（表2-2）

表2-2 常用建筑构造及配件图例

序号	名称	图例	备注
1	墙体		(1)上图为外墙，下图为内墙 (2)外墙细线表示有保温层或有幕墙 (3)应加注文字或涂色或图案填充表示各种材料的墙体 (4)在各层平面图中防火墙宜着重以特殊图案填充表示
2	隔断		(1)加注文字或涂色或图案填充表示各种材料的轻质隔断 (2)适用于到顶与不到顶隔断
3	玻璃幕墙		幕墙龙骨是否表示由项目设计决定
4	栏杆		—
5	楼梯	下 下 上 上	(1)上图为顶层楼梯平面，中图为中间层楼梯平面，下图为底层楼梯平面 (2)需设置靠墙扶手或中间扶手时，应在图中表示

续表

序号	名称	图例	备注
6	坡道	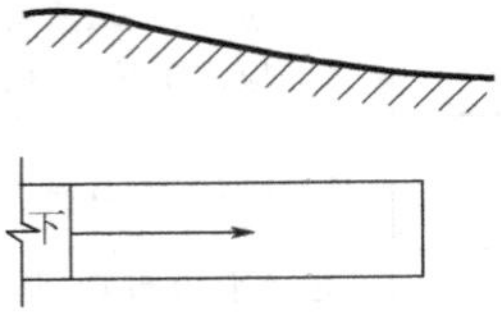 下	长坡道
		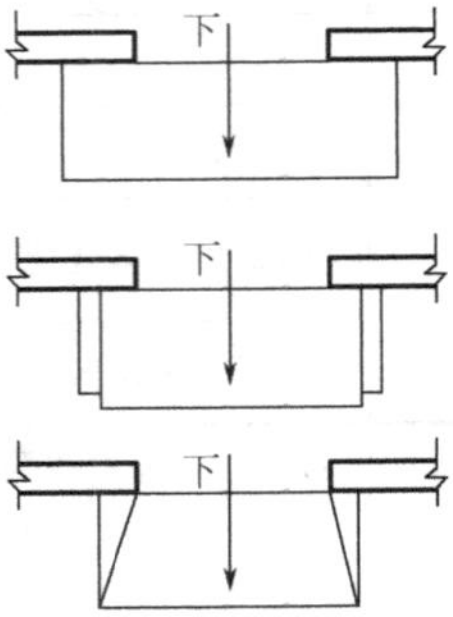 下 下 下	上图为两侧垂直的门口坡道，中图为有挡墙的门口坡道，下图为两侧找坡的门口坡道
7	台阶	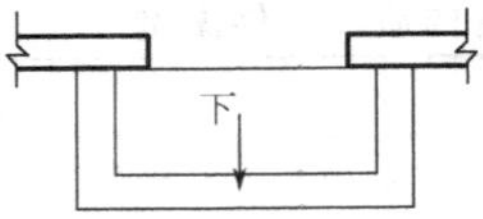 下	—
8	平面高差	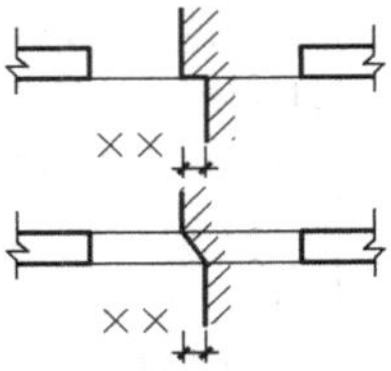 ×× ××	用于高差小的地面或楼面交接处，并应与门的开启方向协调
9	检查口		左图为可见检查口，右图为不可见检查口
10	孔洞		阴影部分亦可填充灰度或涂色代替
11	坑槽		—
12	墙预留洞、槽	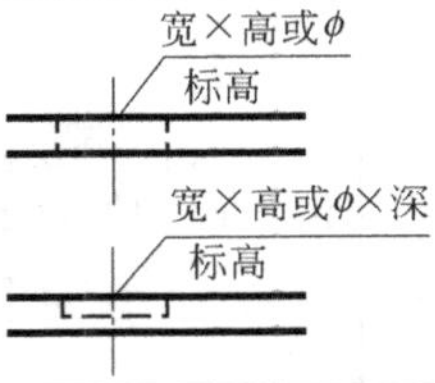 宽×高或ϕ 标高 宽×高或ϕ×深 标高	(1)上图为预留洞，下图为预留槽 (2)平面以洞(槽)中心定位 (3)标高以洞(槽)底或中心定位 (4)宜以涂色区别墙体和预留洞(槽)
13	地沟	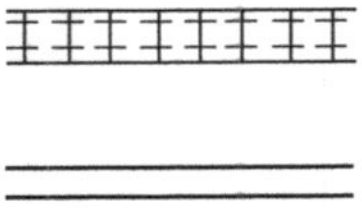	上图为有盖板地沟，下图为无盖板明沟

续表

序号	名称	图 例	备 注
14	烟道		(1)阴影部分亦可填充灰度或涂色代替 (2)烟道、风道与墙体为相同材料,其相接处墙身线应连通 (3)烟道、风道根据需要增加不同材料的内衬
15	风道		
16	新建的墙和窗		—
17	改建时保留的墙和窗		只更换窗,应加粗窗的轮廓线
18	拆除的墙		—
19	改建时在原有墙或楼板新开的洞		—

续表

序号	名称	图例	备注
20	在原有墙或楼板洞旁扩大的洞	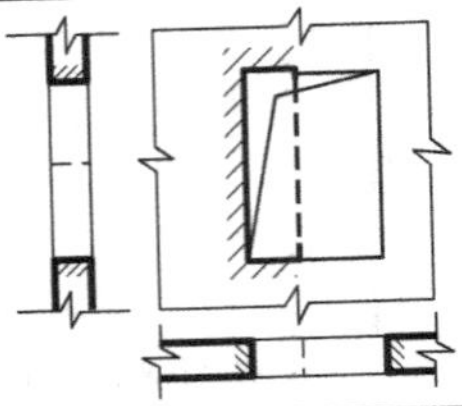	图示为洞口向左边扩大
21	在原有墙或楼板上全部填塞的洞	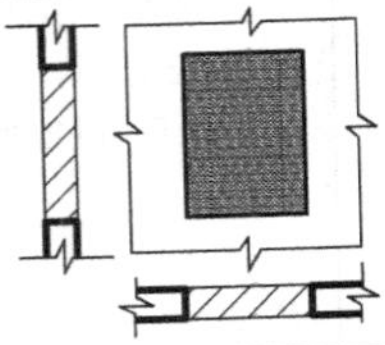	图中立面填充灰度或涂色
22	在原有墙或楼板上局部填塞的洞	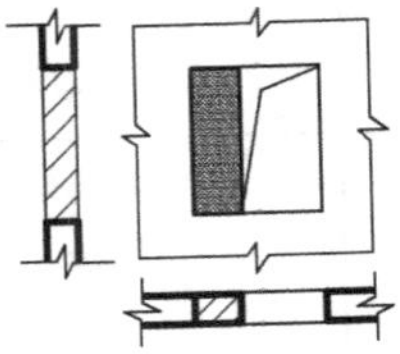	左侧为局部填塞的洞，图中立面填充灰度或涂色
23	空门洞	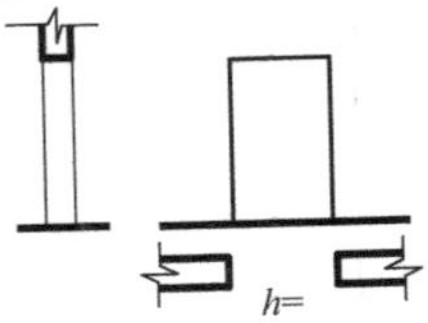 h=	h 为门洞高度
24	单面开启单扇门（包括平开或单面弹簧）	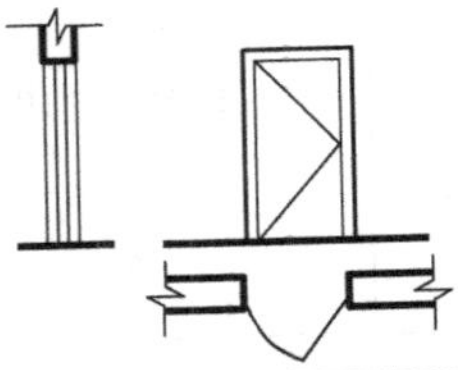	(1)门的名称代号用 M 表示 (2)平面图中，下为外，上为内 (3)立面图中，开启线实线为外开，虚线为内开，开启线交角的一侧为安装合页一侧。开启线在建筑立面图中可不表示，在立面大样图中可根据需要绘出 (4)剖面图中，左为外，右为内 (5)附加纱扇应以文字说明，在平、立、剖面图中均不表示 (6)立面形式应按实际情况绘制
	双面开启单扇门（包括双面平开或双面弹簧）	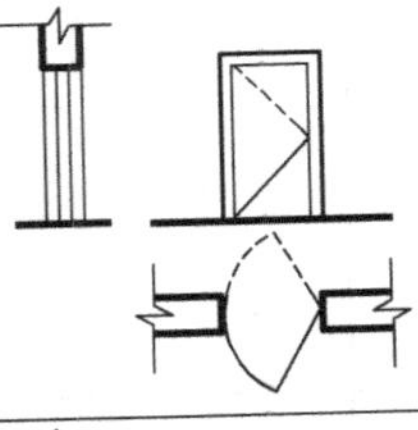	
	双层单扇平开门	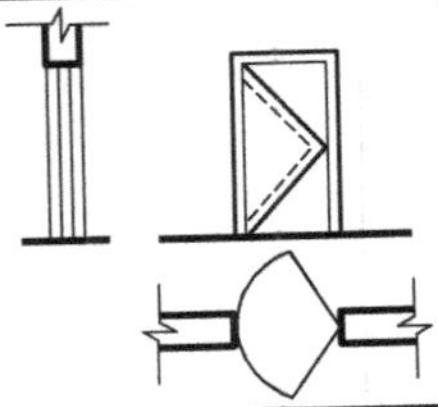	

续表

序号	名称	图例	备注
25	单面开启双扇门(包括平开或单面弹簧)		(1)门的名称代号用M表示 (2)平面图中,下为外,上为内 (3)门开启线为90°、60°或45°,开启弧线宜绘出 (4)立面图中,开启线实线为外开,虚线为内开,开启线交角的一侧为安装合页一侧。开启线在建筑立面图中可不表示,在立面大样图中可根据需要绘出 (5)剖面图中,左为外,右为内 (6)附加纱扇应以文字说明,在平、立、剖面图中均不表示 (7)立面形式应按实际情况绘制
	双面开启双扇门(包括双面平开或双面弹簧)		
	双层双扇平开门		
26	折叠门		(1)门的名称代号用M表示 (2)平面图中,下为外,上为内 (3)立面图中,开启线实线为外开,虚线为内开,开启线交角的一侧为安装合页一侧 (4)剖面图中,左为外,右为内 (5)立面形式应按实际情况绘制
	推拉折叠门		

续表

序号	名称	图例	备注
27	墙洞外单扇推拉门	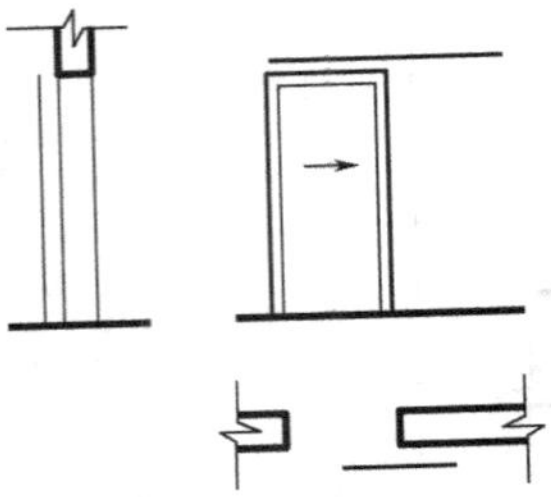	(1)门的名称代号用M表示 (2)平面图中,下为外,上为内 (3)剖面图中,左为外,右为内 (4)立面形式应按实际情况绘制
	墙洞外双扇推拉门	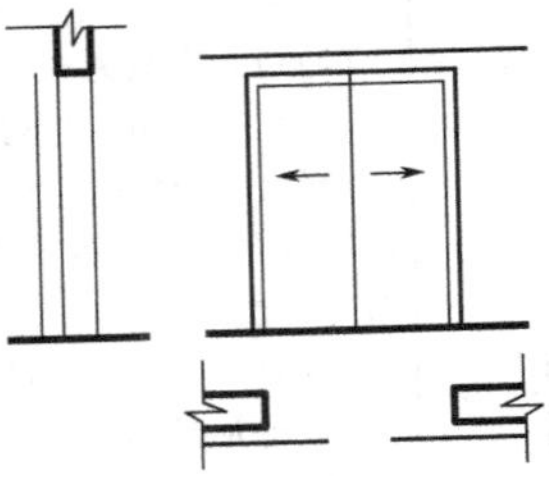	
	墙中单扇推拉门	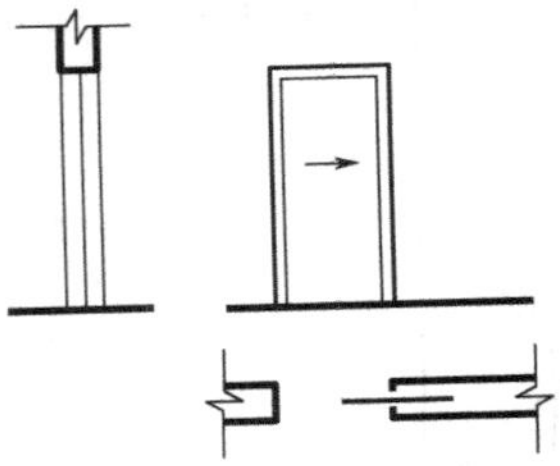	(1)门的名称代号用M表示 (2)立面形式应按实际情况绘制
	墙中双扇推拉门	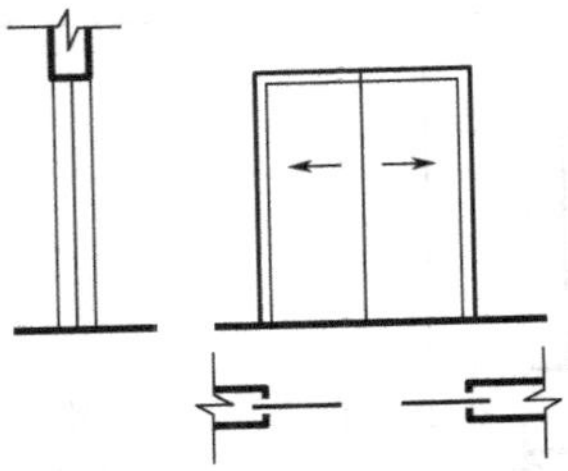	
28	推杠门	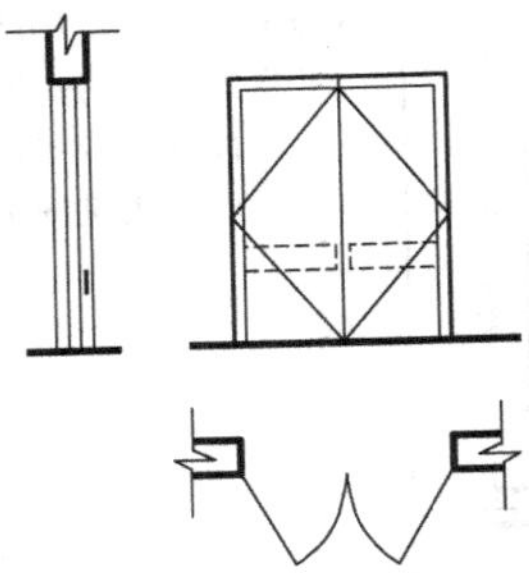	(1)门的名称代号用M表示 (2)平面图中,下为外,上为内 (3)门开启线为90°、60°或45° (4)立面图中,开启线实线为外开,虚线为内开,开启线交角的一侧为安装合页一侧。开启线在建筑立面图中可不表示,在立面大样图中可根据需要绘出 (5)剖面图中,左为外,右为内 (6)立面形式应按实际情况绘制

续表

序号	名称	图例	备注
29	门连窗	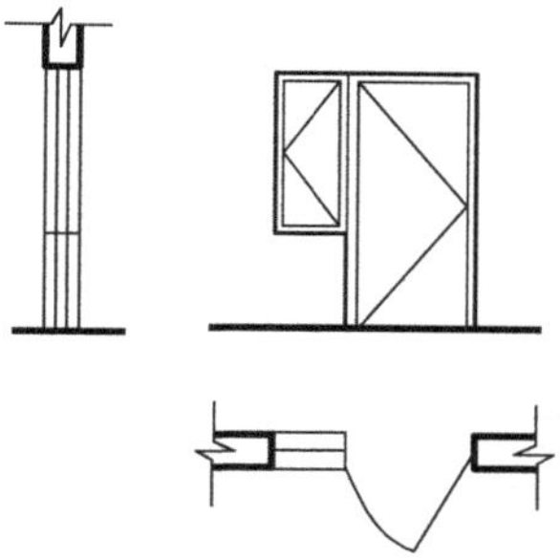	(1)门的名称代号用M表示 (2)平面图中,下为外,上为内 (3)门开启线为90°、60°或45° (4)立面图中,开启线实线为外开,虚线为内开,开启线交角的一侧为安装合页一侧。开启线在建筑立面图中可不表示,在立面大样图中可根据需要绘出 (5)剖面图中,左为外,右为内 (6)立面形式应按实际情况绘制
30	旋转门	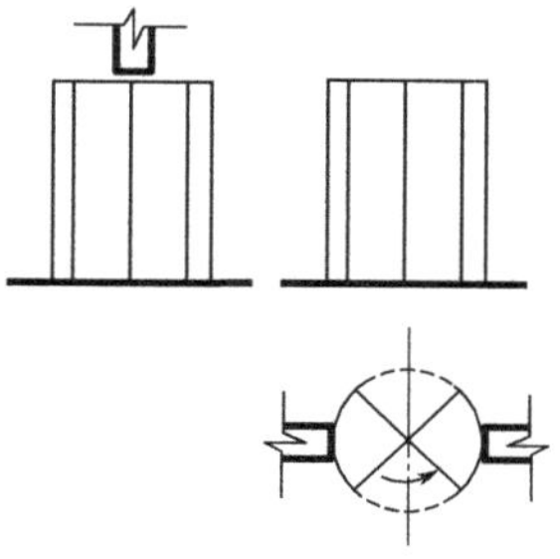	(1)门的名称代号用M表示 (2)立面形式应按实际情况绘制
	两翼智能旋转门	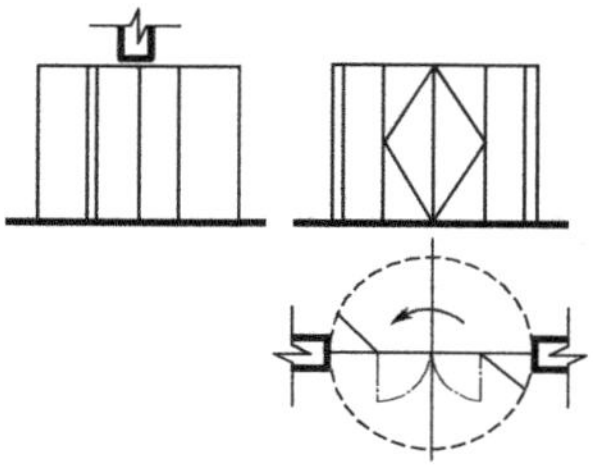	
31	自动门	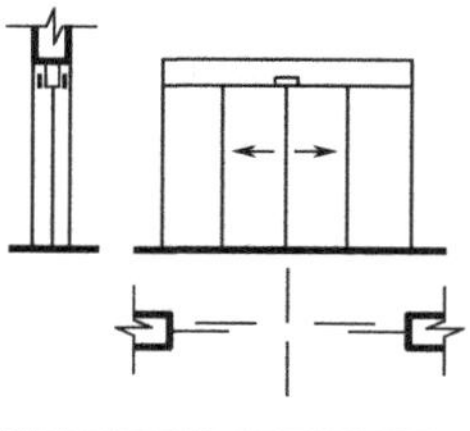	
32	折叠上翻门	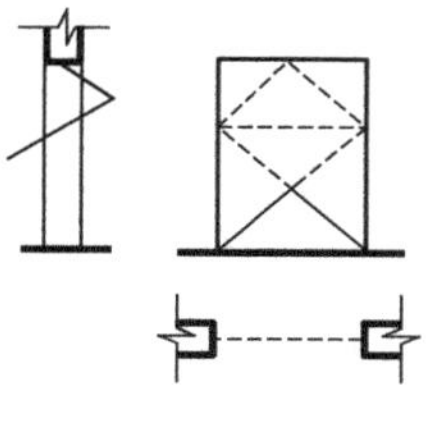	(1)门的名称代号用M表示 (2)平面图中,下为外,上为内 (3)剖面图中,左为外,右为内 (4)立面形式应按实际情况绘制

续表

序号	名称	图例	备注
33	提升门	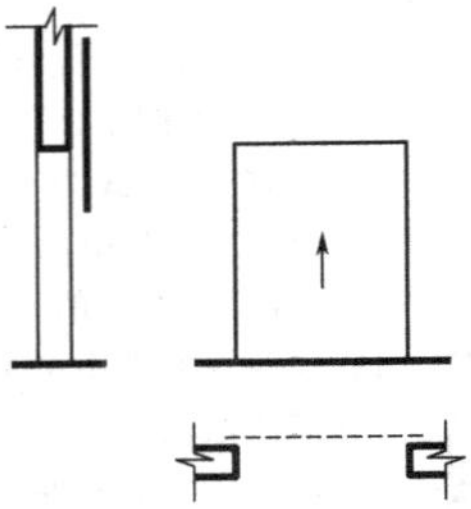	(1)门的名称代号用 M 表示 (2)立面形式应按实际情况绘制
34	分节提升门	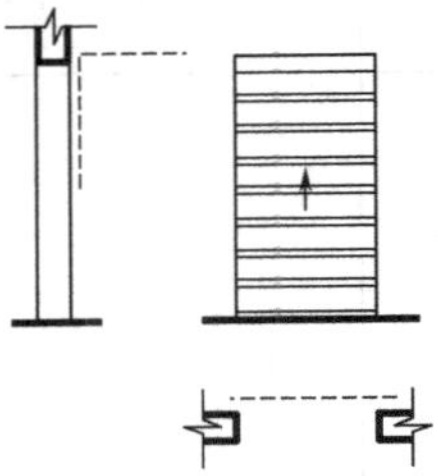	
35	人防单扇防护密闭门	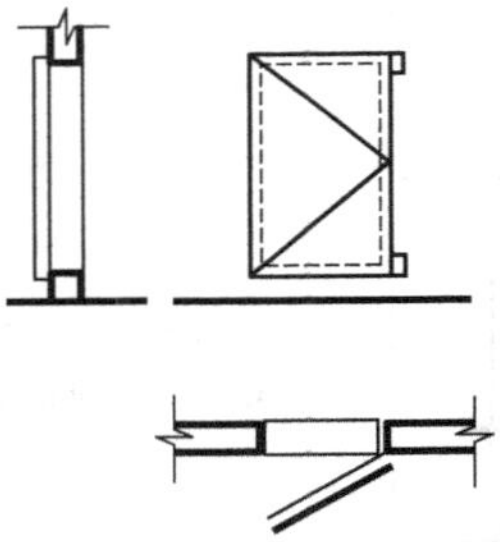	(1)门的名称代号按人防要求表示 (2)立面形式应按实际情况绘制
	人防单扇密闭门	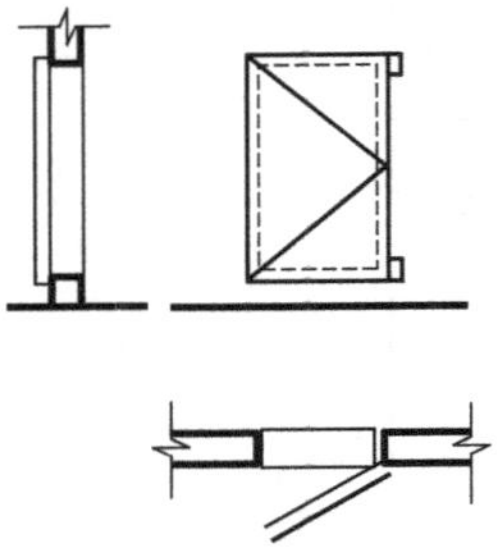	
36	人防双扇防护密闭门	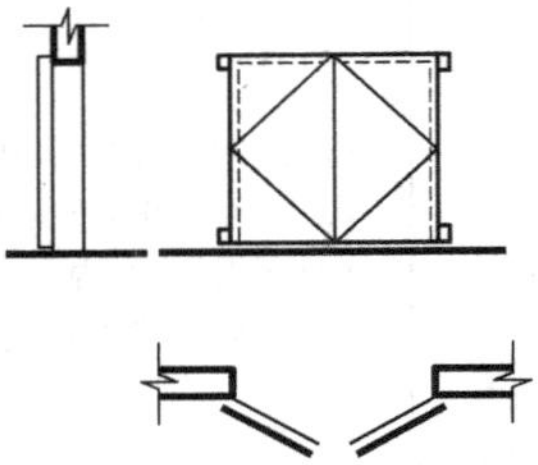	

续表

序号	名称	图例	备注
36	人防双扇密闭门	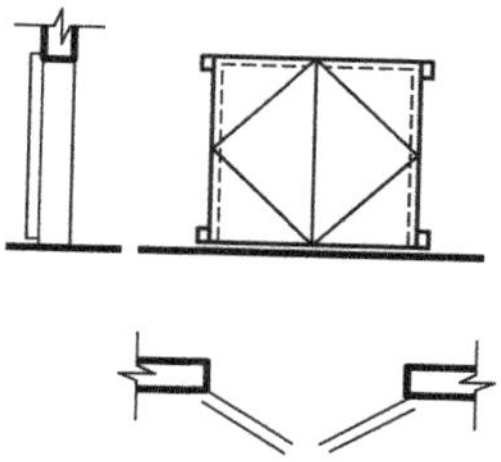	(1)门的名称代号按人防要求表示 (2)立面形式应按实际情况绘制
37	横向卷帘门		—
	竖向卷帘门		
	单侧双层卷帘门		
	双侧单层卷帘门		

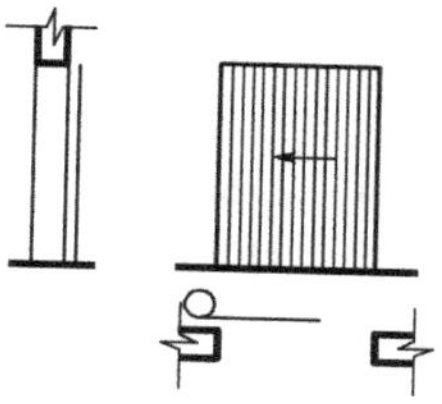

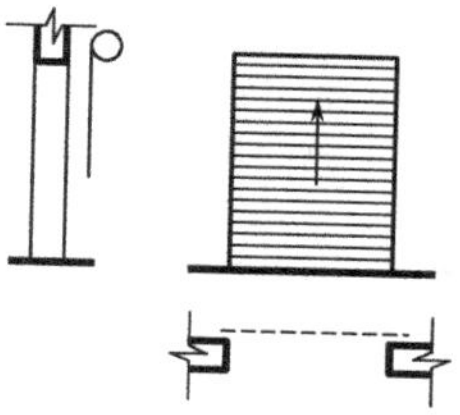

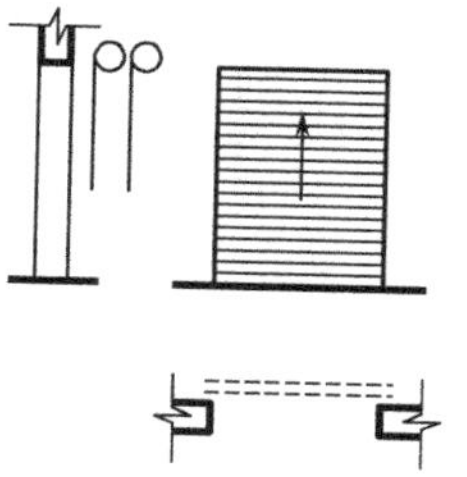

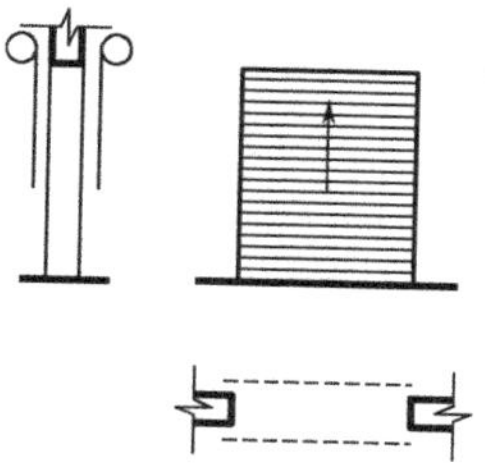

续表

序号	名称	图例	备注
38	固定窗	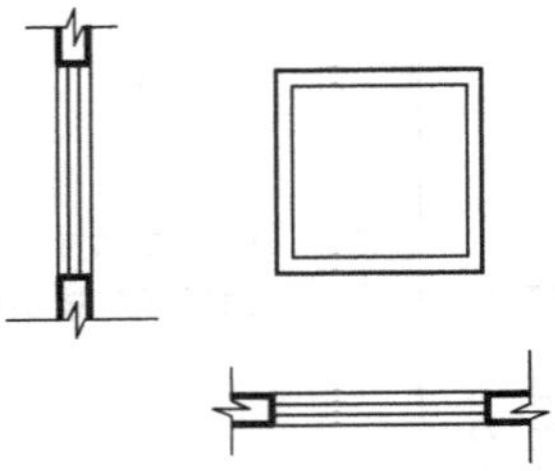	(1)窗的名称代号用C表示 (2)平面图中，下为外，上为内 (3)立面图中，开启线实线为外开，虚线为内开，开启线交角的一侧为安装合页一侧。开启线在建筑立面图中可不表示，在立面大样图中可根据需要绘出 (4)剖面图中，左为外，右为内。虚线仅表示开启方向，项目设计不表示 (5)附加纱窗应以文字说明，在平、立、剖面图中均不表示 (6)立面形式应按实际情况绘制
39	上悬窗	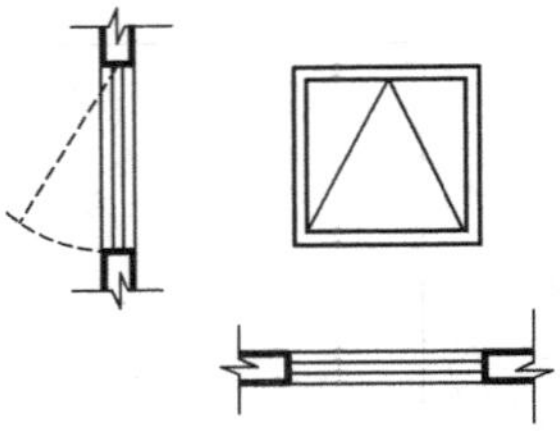	
	中悬窗	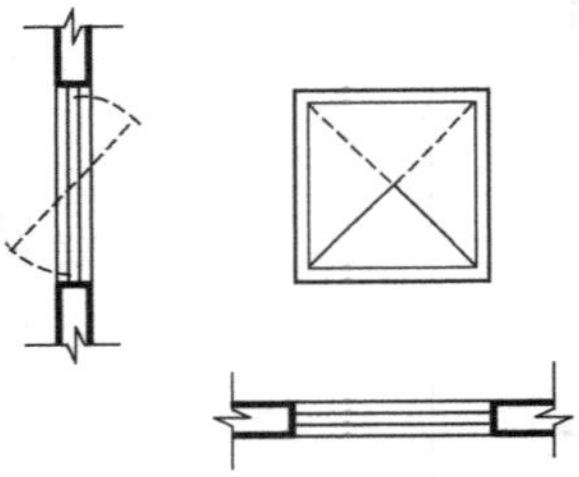	
40	下悬窗	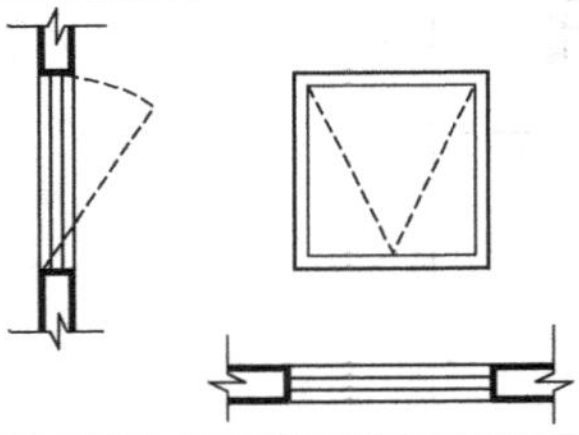	
41	立转窗	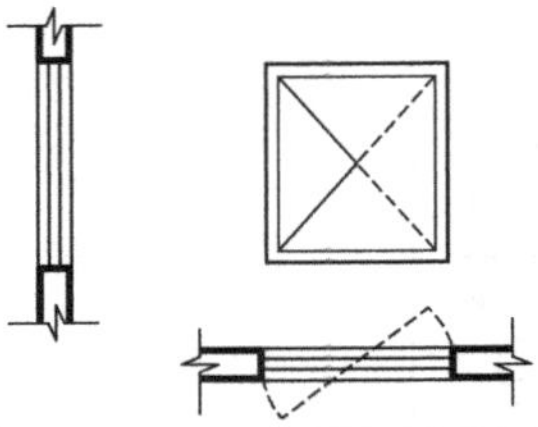	
42	内开平开内倾窗	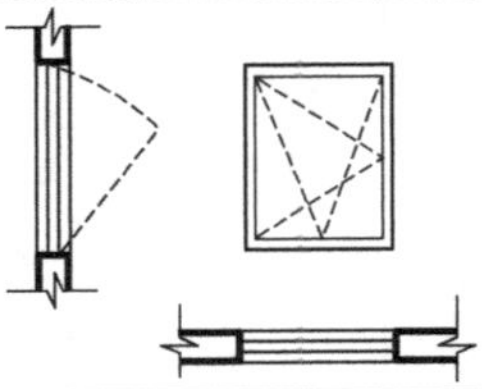	

续表

序号	名称	图例	备注
43	单层外开平开窗	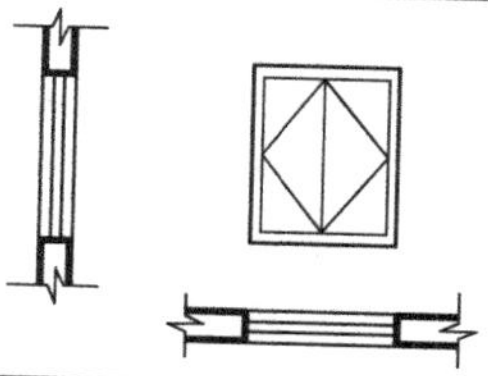	(1)窗的名称代号用C表示 (2)平面图中,下为外,上为内 (3)立面图中,开启线实线为外开,虚线为内开,开启线交角的一侧为安装合页一侧。开启线在建筑立面图中可不表示,在立面大样图中可根据需要绘出 (4)剖面图中,左为外,右为内。虚线仅表示开启方向,项目设计不表示 (5)附加纱窗应以文字说明,在平、立、剖面图中均不表示 (6)立面形式应按实际情况绘制
	单层内开平开窗	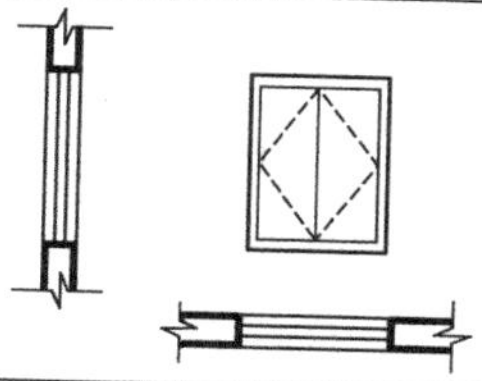	
	双层内外开平开窗	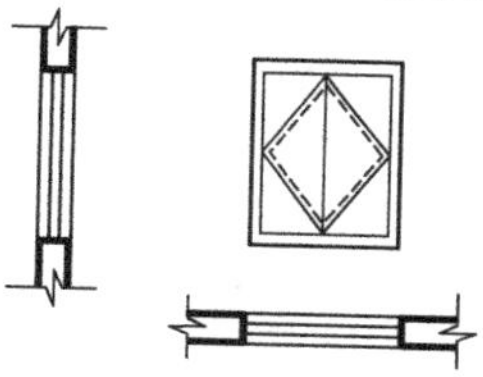	
44	单层推拉窗	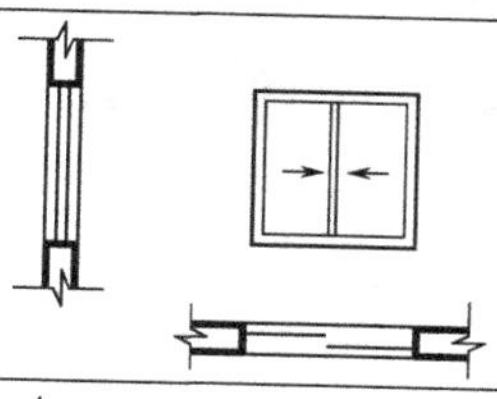	(1)窗的名称代号用C表示 (2)立面形式应按实际情况绘制
	双层推拉窗	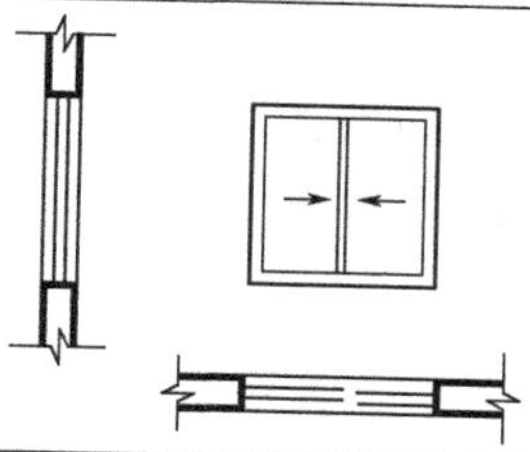	
45	上推窗	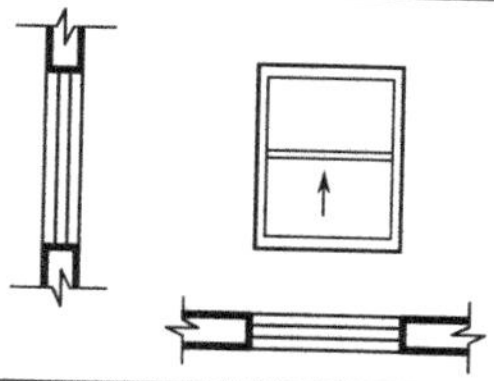	
46	百叶窗	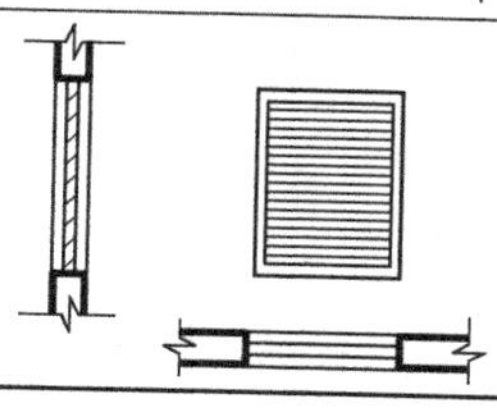	

续表

序号	名称	图　例	备　注
47	高窗	h=	(1)窗的名称代号用C表示 (2)立面图中，开启线实线为外开，虚线为内开，开启线交角的一侧为安装合页一侧。开启线在建筑立面图中可不表示，在立面大样图中可根据需要绘出 (3)剖面图中，左为外，右为内 (4)立面形式应按实际情况绘制 (5)h表示高窗底距本层地面高度 (6)高窗开启方式参考其他窗型
48	平推窗		(1)窗的名称代号用C表示 (2)立面形式应按实际情况绘制

2.2 建筑总平面图识读

2.2.1 建筑总平面图的形成与作用

(1) 建筑总平面图的形成

总平面图是将新建工程四周一定范围内的新建、拟建、原有和拆除的建筑物、构筑物连同其周围的地形、地物状况用水平投影方法和相应的图例所绘制的工程图样。

总平面图是建设工程及其邻近建筑物、构筑物、周边环境等的水平正投影，是表明基地所在范围内总体布置的图样。它主要反映当前工程的平面轮廓形状和层数、与原有建筑物的相对位置、周围环境、地形地貌、道路和绿化的布置等情况。

(2) 建筑总平面图的作用

总平面图是建设工程中新建房屋施工定位、土方施工、设备专业管线平面布置的依据，也是安排在施工时进入现场的材料和构件、配件堆放场地，构件预制的场地以及运输道路等施工总平面布置的依据。

2.2.2 建筑总平面图的图示内容

① 总平面有图名和比例，因总平面图所反映的范围较大，比例通常为1∶500、

1∶1000。

② 场地边界、道路红线、建筑红线等用地界线。

③ 新建建筑物所处的地形，若地形变化较大，应画出相应等高线。

④ 新建建筑的具体位置，在总平面图中应详细地表达出新建建筑的位置。

在总平面图中新建建筑的定位方式包括以下三种：

a. 利用新建建筑物和原有建筑物之间的距离定位；

b. 利用施工坐标确定新建建筑物的位置；

c. 利用新建建筑物与周围道路之间的距离确定位置。

当新建筑区域所在地形较为复杂时，为了保证施工放线的准确，常用坐标定位。坐标定位分为测量坐标和建筑坐标两种。

a. 测量坐标。在地形图上用细实线画成交叉十字线的坐标网，南北方向的轴线为 X，东西方向的轴线为 Y，这样的坐标为测量坐标。坐标网常采用 100m×100m 或 50m×50m 的方格网。一般建筑物的定位宜注写其三个角的坐标，若建筑物与坐标轴平行，可注写其对角坐标，如图 2-23 所示。

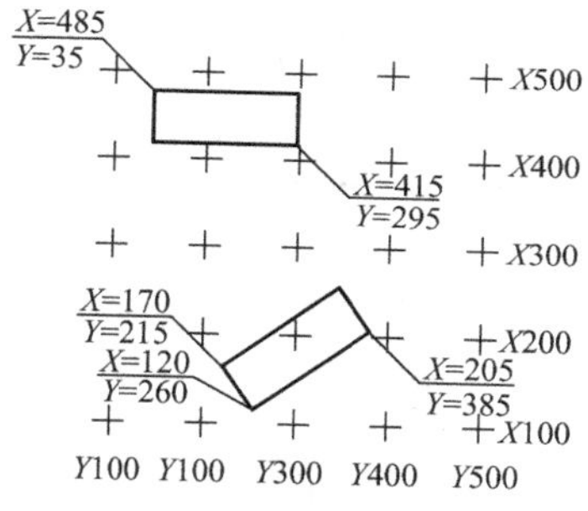

图 2-23 测量坐标定位示意

b. 建筑坐标。建筑坐标就是将建设地区的某一点定为“0”，采用 100m×100m 或 50m×50m 的方格网，沿建筑物主轴方向用细实线画成方格网。垂直方向为 A 轴，水平方向为 B 轴，如图 2-24 所示。

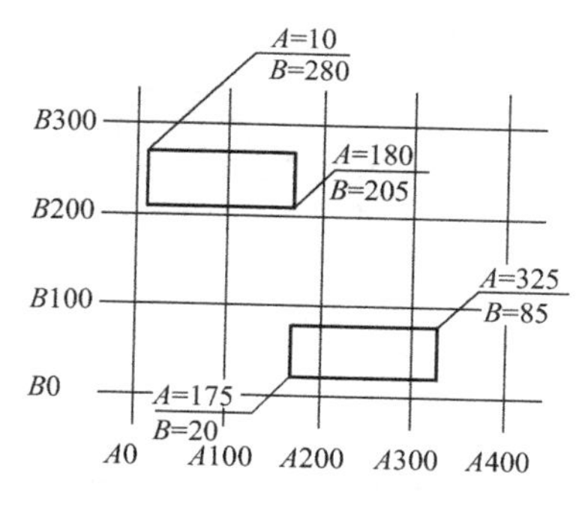

图 2-24 建筑坐标定位示意

⑤ 注明新建建筑物室内地面绝对标高、层数和室外整平地面的绝对标高。

⑥ 与新建建筑物相邻有关建筑、拆除建筑的位置或范围。

⑦ 新建建筑物附近的地形、地物等，例如道路、河流、水沟、池塘和土坡等。应注明道路的起点、变坡、转折点、终点以及道路中心线的标高、坡向等。

⑧ 指北针或风向频率玫瑰图。在总平面图中通常画有指北针或风向频率玫瑰图表示该地区常年的风向频率和建筑的朝向。

⑨ 用地范围内的广场、停车场、道路、绿化用地等。

2.2.3 建筑总平面图的图示方法

总平面图是用正投影的原理绘制的，图形主要是以图例的形式来表示的，总平面图应采用《建筑制图标准》(GB/T 50104—2010) 规定的图例，绘图时严格执行该图例符号。若图中采用的图例不是标准中的图例，应在总平面图适当位置绘制新增加的图例。总平面图的坐标、标高、距离以“m”为单位，至少精确到小数点后两位。

2.2.4 建筑总平面图的识读举例

现以图 2-25 为例，介绍建筑总平面图的识读方法。

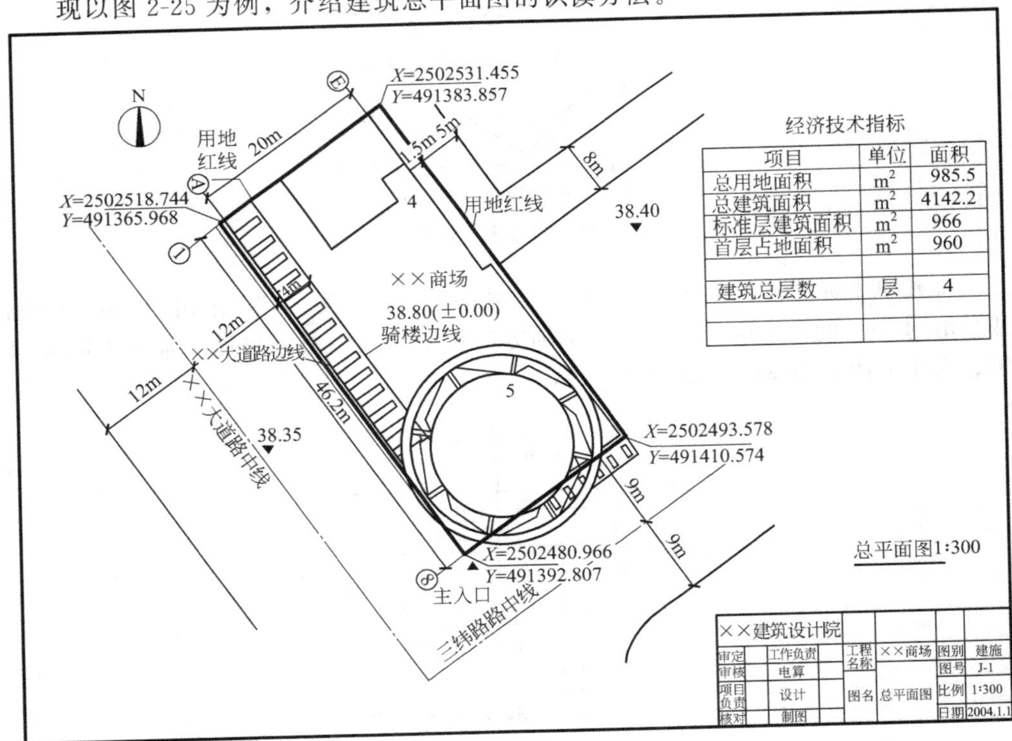

图 2-25 商业办公大楼总平面图

① 了解工程性质、图纸比例，阅读文字说明，熟悉图例。由于总平面图要表达的范围都比较大，所以要用较小的比例画出。总平面图标注的尺寸以米（m）为单位。由图 2-25 中可知，该图的比例是 1∶300，要建的是一座商业办公大楼。

② 了解新建建筑的基本情况、用地范围、四周环境和道路布置等。

总平面图用粗实线画出新建建筑的外轮廓，从图 2-25 中可知，该办公大楼的平面形状基本上为矩形，主入口处为圆形造型。办公大楼①轴至⑧轴的长度为 46.2m，Ⓐ轴至Ⓔ轴的长度为 20m，由图中标注的数字可知该办公大楼的层数，除圆形造型处为 5 层外，其余各处为 4 层。

从图 2-25 的用地红线可了解该办公大楼的用地范围。由办公大楼用地范围四角的坐标可确定用地的位置。办公大楼三面有道路，西南面是 24m 宽大道，东南面是 18m 宽道路，东北面是 5m 宽和 8m 宽的道路。

由标高符号可知，24m 大道路中地坪的绝对标高为 38.35m，办公大楼室内地面的绝对标高为 38.80m。

③ 了解新建建筑物的朝向。根据图中指北针可知该办公大楼的朝向大致为坐东北向西南。

④ 了解经济技术指标。从经济技术指标表可了解该办公大楼的总用地面积、总建筑面积、标准层建筑面积、首层占地面积和建筑总层数等指标。

2.3 建筑平面图识读

2.3.1 建筑平面图的形成与作用

用一个假想的水平剖切平面沿略高于窗台的位置剖切房屋后，移去上面部分，对剩下部分向 H 面作正投影，所得的水平剖面图，称为建筑平面图，简称平面图。平面图表示新建房屋的平面形状、房间大小、功能布局、墙柱选用的材料、截面形状和尺寸、门窗的类型及位置等，作为施工时放线、砌墙、安装门窗、室内外装修及编制预算等的重要依据，是建筑施工中的重要图纸。

2.3.2 建筑平面图的图示内容

① 表示墙、柱、内外门窗位置及编号，房间的名称、轴线编号。

② 注出室内外各项尺寸及室内楼地面的标高。

③ 表示楼梯的位置及楼梯上下行方向。

④ 表示阳台、雨篷、台阶、雨水管、散水、明沟、花池等的位置及尺寸。

⑤ 画出室内设备，例如卫生器具、水池、橱柜、隔断及重要设备的位置、形状。

⑥ 表示地下室布局、墙上留洞、高窗等位置、尺寸。

⑦ 画出剖面图的剖切符号及编号（在底层平面图上画出，其他平面图上省略不画）。

⑧ 标注详图索引符号。

⑨ 在底层平面图上画出指北针。

⑩ 屋顶平面图一般包括：屋顶檐口、檐沟、屋面坡度、分水线与落水口的投影、出屋顶水箱间、上人孔、消防梯及其他构筑物、索引符号等。

2.3.3 建筑平面图的图示方法

一般房屋有几层就应画几个平面图，并且在图的下方注明相应的图名，例如底层平面图、二层平面图、……、顶层平面图及屋顶平面图。反映房屋各层情况的建筑平面图实际是水平剖面图，屋顶平面图则不同，它是从建筑物上方往下观看得到屋顶的水平直接正投影图，主要表明建筑屋顶上的布置及屋顶排水设计。

若建筑物的各楼层平面布置相同，则可用两个平面图表达，即只画底层平面图和楼层平面图。这时楼层平面图代表了中间各层相同的平面，所以又称中间层或标准层平面图。顶层平面图有时也可用楼层平面图代表。

因建筑平面图是水平剖面图，因此在绘图时，应当按剖面图的方法绘制，被剖切到的墙、柱轮廓用粗实线（b），门的开启方向线可以用中粗实线（$0.5b$）或细实线（$0.25b$），窗的轮廓线以及其他可见轮廓和尺寸线等均用细实线（$0.25b$）表示。

建筑平面图常用的比例是 1∶50、1∶100、1∶150，而实际工程中使用 1∶100 最多。在建筑施工图中，比例不大于 1∶50 的图样，可不画材料图例和墙柱面抹灰线，为有效加以区分，墙、柱体画出轮廓后，在描图纸上砖砌体断面用红铅笔涂红，而钢筋混凝土则是用涂黑的方法表示，晒出蓝图后分别变为浅蓝和深蓝色，即可识别其材料。

2.3.4 建筑平面图的识读举例

图 2-26 是某厨房的局部平面图。局部平面图的图示方法与底层平面图相同。为清楚表明局部平面图所处的位置，必须标注与平面图一致的轴线及其编号。图 2-26 中采用的比例为 1∶50。该图详细绘出了厨房中操作台的大小及位置、洗水池及灶台的布置位置，其中操作台宽 600mm。由图可知，厨房通过门 M4 与阳台相连，通过门 M6 与室内其他房间相连。其中阳台上有尺寸为 750mm×720mm 的管道井，井壁上开有 400mm×400mm 的检修门一个，检修门距离阳台板 600mm 高。

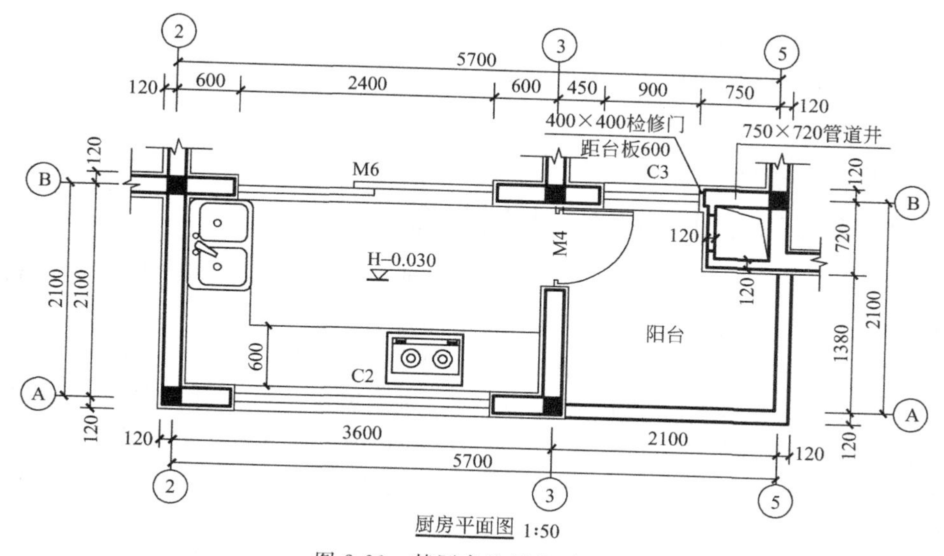

图 2-26 某厨房的局部平面图

2.4 建筑立面图识读

2.4.1 建筑立面图的形成与作用

在与建筑立面平行的铅直投影面上所作的投影图称为建筑立面图，简称立面图。一座建筑物是否美观、是否与周围环境协调，由立面的艺术处理来决定，这种处理包括建筑造型与尺度、装饰材料的选用、色彩的选用等内容，在施工图中立面图主要反映房屋各部位的高度、层数、门窗形式、屋顶造型等建筑物外貌及外墙装修要求，是建筑外装修的主要依据。

2.4.2 建筑立面图的图示内容

① 画出从建筑物外可看见的室外地面线、房屋的勒脚、台阶、花池、门、窗、雨篷、阳台、室外楼梯、墙体外边线、檐口、屋顶、雨水管、墙面分格线等内容。

② 标出建筑物立面上的主要标高。通常需要标注的标高尺寸如下：

a. 室外地坪的标高；

b. 台阶顶面的标高；

c. 各层门窗洞口的标高；

d. 阳台扶手、雨篷上下皮的标高；

e. 外墙面上突出的装饰物的标高；

f. 檐口部位的标高；

g. 屋顶上水箱、电梯机房、楼梯间的标高。

③ 注出建筑物两端的定位轴线及其编号。

④ 注出需详图表示的索引符号。

⑤ 用文字说明外墙面装修的材料及其做法。

2.4.3 建筑立面图的图示方法与命名

为了使建筑立面图主次分明、表达清晰，通常将建筑物外轮廓和有较大转折处的投影线用粗实线（b）表示；外墙上突出凹进的部位，例如壁柱、窗台、楣线、挑檐、阳台、门窗洞等轮廓线用中粗实线（$0.5b$）表示；而门窗细部分格、雨水管、尺寸标高和外墙装饰线用细实线（$0.25b$）表示；室外地坪线用加粗实线（$1.2b$）表示。门窗形式及开启符号、阳台栏杆花饰及墙面复杂的装修等细部，往往难以详细表示清楚，习惯上对相同的细部分别画出其中一个或者两个作为代表，其他均简化画出，即只需画出它们的轮廓及主要分格。

房屋立面若一部分不平行于投影面，例如成圆弧形、折线形、曲线形等，可将该部分展开到与投影面平行，再用正投影法画出其立面图，但是应在图名后注写“展开”两字。

立面图的命名方式有三种。

① 可用朝向命名，立面朝向哪个方向就称为某向立面图。例如朝南，称南立面图；朝北，称北立面图。

② 可用外貌特征命名，其中反映主要出入口或者比较显著地反映房屋外貌特征的那一面的立面图，称为正立面图，其余立面图可称为背立面图和侧立面图等。

③ 可用立面图上首尾轴线命名。一般立面图的比例与平面图比例一致。

2.4.4 建筑立面图的识读举例

下面以图 2-27 为例，介绍建筑立面图的识读方法。

① 了解图名和比例。图 2-27 是办公大楼的①～⑧轴立面图，比例为 1∶100。

② 了解建筑物的立面外貌，门窗、雨篷等构件的形式和位置。建筑物的外形轮廓用粗实线表示，室外地坪线用特粗线表示；门窗、阳台、雨篷等主要部分的轮廓线用中实线表示，其他例如门窗、墙面分格线等用细实线表示。由图 2-27 可以看出，建筑物①～⑧轴立面基本上是矩形，首层是玻璃门连窗，其余各层在该立面上设有玻璃窗，没有门。图 2-27 中表达了门窗、玻璃幕墙的形状，但是开启扇没表示，将在门窗详图中表示。

③ 了解尺寸和标高。立面图的尺寸主要为竖向尺寸，有三道：最外一道是建筑物的总高尺寸；中间一道是层高尺寸；最内一道是房屋的室内外高差，门窗洞口高度，垂直方向窗间墙、窗下墙、檐口高度等细部尺寸。水平方向要标出立面最外两端的定位轴线和编号。由图 2-27 可看出，该办公大楼各层的高度为：首层 6m，

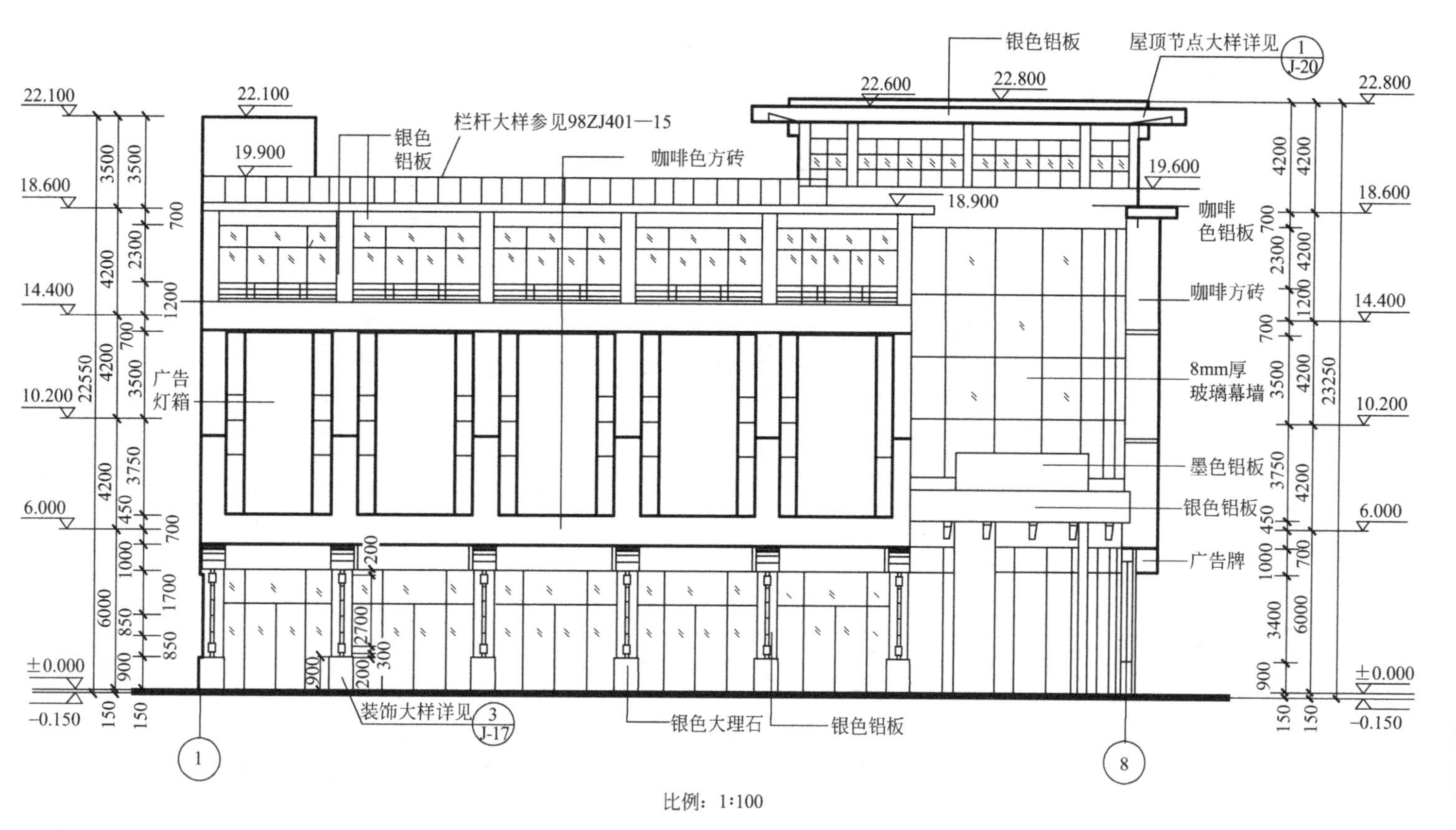

比例：1:100

图 2-27 ①～⑧轴立面图(标高单位：m；尺寸单位：mm)

二～五层每层都是4.200m，总高22.800m。室内外高差0.150m。

立面图的标高表示主要部位的高度，例如室内外标高、各层层面标高、屋面标高等。由图2-27中看出，标高零点定于首层室内地面，室外地坪标高-0.150，二层楼板面标高6.000，三层楼板面标高10.200……依此类推。

④ 了解外部装饰做法。图2-27对立面的装饰做法有较详细的表达。例如入口处雨篷的形状和饰面，饰面砖、铝板、大理石等材料的颜色和位置，广告牌、广告灯箱的位置和形状，装饰柱的尺寸，玻璃幕墙的用料等都有表达。

⑤ 了解详图情况。通过索引符号了解详图情况。图2-27中显示屋顶节点、栏杆、装饰柱都有大样，具体位置及详图编号在索引符号中注明。例如屋顶节点大样在J-20的1号详图中表示，栏杆大样见标准图集。

2.5 建筑剖面图识读

2.5.1 建筑剖面图的形成与作用

假想用一个或者一个以上的铅直平面剖切房屋，所得到的剖面图称为建筑剖面图，简称剖面图。建筑剖面图用来表达房屋的结构形式、分层情况，以及竖向墙身、门窗、楼地面层、屋顶檐口等的构造设置、相关尺寸和标高。

剖面图的数量及其位置应当根据建筑自身的复杂程度而定，一般剖切位置选择房屋的主要部位或构造较为典型的地方，例如楼梯间等，并且应通过门窗洞口。剖面图的图名符号应与底层平面图上的剖切符号相对应。

2.5.2 建筑剖面图的图示内容

① 表示被剖切到的墙、柱、门窗洞口及其所属定位轴线。剖面图的比例应与平面图、立面图的比例一致，所以在1∶100的剖面图中一般也不画材料图例，而用粗实线表示被剖切到的墙、梁、板等轮廓线，被剖断的钢筋混凝土梁板等应当涂黑表示。

② 表示室内底层地面、各层楼面及楼层面、屋顶、门窗、楼梯、阳台、雨篷、防潮层、踢脚板、室外地面、散水、明沟以及室内外装修等剖到或者能见到的内容。

③ 标出尺寸和标高。在剖面图中要标注相应的标高及尺寸。

a. 标高：应当标注被剖切到的所有外墙门窗口的上下标高，室外地面标高，檐口、女儿墙顶以及各层楼地面的标高。

b. 尺寸：应当标注门窗洞口高度，层间高度及总高度，室内还应注出内墙上门窗洞口的高度以及内部设施的定位、定形尺寸。

④ 楼地面、屋顶各层的构造。一般可以用多层共用引出线说明楼地面、屋顶的构造层次和做法。若另画详图或已有构造说明（例如工程做法表），则在剖面图中用索引符号引出说明。

2.5.3 建筑剖面图的识读举例

下面以图 2-28 某商住楼 1—1 剖面图为例说明建筑剖面图的识读方法。

① 了解图名、比例。从底层平面图上查阅相应的剖切符号的剖切位置、投影方向，大致了解一下建筑被剖切的部分以及未被剖切但可见部分。从一层平面图上的剖切符号可知，1—1 剖面图是全剖面图，剖切后向左面看。

② 了解被剖切到的墙体、楼板、楼梯以及屋顶。从图 2-28 中可以看到该楼一

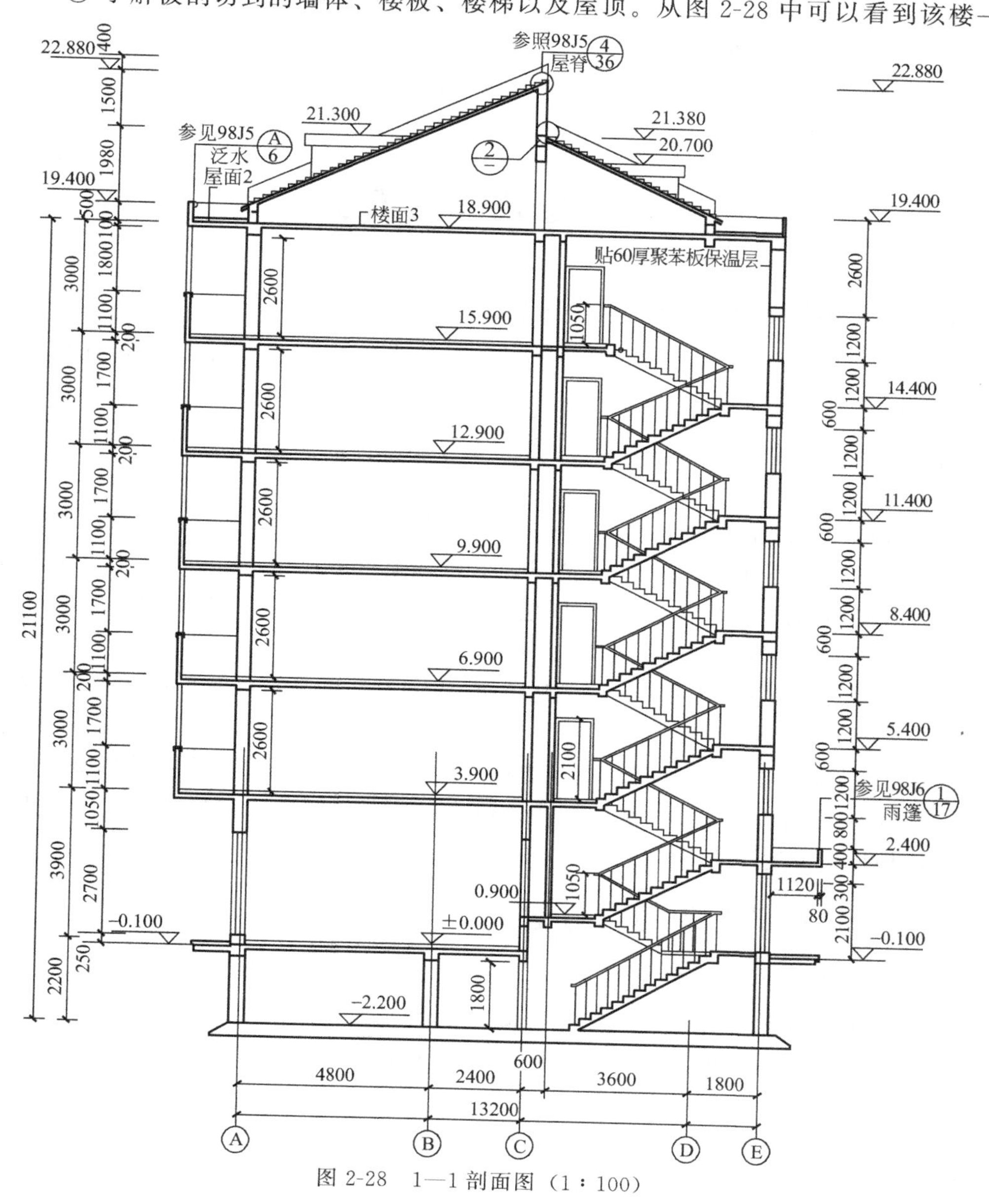

图 2-28 1—1 剖面图（1∶100）

层商店和上面住宅楼楼层的剖切情况，屋顶是坡屋顶，前面高后面低，交接处有详图索引符号。楼梯间被剖切开，其中各层的楼梯被剖切到，楼梯间的窗户被剖切开。一层商店的雨篷、楼梯入口都被剖切到。

③ 了解可见的部分。图 2-28 中可见部分是天窗，前面天窗标高为 21.300m，后面天窗标高为 20.700m。各层楼梯间的入户门可见，高度为 2100mm。

④ 了解剖面图上的尺寸标注。从图 2-28 中可看出该商住楼地下室层高 2.200m，一层层高 3.900m，其他层高均为 3.000m。各层剖切到的以及可见的门洞高度均为 2.100m。图 2-28 的左侧表示阳台的尺寸，右侧表示楼梯间窗口的尺寸。

⑤ 了解详图索引符号的位置和编号。从图 2-28 中可见阳台雨篷、楼梯入口雨篷、屋顶屋脊上有索引符号。

2.6 建筑详图识读

2.6.1 建筑详图的作用与内容

由于建筑平、立、剖面图一般采用较小比例绘制，许多细部构造、材料和做法等内容很难表达清楚。为了能够指导施工，常把这些局部构造用较大比例绘制详细的图样，这种图样称为建筑详图（也称为大样图或节点图）。常用比例包括 1∶2、1∶5、1∶10、1∶20、1∶50。

建筑详图可以是平、立、剖面图中局部的放大图。对于某些建筑构造或构件的通用做法，可直接引用国家或地方制定的标准图集（册）或通用图集（册）中的大样图，不必另画详图。常见建筑详图包括墙身剖面图和楼梯、阳台、雨篷、台阶、门窗、卫生间、厨房、内外装饰等详图。

① 墙身剖面详图主要用以详细表达地面、楼面、屋面和檐口等处的构造，楼板与墙体的连接形式，以及门窗洞口、窗台、勒脚、防潮层、散水和雨水口等细部构造做法。平面图与墙身剖面详图配合，作为砌墙、室内外装饰、门窗立口的重要依据。

② 楼梯详图表示楼梯的结构型式、构造做法、各部分的详细尺寸、材料和做法，是楼梯施工放样的主要依据。楼梯详图包括楼梯平面图和楼梯剖面图。

2.6.2 建筑详图的阅读方法

建筑详图阅读方法如下。

① 看详图名称、比例、定位轴线及其编号。

② 看建筑构配件的形状及与其他构配件的详细构造、层次、有关的详细尺寸和材料图例等。

③ 看各部位和各层次的用料、做法、颜色及施工要求等。

④ 看标注的标高等。

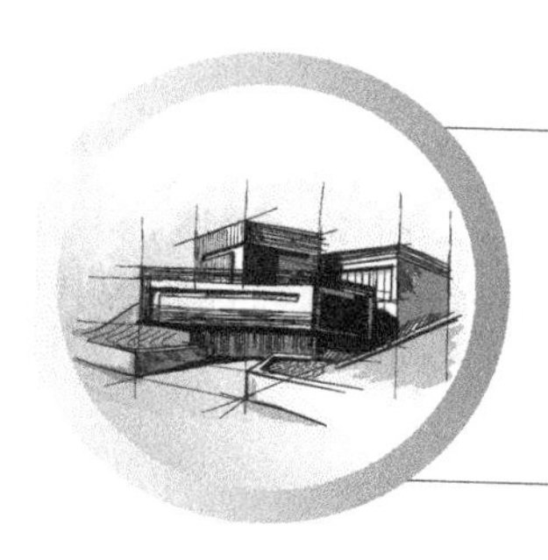

3 结构施工图识读技巧

3.1 基础知识

房屋建筑施工图除了图示表达建筑物的造型设计内容外，还要对建筑物各部位的承重构件（如基础、柱、梁、板等）进行结构图示表达，这种根据结构设计成果绘制的施工图样，称为结构施工图，简称“结施”。

3.1.1 结构施工图的内容和作用

(1) 结构施工图的内容

结构施工图其内容主要包括：结构设计说明，基础、楼板、屋面等的结构平面图，基础、梁、板、柱、楼梯等的构件详图。

① 结构设计说明　以文字叙述为主，主要说明结构设计的依据、结构形式、构件材料及要求、构造做法、施工要求等内容。一般包括以下内容。

a. 建筑物的结构形式、层数和抗震的等级要求。

b. 结构设计依据的规范、图集和设计所使用的结构程序软件。

c. 基础的形式、采用的材料及其强度等级。

d. 主体结构采用的材料及其强度等级。

e. 构造连接的做法及要求。

f. 抗震的构造要求。

g. 对本工程施工的要求。

② 结构平面图　结构布置图是房屋承重结构的整体布置图，主要表示结构构件的位置、数量、型号及相互关系。房屋的结构布置按需要可用结构平面图、立面图、剖视图表示，其中结构平面图较常用，如基础布置平面图、楼层结构平面图、屋面结构平面图、柱网平面图等。

③ 构件详图　构件详图属于局部性的图纸，表示构件的形状、大小、所用材料的强度等级和制作安装等。其主要内容有：梁、板、柱等构件详图；楼梯结构详图；其他构件详图，如天窗、雨篷、过梁等；屋架构件详图。

(2) 结构施工图的作用

结构施工图是表达房屋结构构件的整体布置及各承重构件的形状大小、材料、构造及其相互关系的图样。它还要反映出其他专业（如建筑、给排水、暖通、电气等）对结构的要求，主要用来作为施工放线、开挖基槽、支模板、钢筋选配绑扎、设置预埋件、浇捣混凝土，安装梁、板、柱等构件，以及编制预算和施工组织计划等的依据。

3.1.2 常用构件的表示方法

在建筑工程中，由于所使用的构件种类繁多、布置复杂。因此，在结构施工图中，为了简明扼要地标注构件，通常采用代号标注的形式。所用构件代号可在国家《建筑结构制图标准》(GB/T 50105—2010) 中查用。常用构件代号见表 3-1。

表 3-1 常用构件代号

序号	名称	代号	序号	名称	代号	序号	名称	代号
1	板	B	15	吊车梁	DL	29	基础	J
2	屋面板	WB	16	圈梁	QL	30	设备基础	SJ
3	空心板	KB	17	过梁	GL	31	桩	ZH
4	槽形板	CB	18	连系梁	LL	32	柱间支撑	ZC
5	折板	ZB	19	基础梁	JL	33	垂直支撑	CC
6	密肋板	MB	20	楼梯梁	TL	34	水平支撑	SC
7	楼梯板	TB	21	檩条	LT	35	梯	T
8	盖板或沟盖板	GB	22	屋架	WJ	36	雨篷	YP
9	挡雨板或檐口板	YB	23	托架	TJ	37	阳台	YT
10	吊车安全走道板	DB	24	天窗架	CJ	38	梁垫	LD
11	墙板	QB	25	框架	KJ	39	预埋件	M
12	天沟板	TGB	26	刚架	GJ	40	天窗端壁	TD
13	梁	L	27	支架	ZJ	41	钢筋网	W
14	屋面梁	WL	28	柱	Z	42	钢筋骨架	G

3.2 基础图识读

基础图是表示建筑物基础的平面布置和详细构造的图样。它是施工放线、开挖基槽、砌筑基础的依据。一般包括基础平面图和基础详图。

3.2.1 基础平面图

基础平面图是假想用一个水平剖切平面沿建筑底层地面下一点剖切建筑，把剖切平面上面的部分去掉，并且移去回填土所得到的水平投影图。它主要表示基础的平面布置以及墙、柱与轴线的关系，为施工放线、开挖基槽或基坑和砌筑基础提供依据。

(1) 基础平面图的图示方法

在基础平面图中只需画出基础墙、基础梁、柱以及基础底面的轮廓线。基础墙、基础梁的轮廓线为粗实线，基础底面的轮廓线为细实线，柱子的断面一般涂黑，基础细部的轮廓线通常省略不画，各种管线及其出入口处的预留孔洞用虚线表示。

(2) 基础平面图的主要内容

① 图名、比例一般与对应建筑平面图一致，例如 1∶100。

② 纵横向定位轴线及编号、轴线尺寸须与对应建筑平面图一致。

③ 基础墙、柱的平面布置，基础底面形状、大小及其与轴线的关系。

④ 基础梁的位置、代号。

⑤ 基础编号、基础断面图的剖切位置线及其编号。

⑥ 条形基础边线。每一条基础最外边的两条实线表示基础底的宽度。

⑦ 基础墙线。每一条基础最里边两条粗实线表示基础与上部墙体交接处的宽度，一般同墙体宽度一致，凡是有墙垛、柱的地方，基础应加宽。

⑧ 施工说明，即所用材料的强度等级、防潮层做法、设计依据以及施工注意事项等。

(3) 基础平面图的识读

阅读基础平面图时，要看基础平面图与建筑平面图的定位轴线是否一致，注意了解墙厚、基础宽、预留洞的位置及尺寸、剖面及剖面的位置等。

如图 3-1 所示为某学生公寓楼条形基础平面图。比例为 1∶100，标注了纵横向定位轴线间距，例如横向定位轴线间距均为 3600mm。基础墙的轮廓线为粗实线，基础底面的轮廓线为细实线。标出了基础断面图的剖切位置线及其编号，例如 1—1、2—2、3—3，以①轴线为例，基础宽度为 1200mm，基础墙厚为 370mm，基础墙的定位尺寸为 250mm 和 120mm 偏内布置，基础的定位尺寸为 665mm 和 535mm 略偏内布置。

3.2.2 基础详图

基础详图是假想用一个垂直的剖切面在指定的位置剖切基础所得到的断面图。它主要反映单个基础的形状、尺寸、材料、配筋、构造以及基础的埋置深度等详细情况。基础详图要用较大的比例绘制，例如 1∶20。

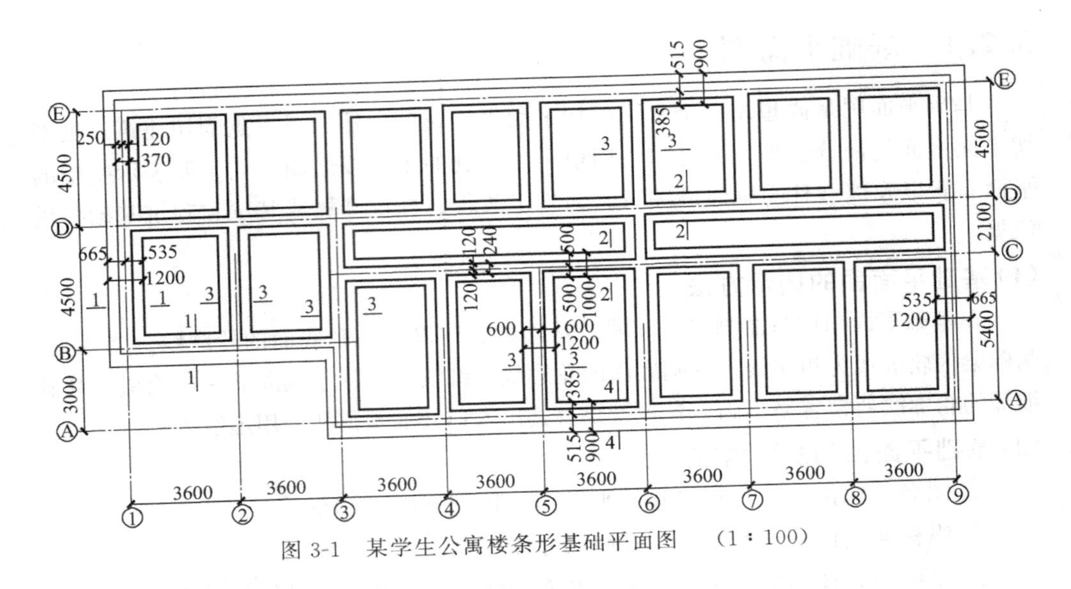

图 3-1　某学生公寓楼条形基础平面图　（1∶100）

（1）基础详图的图示方法

不同构造的基础应分别画出其详图。当基础构造相同，而仅部分尺寸不同时，也可用一个详图表示，但需标出不同部分的尺寸。基础断面图的边线一般用粗实线画出，断面内应画出材料图例；若是钢筋混凝土基础，则只画出配筋情况，不画出材料图例。

（2）基础详图的图示内容

① 图名为剖断编号或基础代号及其编号，例如 1—1 或 J1，比例较大，例如 1∶20。

② 定位轴线及其编号与对应基础平面图一致。

③ 基础断面的形状、尺寸、材料以及配筋。

④ 室内外地面标高及基础底面的标高。

⑤ 基础墙的厚度、防潮层的位置和做法。

⑥ 基础梁或圈梁的尺寸及配筋。

⑦ 垫层的尺寸及做法。

⑧ 施工说明等。

（3）基础详图的识读

图 3-2 所示为该办公楼独立基础的详图。从图中可以看出基础 JC4 和 JC6 的详细尺寸与配筋。从图中可知，JC4 为阶形独立基础，每阶高 300mm，总高 600mm；基底长宽为 2200mm×2200mm，与平面图相一致；基础底部双向配置直径为 12mm、间距为 150mm 的Ⅰ级钢筋，竖向埋置 8 根直径为 18mm 的Ⅱ级钢筋，与柱连接，其中 4 根角筋伸出基础顶面 1400mm，下端弯折 180mm，其余 4 根钢筋伸出基础顶面 500mm，并设 3 根直径 8mm 的Ⅰ级箍筋，间距

250mm；基础下设100mm厚素混凝土垫层，垫层每边宽出基础100mm；基础底部标高为－1.650m，基础的埋置深度为1.65m。JC6与JC4只是基底尺寸不同，其余均相同。

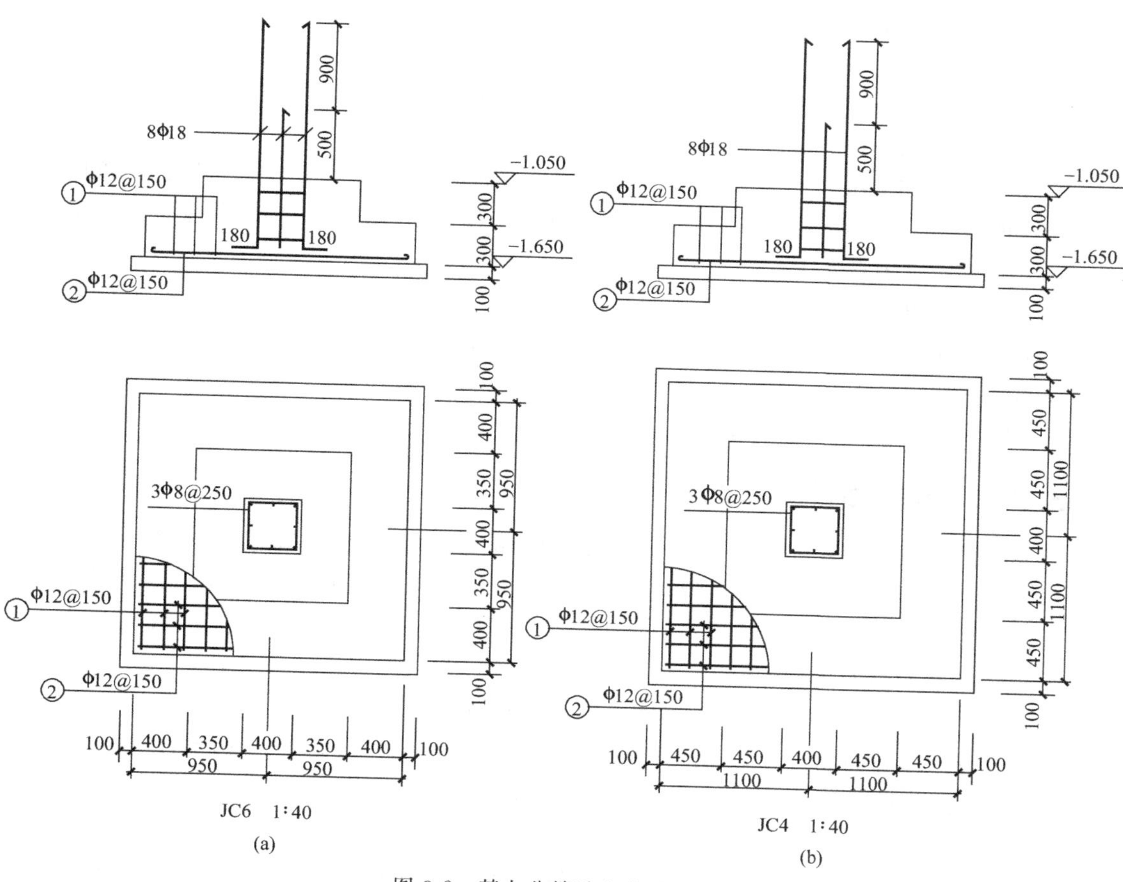

图 3-2　某办公楼独立基础详图

(a) JC6的详细尺寸与配筋；(b) JC4的详细尺寸与配筋

3.3　结构平面图识读

楼层结构平面图是用来表示各楼层结构构件（如墙、梁、板、柱等）的平面布置情况，以及现浇混凝土构件构造尺寸与配筋情况的图纸，是建筑结构施工时构件布置、安装的重要依据。

3.3.1　楼层结构平面图的图示方法

楼层结构平面图是一个水平剖视图，是假想用一个水平面紧贴楼面剖切形成的。图中被剖切到的墙体轮廓线用中实线表示；被遮挡住的墙体轮廓线用中粗虚线表示；楼板轮廓线用细实线表示；钢筋混凝土柱断面用涂黑表示；梁的中心位置用粗点画线表示。

① 楼层结构平面图，要求图中定位轴线、尺寸应与建筑平面图一致，图示比例也应尽量相同。

② 各类钢筋混凝土梁、柱用代号标注，其断面形状、尺寸、材料和配筋等均采用断面详图的形式表示。

③ 现浇楼面板的形状、尺寸、材料和配筋等可直接标注在图中，对于配筋相同的现浇板，只需标注其中一块，其余可在该板图示范围内画一细对角线，注明相同板的代号，从略表达。

④ 预制楼板则采用细实线图示铺设部位和方向，并画一细对角线，在上注明预制板的数量、代号、型号、尺寸和荷载等级等，对于相同铺设区域，只需作对角线并简要注明。

⑤ 门窗过梁可统一说明，其余内容可省略。

3.3.2 楼层结构平面图的识读

下面以图 3-3 某商住楼楼层结构平面图为例进行楼层结构平面图的识读。

① 了解图名与比例。楼层结构平面布置图的比例一般同建筑平面图、基础平面图的比例一致。如图 3-3 某商住楼楼层结构平面图比例为 1∶100，与建筑平面图、基础平面图的比例相同。

② 同建筑平面图对照，了解楼层结构平面图的定位轴线。

③ 通过结构构件代号了解该楼层中结构构件的位置与类型。在图 3-3 中，主要的结构构件是钢筋混凝土柱子的位置和编号，以及现浇板的位置、编号和配筋。

④ 了解现浇板的配筋情况及板的厚度。在楼层结构图中，把所有的现浇板进行编号，形状、大小、配筋相同的楼板编号相同，仅在每种楼板的一块楼板中进行配筋。为了突出钢筋的位置和规格，钢筋用粗实线表示。例如相邻的 12 号楼板，只在左面的 12 号楼板中配筋。12 号楼板厚度 $H=120$mm，配置的纵横向钢筋有 30 号钢筋（ϕ10@150）及 31 号钢筋（ϕ8@200）。负筋有 14 号钢筋（ϕ12@150），长度 2500mm；26 号钢筋（ϕ12@200），长度 2500mm；32 号钢筋（ϕ12@120），长度 3320mm。

⑤ 了解各部位的标高情况，并且与建筑标高对照，了解装修层的厚度。从图 3-3 中可知，此图的结构标高为 6.8m、9.8m、12.8m 和 15.8m，用建筑标高减去本图的结构标高，然后减去楼板的厚度，即为楼板层装修的厚度。

⑥ 若有预制板，了解预制板的规格、数量等级和布置情况。

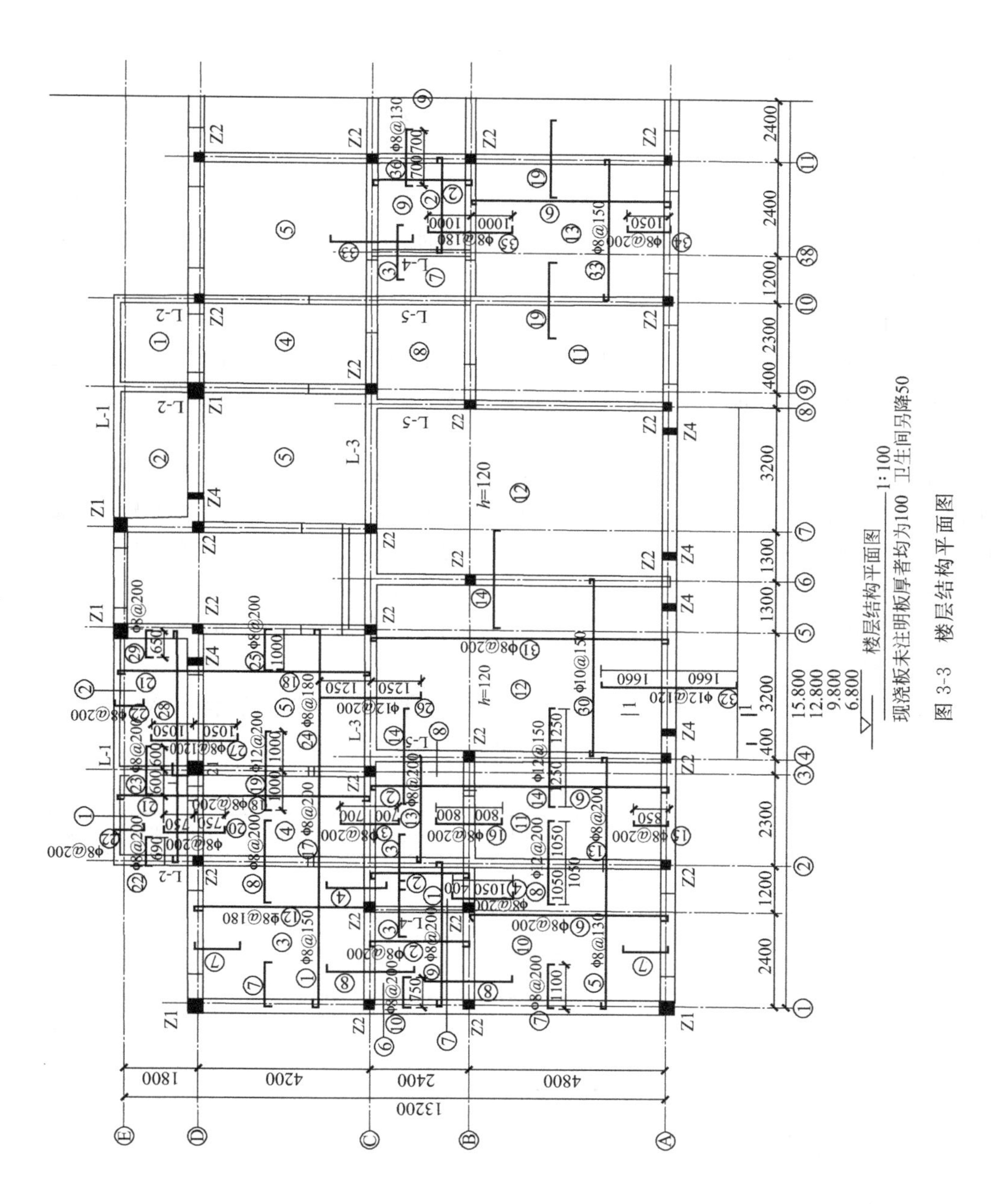
楼层结构平面图
1:100
现浇板未注明板厚者均为100　卫生间另降50
15.800
12.800
9.800
6.800
13200
1800
4200
2400
4800
h=120

图 3-3　楼层结构平面图

3.4 钢筋混凝土结构详图

3.4.1 钢筋混凝土构件详图的构成

钢筋混凝土构件详图通常包括模板图、配筋图和钢筋表三部分。

(1) 模板图

模板图表示构件的外表形状、大小及预埋件的位置等，作为制作、安装模板和预埋件的依据。一般在构件较复杂或有预埋件时才画模板图，模板图用细实线绘制。

(2) 配筋图

配筋图是把混凝土假想成透明体，显示构件中钢筋配置情况的图样，主要表达组成骨架的各号钢筋的形状、直径、位置、长度、数量、间距等，必要时，还要画成钢筋详图，也称抽筋图。

配筋图一般包括立面图、断面图和钢筋详图。立面图是假想构件为一透明体而画出的一个纵向正投影图，它主要表明钢筋的立面形状及其上下排列的情况。断面图是构件的横向剖切投影图，它能表示出钢筋的上下和前后排列、箍筋的形状及与其他钢筋的连接关系。钢筋详图是指在构件的配筋较为复杂时，把其中的各号钢筋分别“抽”出来，在立面图附近用同一比例将钢筋的形状画出所得的图样。

(3) 钢筋表

为了便于钢筋下料、制作和预算，通常在每张图纸中都有钢筋表。钢筋表的内容包括钢筋名称，钢筋简图，钢筋规格、长度、数量和质量等，见表 3-2。

表 3-2 钢筋表

构件名称	构件数	编号	规格	简图	单根长度/mm	根数	累计质量/kg
L1	1	1	φ12		3640	2	8.41
		2	φ12		4204	1	4.45
		3	φ6		3490	2	1.55
		4	φ6		650	18	2.60

3.4.2 钢筋混凝土结构详图的识读

(1) 钢筋混凝土梁结构详图

读图时先看图名，再看立面图和断面图，后看钢筋详图和钢筋表。

由图 3-4 所示的梁可知，图名 L1 表示该梁为一号梁，比例为 1∶40。此梁为矩形断面的现浇梁，断面尺寸：梁长 3540mm、宽 150mm、高 250mm。梁的配筋情况如下。

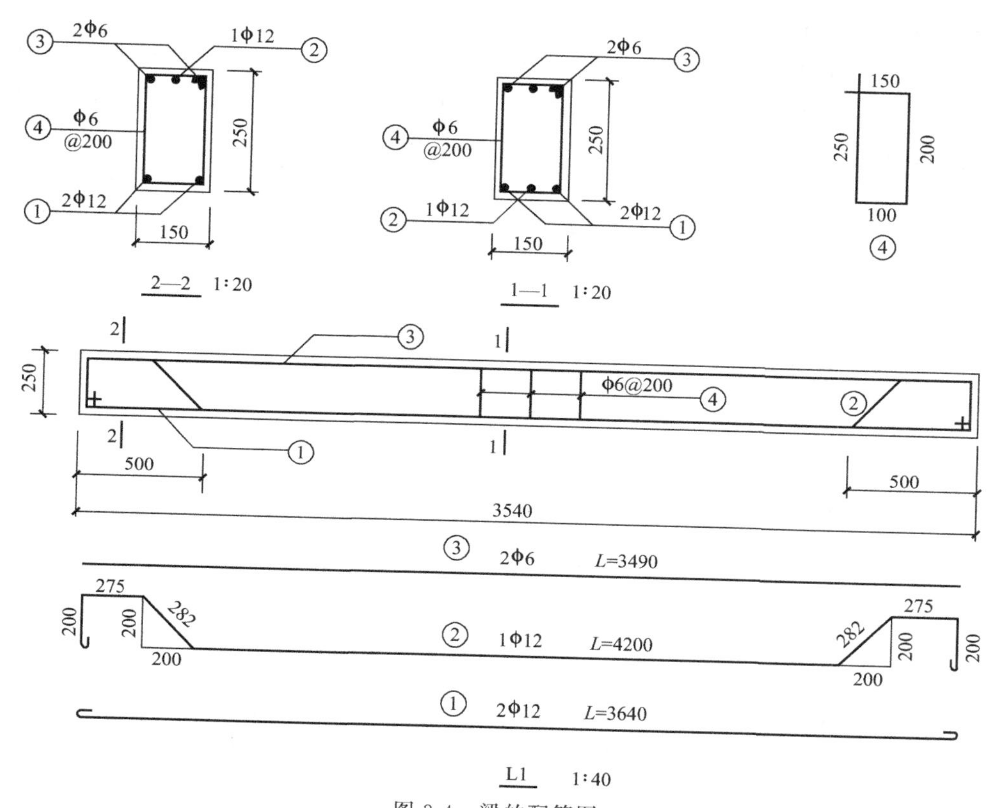

图 3-4 梁的配筋图

从断面 1—1 可知中部配筋：

① 下部①筋为两根直径为 12mm 的Ⅰ级钢筋；

② ②筋为一根直径为 12mm 的Ⅰ级钢筋，在距两端 500mm 处弯起；

③ 上部③筋为两根直径为 6mm 的Ⅰ级钢筋；

④ 箍筋④是直径为 6mm 的Ⅰ级钢筋，每隔 200mm 放置一个。

从断面 2—2 可知端部配筋：结合立面图和断面图可知，在端部只是②筋由底部弯折到上部，其余配筋与中部相同。

注：①筋虽然与②筋直径、类别相同，但因形状不同，故分别编号。由于②筋的弯起，梁端处配筋发生了变化，与中部配筋情况不同，故在 1—1 和 2—2 处应分别做剖切，以说明各处的配筋情况。

从钢筋详图中可知，每种钢筋的编号、根数、直径、各段设计长度和总尺寸（下料长度）以及弯起角度，以方便下料加工。如图 3-4 中②筋为一弯起钢筋，各段尺寸标注如图中所示。

此外，从钢筋表可知构件的名称、数量、钢筋规格、钢筋简图、直径、长度、数量、总数量、总长和重量等详细信息，以便于编造施工预算，统计用料。

(2) 钢筋混凝土柱结构详图

图 3-5 所示为现浇钢筋混凝土柱 Z1 的结构详图。从图中可以看出，该柱从−1.050m 起到标高 7.950m 止，断面尺寸为 400mm×400mm。由 1—1 断面可知，柱 Z1 纵筋配 8 根直径为 18mm 的Ⅱ级钢筋，其下端与柱下基础搭接。除柱的终端外，4 根角部纵筋上端伸出每层楼面 1400mm，其余 4 根纵筋上端伸出楼面 500mm，以便与上一层钢筋搭接。加密区箍筋为Φ8@100，柱内箍筋为Φ8@200。

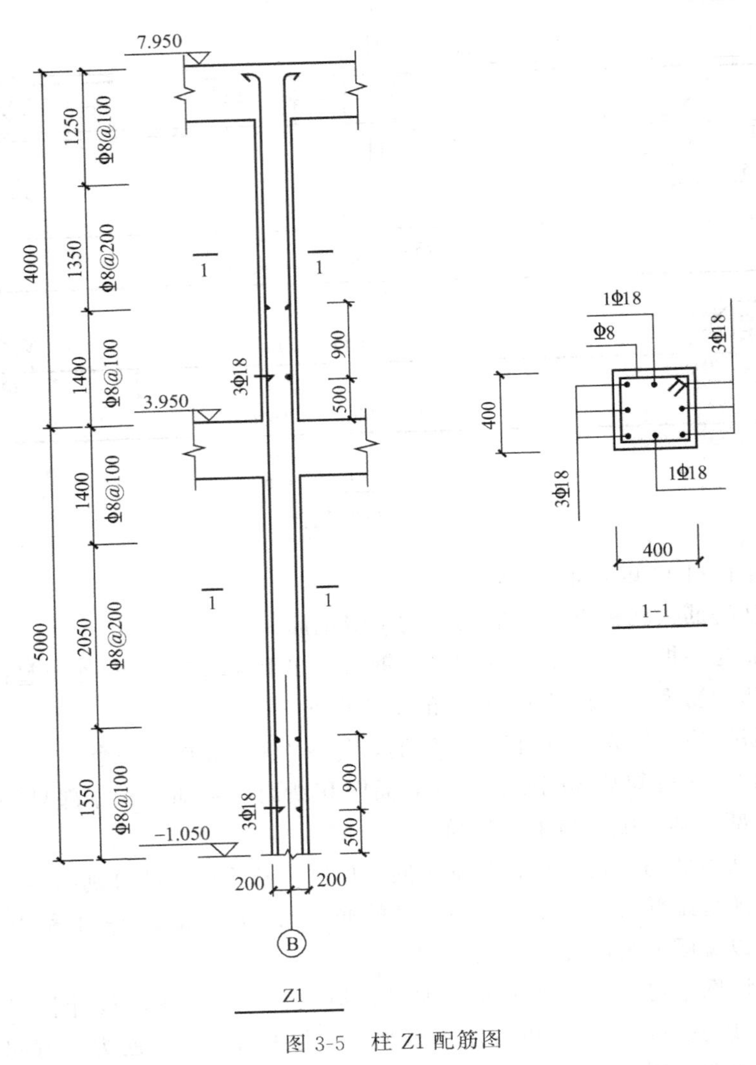

图 3-5　柱 Z1 配筋图

3.5 钢筋混凝土柱、墙、梁平法施工图的识读

3.5.1 柱平法施工图的识读

柱平法施工图是在柱平面布置图上采用列表注写方式或截面注写方式表达。

列表注写方式是在柱平面布置图上（一般只需采用适当比例绘制一张柱平面布置图，包括框架柱、框支柱、梁上柱和剪力墙上柱），分别在同一编号的柱中选择一个（有时需要选择几个）截面标注几何参数代号；在柱表中注写柱编号、柱段起止标高、几何尺寸（含柱截面对轴线的偏心情况）与配筋的具体数值，并配以各种柱截面形状及其箍筋类型图的方式，来表达柱平法施工图，见图 3-6。

截面注写方式是在柱平面布置图的柱截面上，分别在同一编号的柱中选择一个截面，以直接注写截面尺寸和配筋具体数值的方式来表达柱平法施工图。采用截面注写方式表达的柱平法施工图示例见图 3-7。

3.5.2 墙平法施工图的识读

为表达清楚、简便，剪力墙可视为剪力墙柱、剪力墙身和剪力墙梁三类构件构成。

列表注写方式是分别在剪力墙柱表、剪力墙身表和剪力墙梁表中，对应于剪力墙平面布置图上的编号，用绘制截面配筋图并注写几何尺寸与配筋具体数值的方式，来表达剪力墙平法施工图，见图 3-8。

截面注写方式是在分标准层绘制的剪力墙平面布置图上，以直接在墙柱、墙身、墙梁上注写截面尺寸和配筋具体数值的方式来表达剪力墙平法施工图，见图 3-9。

3.5.3 梁平法施工图的识读

平面注写方式是在梁平面布置图上，分别在不同编号的梁中各选一根梁，在其上注写截面尺寸和配筋具体数值的方式来表达梁平法施工图，如图 3-10 所示。

平面注写包括集中标注与原位标注，集中标注表达梁的通用数值，原位标注表达梁的特殊数值。当集中标注中的某项数值不适用于梁的某部位时，则将该项数值原位标注，施工时，原位标注取值优先。

截面注写方式是在分标准层绘制的梁平面布置图上，分别在不同编号的梁中各选择一根梁用剖面号引出配筋图，并在其上注写截面尺寸和配筋具体数值的方式来表达梁平法施工图，如图 3-11 所示。

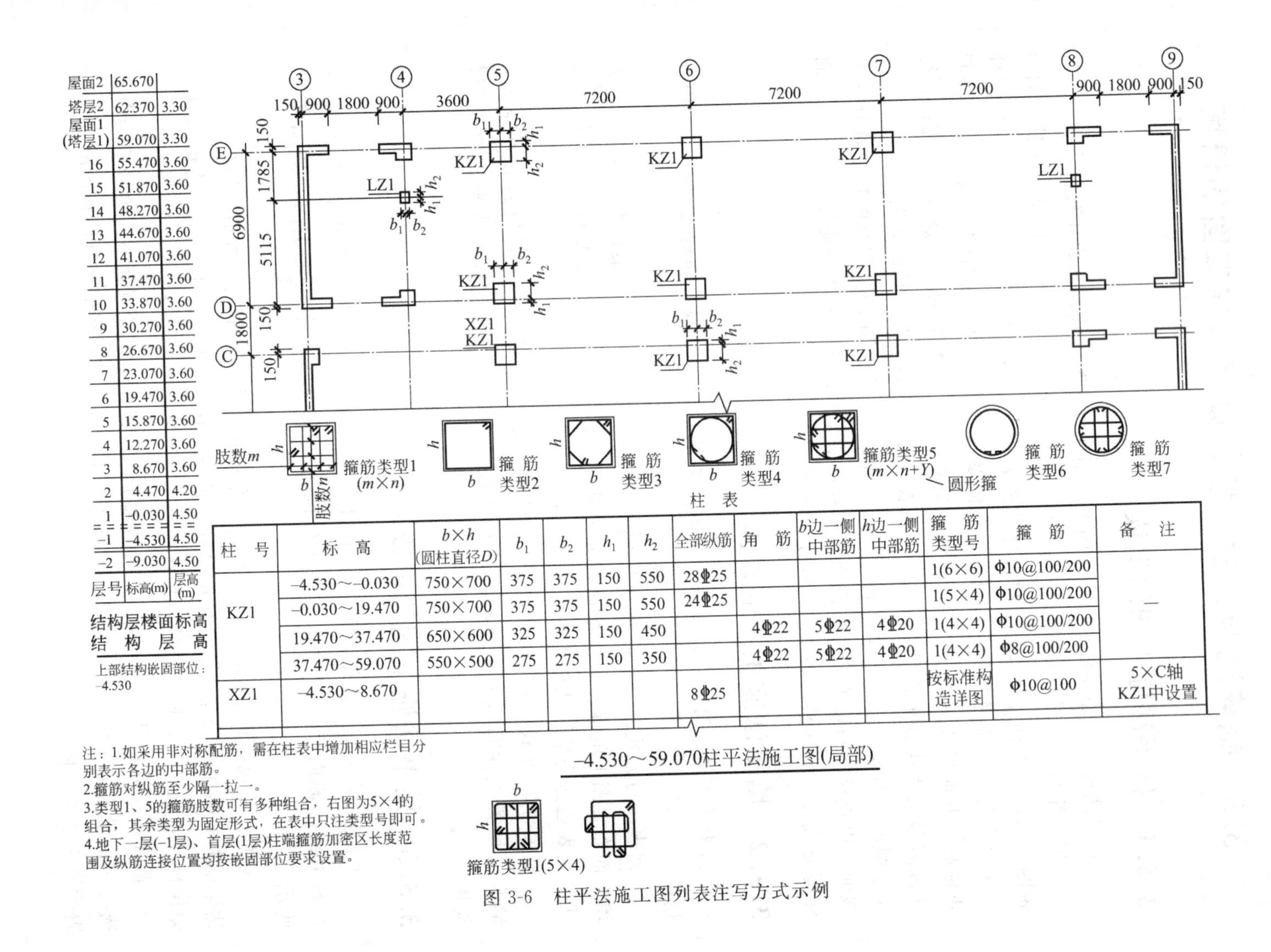

层号	标高(m)	层高(m)
屋面2	65.670	
塔层2	62.370	3.30
屋面1(塔层1)	59.070	3.30
16	55.470	3.60
15	51.870	3.60
14	48.270	3.60
13	44.670	3.60
12	41.070	3.60
11	37.470	3.60
10	33.870	3.60
9	30.270	3.60
8	26.670	3.60
7	23.070	3.60
6	19.470	3.60
5	15.870	3.60
4	12.270	3.60
3	8.670	3.60
2	4.470	4.20
1	-0.030	4.50
-1	-4.530	4.50
-2	-9.030	4.50

结构层楼面标高
结构层高

上部结构嵌固部位：
-4.530

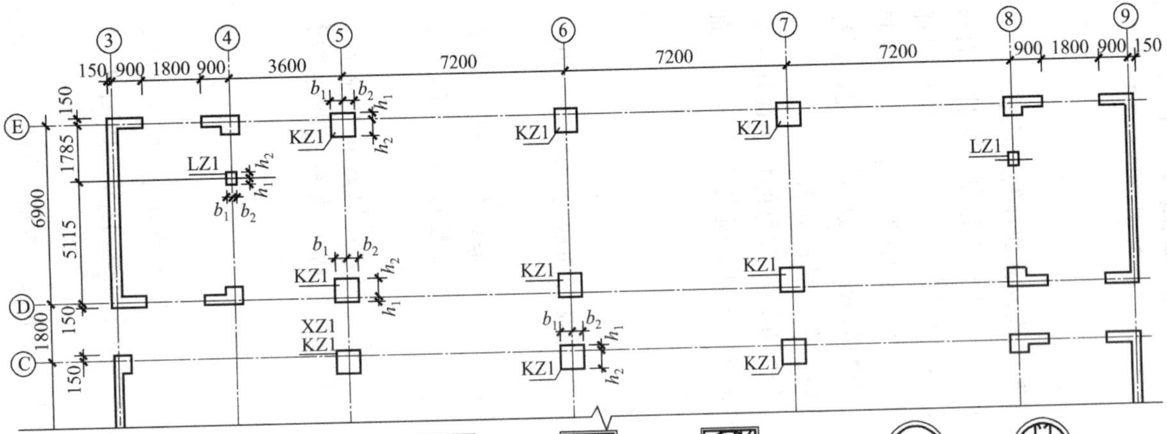

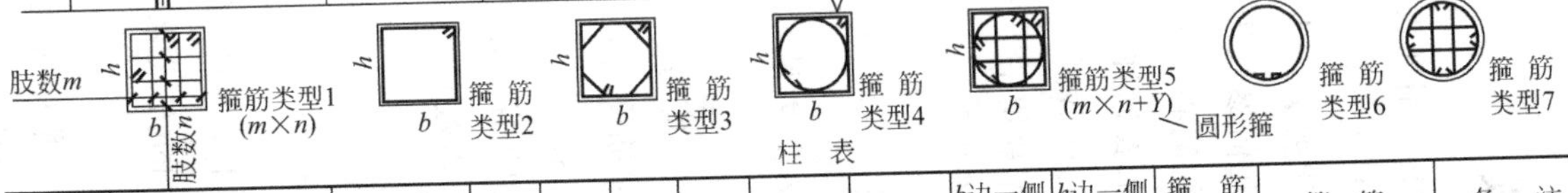

柱 表

柱号	标高	$b\times h$（圆柱直径D）	b_1	b_2	h_1	h_2	全部纵筋	角筋	b边一侧中部筋	h边一侧中部筋	箍筋类型号	箍筋	备注
KZ1	-4.530～-0.030	750×700	375	375	150	550	28Φ25				1(6×6)	Φ10@100/200	—
	-0.030～19.470	750×700	375	375	150	550	24Φ25				1(5×4)	Φ10@100/200	
	19.470～37.470	650×600	325	325	150	450		4Φ22	5Φ22	4Φ20	1(4×4)	Φ10@100/200	
	37.470～59.070	550×500	275	275	150	350		4Φ22	5Φ22	4Φ20	1(4×4)	Φ8@100/200	
XZ1	-4.530～8.670						8Φ25				按标准构造详图	Φ10@100	5×C轴KZ1中设置

注：1.如采用非对称配筋，需在柱表中增加相应栏目分别表示各边的中部筋。
2.箍筋对纵筋至少隔一拉一。
3.类型1、5的箍筋肢数可有多种组合，右图为5×4的组合，其余类型为固定形式，在表中只注类型号即可。
4.地下一层(-1层)、首层(1层)柱端箍筋加密区长度范围及纵筋连接位置均按嵌固部位要求设置。

-4.530～59.070柱平法施工图(局部)

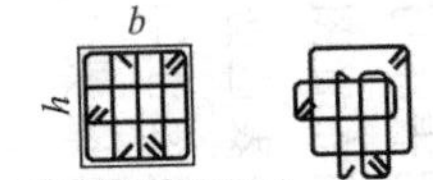

箍筋类型1(5×4)

图 3-6　柱平法施工图列表注写方式示例

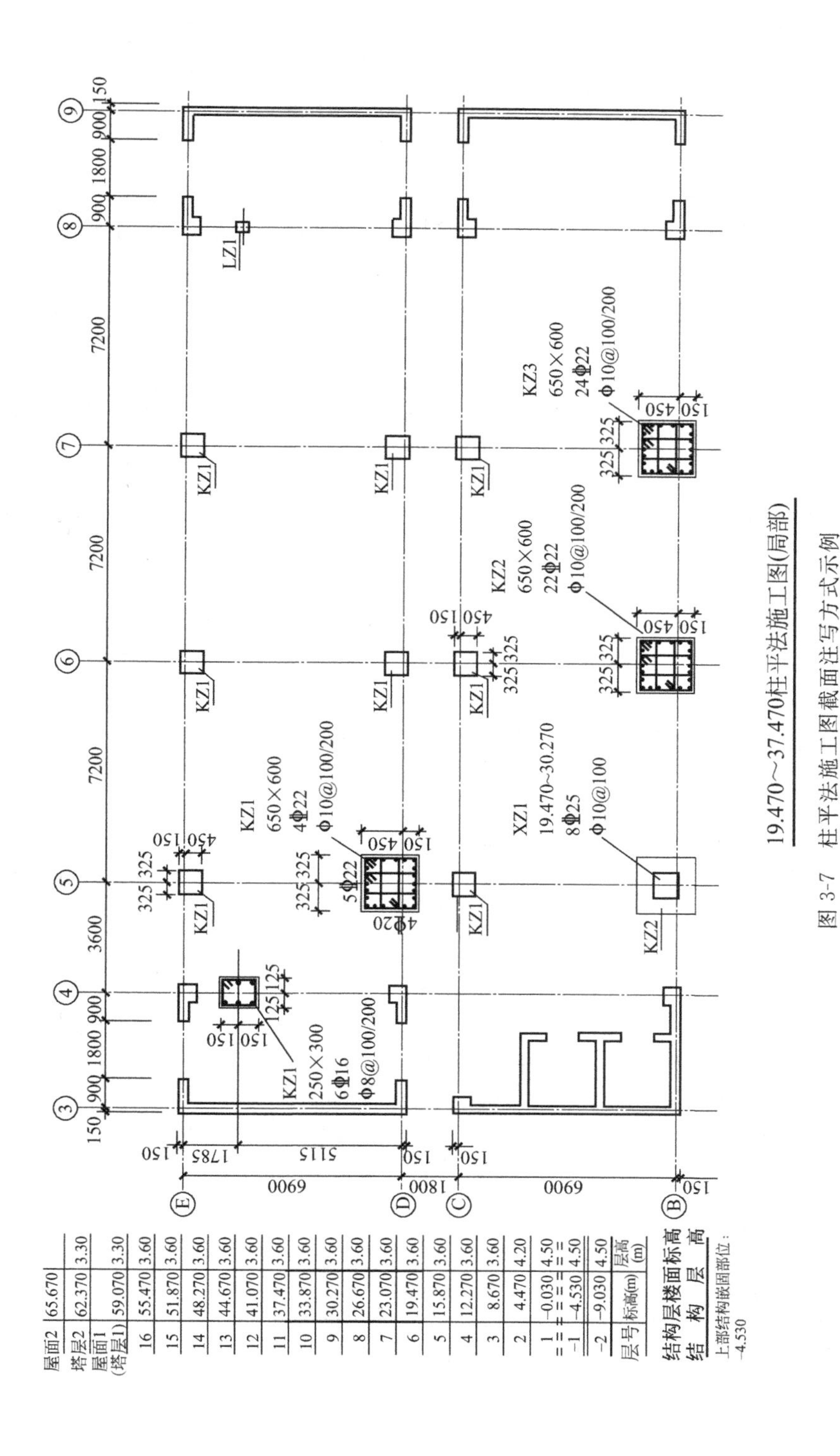

层号	标高(m)	层高(m)
屋面2	65.670	
塔层2	62.370	3.30
屋面1(塔层1)	59.070	3.30
16	55.470	3.60
15	51.870	3.60
14	48.270	3.60
13	44.670	3.60
12	41.070	3.60
11	37.470	3.60
10	33.870	3.60
9	30.270	3.60
8	26.670	3.60
7	23.070	3.60
6	19.470	3.60
5	15.870	3.60
4	12.270	3.60
3	8.670	3.60
2	4.470	4.20
1	-0.030	4.50
-1	-4.530	4.50
-2	-9.030	4.50

图 3-7　柱平法施工图截面注写方式示例

层号	标高(m)	层高(m)
屋面2	65.670	
塔层2	62.370	3.30
屋面1（塔层1）	59.070	3.30
16	55.470	3.60
15	51.870	3.60
14	48.270	3.60
13	44.670	3.60
12	41.070	3.60
11	37.470	3.60
10	33.870	3.60
9	30.270	3.60
8	26.670	3.60
7	23.070	3.60
6	19.470	3.60
5	15.870	3.60
4	12.270	3.60
3	8.670	3.60
2	4.470	4.20
1	-0.030	4.50
-1	-4.530	4.50
-2	-9.030	4.50

底部加强部位

结构层楼面标高
结构层高

上部结构嵌固部位：-0.030

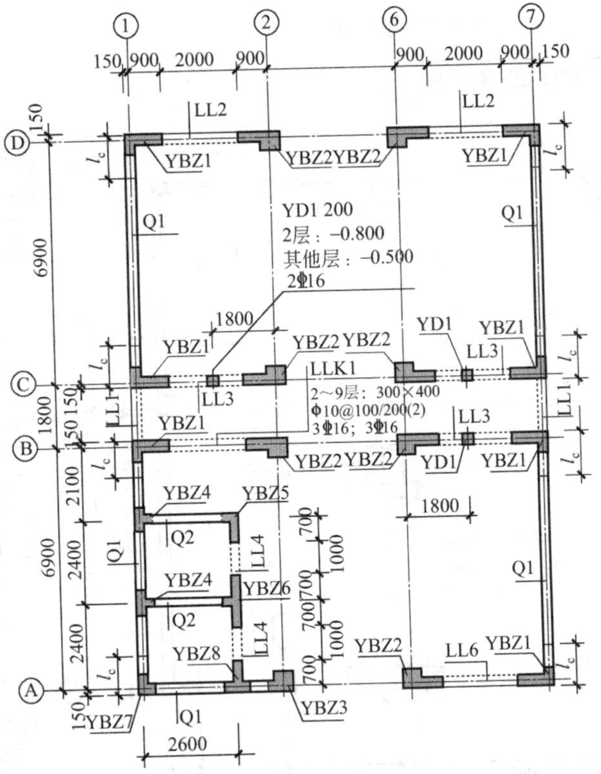

YD1 200
2层：-0.800
其他层：-0.500
2⌀16

LLK1
2～9层：300×400
ϕ10@100/200(2)
3⌀16；3⌀16

-0.030～12.270剪力墙平法施工图

剪力墙梁表

编号	所在楼层号	梁顶相对标高高差	梁截面 $b\times h$	上部纵筋	下部纵筋	箍筋
LL1	2～9	0.800	300×2000	4⌀25	4⌀25	ϕ10@100(2)
	10～16	0.800	250×2000	4⌀22	4⌀22	ϕ10@100(2)
	屋面1		250×1200	4⌀20	4⌀20	ϕ10@100(2)
LL2	3	-1.200	300×2520	4⌀25	4⌀25	ϕ10@150(2)
	4	-0.900	300×2070	4⌀25	4⌀25	ϕ10@150(2)
	5～9	-0.900	300×1770	4⌀25	4⌀25	ϕ10@150(2)
	10～屋面1	-0.900	250×1770	4⌀22	4⌀22	ϕ10@150(2)
LL3	2		300×2070	4⌀25	4⌀25	ϕ10@100(2)
	3		300×1770	4⌀25	4⌀25	ϕ10@100(2)
	4～9		300×1170	4⌀25	4⌀25	ϕ10@100(2)
	10～屋面1		250×1170	4⌀22	4⌀22	ϕ10@100(2)
LL4	2		250×2070	4⌀20	4⌀20	ϕ10@120(2)
	3		250×1770	4⌀20	4⌀20	ϕ10@120(2)
	4～屋面1		250×1170	4⌀20	4⌀20	ϕ10@120(2)
AL1	2～9		300×600	3⌀20	3⌀20	ϕ8@150(2)
	10～06		250×500	3⌀18	3⌀18	ϕ8@150(2)
BKL1	屋面1		500×750	4⌀22	4⌀22	ϕ10@150(2)

剪力墙身表

编号	标高	墙厚	水平分布筋	垂直分布筋	拉筋（矩形）
Q1	-0.030～30.270	300	⌀12@200	⌀12@200	⌀6@600@600
	30.270～59.070	250	⌀10@200	⌀10@200	⌀6@600@600
Q2	-0.030～30.270	250	⌀10@200	⌀10@200	⌀6@600@600
	30.270～59.070	200	⌀10@200	⌀10@200	⌀6@600@600

图 3-8 剪力墙平法施工图列表注写方式示例

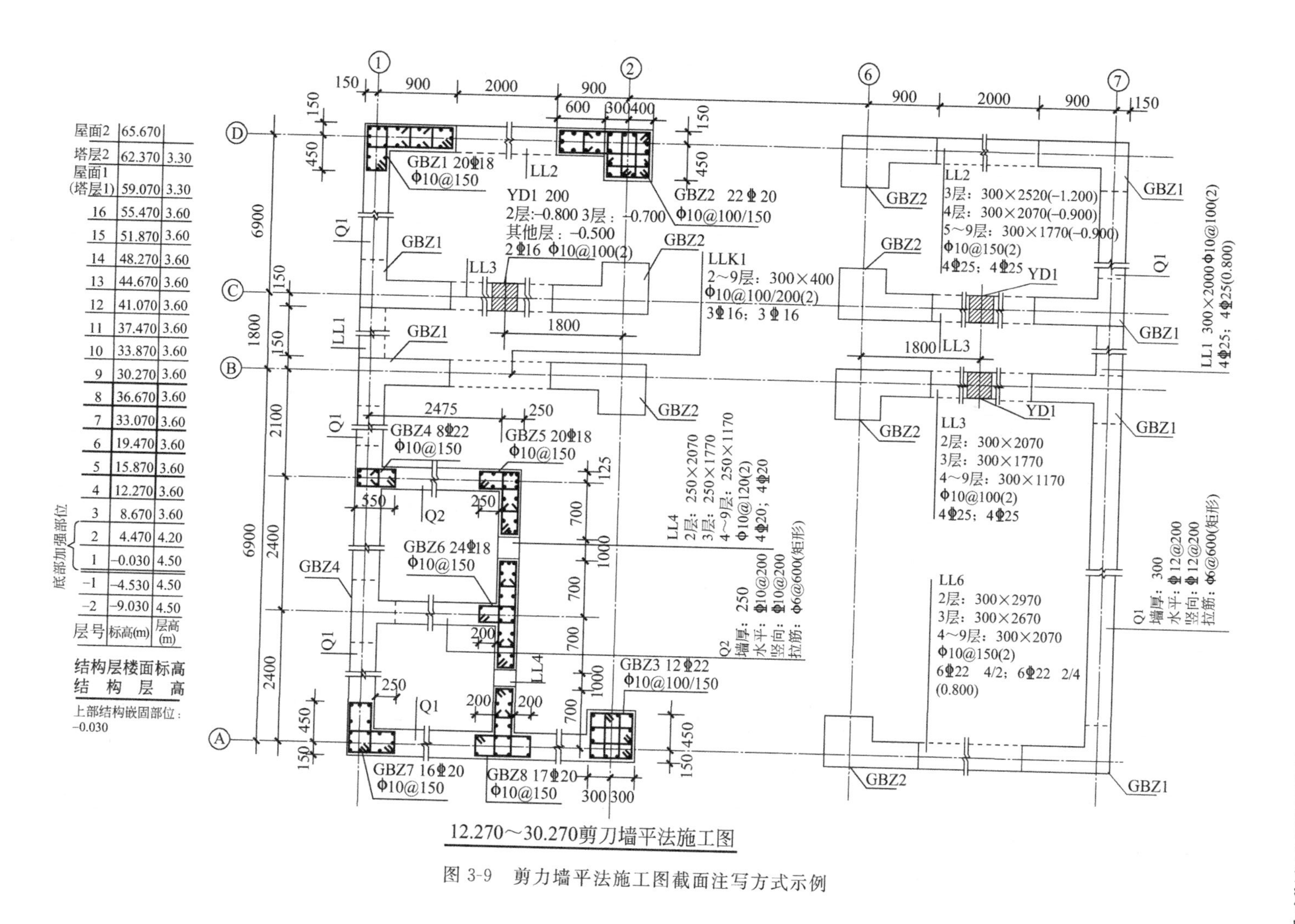

屋面2	65.670	
塔层2	62.370	3.30
屋面1(塔层1)	59.070	3.30
16	55.470	3.60
15	51.870	3.60
14	48.270	3.60
13	44.670	3.60
12	41.070	3.60
11	37.470	3.60
10	33.870	3.60
9	30.270	3.60
8	36.670	3.60
7	33.070	3.60
6	19.470	3.60
5	15.870	3.60
4	12.270	3.60
3	8.670	3.60
2	4.470	4.20
1	-0.030	4.50
-1	-4.530	4.50
-2	-9.030	4.50
层号	标高(m)	层高(m)

结构层楼面标高
结构层高
上部结构嵌固部位:-0.030

图3-9 剪力墙平法施工图截面注写方式示例

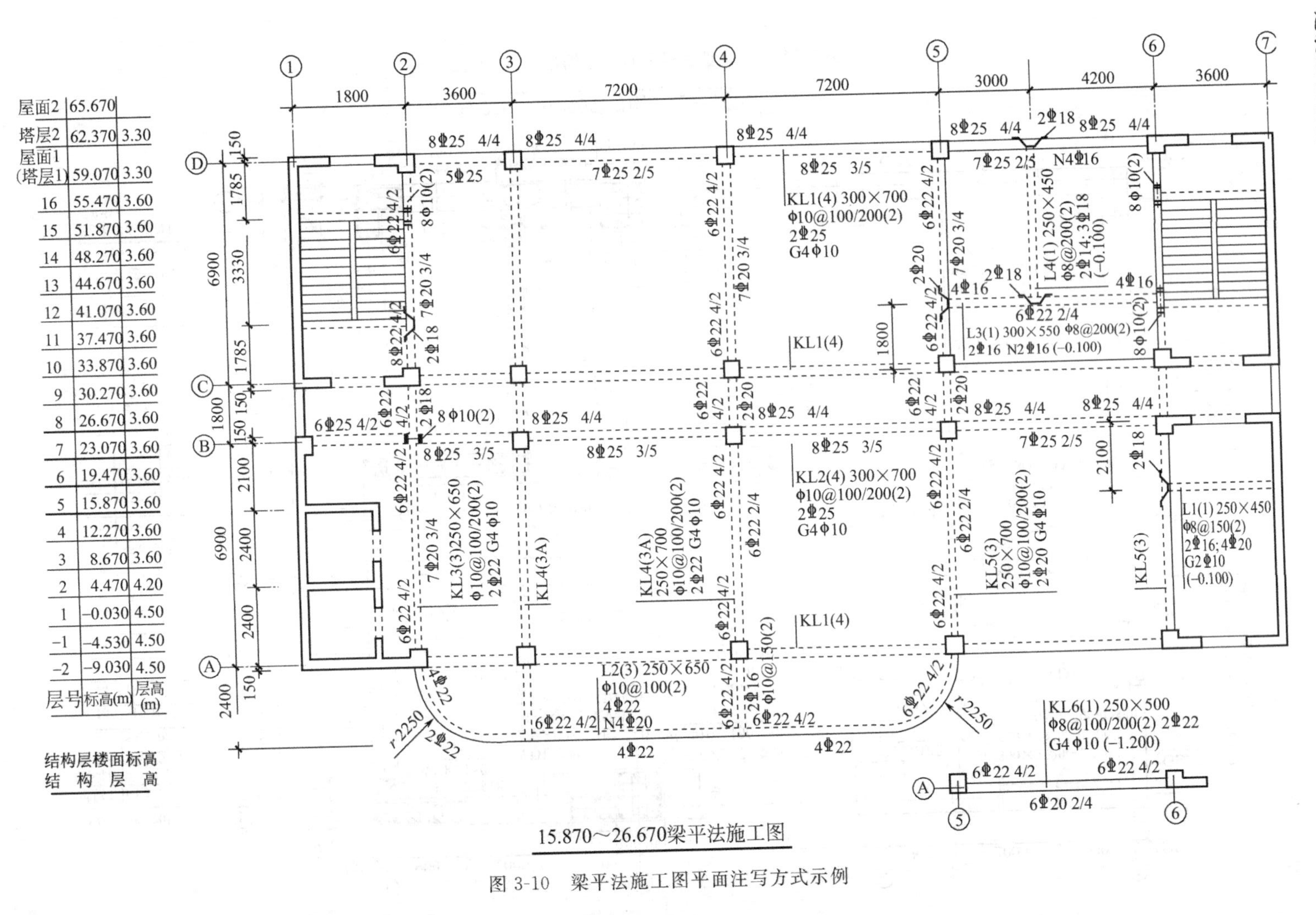

层号	标高(m)	层高(m)
屋面2	65.670	
塔层2	62.370	3.30
屋面1(塔层1)	59.070	3.30
16	55.470	3.60
15	51.870	3.60
14	48.270	3.60
13	44.670	3.60
12	41.070	3.60
11	37.470	3.60
10	33.870	3.60
9	30.270	3.60
8	26.670	3.60
7	23.070	3.60
6	19.470	3.60
5	15.870	3.60
4	12.270	3.60
3	8.670	3.60
2	4.470	4.20
1	-0.030	4.50
-1	-4.530	4.50
-2	-9.030	4.50

图 3-10 梁平法施工图平面注写方式示例

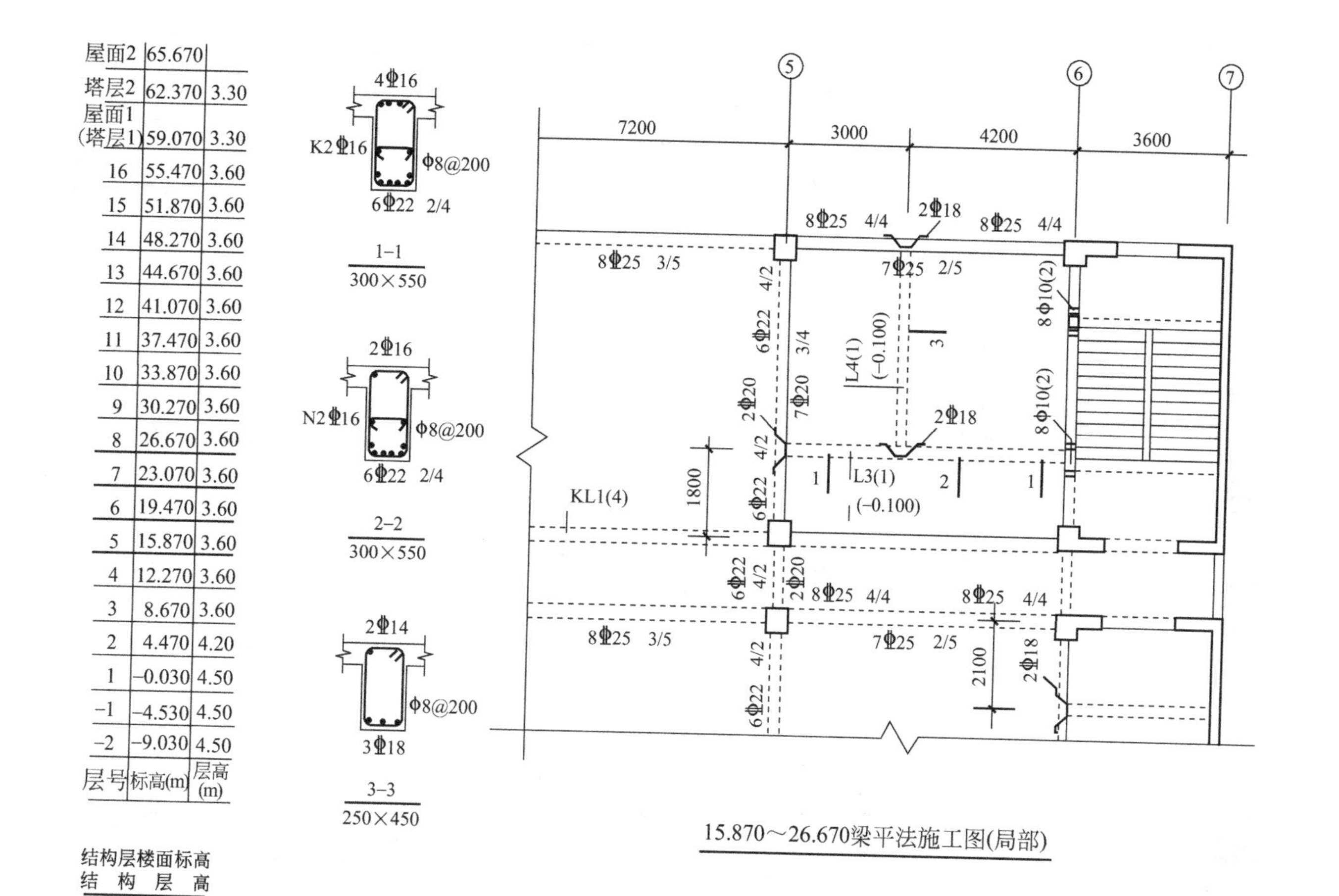

层号	标高(m)	层高(m)
屋面2	65.670	
塔层2	62.370	3.30
屋面1(塔层1)	59.070	3.30
16	55.470	3.60
15	51.870	3.60
14	48.270	3.60
13	44.670	3.60
12	41.070	3.60
11	37.470	3.60
10	33.870	3.60
9	30.270	3.60
8	26.670	3.60
7	23.070	3.60
6	19.470	3.60
5	15.870	3.60
4	12.270	3.60
3	8.670	3.60
2	4.470	4.20
1	−0.030	4.50
−1	−4.530	4.50
−2	−9.030	4.50

结构层楼面标高
结构层高

图 3-11 梁平法施工图截面注写方式示例

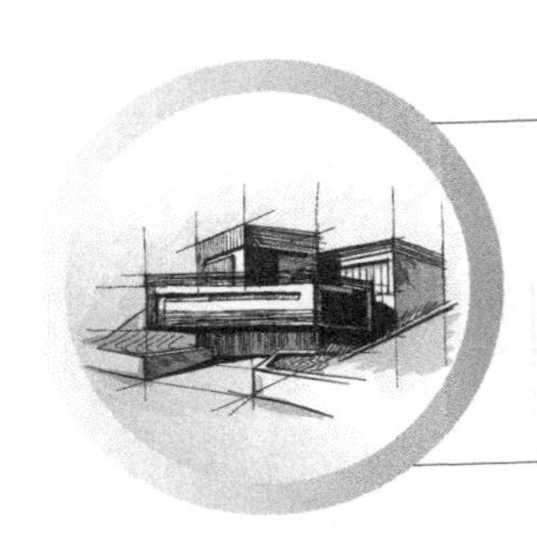

4 房屋构造基础知识

4.1 房屋的构造组成

4.1.1 建筑物的分类

建筑物是供人们生活、学习、工作、居住以及从事各种生产和文化活动的场所。其他如水池、水塔、支架、烟囱等间接为人们提供服务的设施称为构筑物。

(1) 按使用性质分

① 民用建筑　民用建筑指主要用途是供人们工作、学习、生活、居住的建筑。如住宅、单身宿舍、招待所等居住建筑，写字楼、教学楼、影剧院、商场、医院、邮电大楼、广播大楼等公共建筑。

② 工业建筑　工业建筑指各类工业生产用房和直接为生产提供服务的附属用房。常见的有单层工业厂房、多层工业厂房、层次混合的工业厂房。

③ 农业建筑　农业建筑指各类供农业生产使用的建筑，如种子库、拖拉机站等。

(2) 按结构类型分

结构类型是根据承重构件所选用的材料、制作方式、传力方法的不同来划分的，一般分为以下四种。

① 砖混结构　砖混结构的竖向承重构件是采用烧结多孔砖或承重混凝土小砌块砌筑的墙体，水平承重构件为钢筋混凝土梁、板。这种结构一般用于多层建筑中。

② 框架结构　框架结构是利用钢筋混凝土或钢的梁、板、柱形成的骨架构成承重部分，墙体一般只起围护和分隔作用。这种结构可以用于多层和高层建筑中。

③ 剪力墙结构　剪力墙结构是指房屋的内、外墙都做成实体的钢筋混凝土墙体，由剪力墙承受竖向和水平作用。这种结构可以用于小开间的高层建筑中。

④ 特种结构　特种结构又称为空间结构，它包括拱、壳体、网架、悬索等结构形式。这种结构多用于大跨度的公共建筑中。

(3) 按建筑层数或总高度分

层数是建筑的一项非常重要的控制指标，但必须结合建筑总高度综合考虑。

① 住宅建筑 1～3层为低层，4～6层为多层，7～9层为中高层，10层及以上为高层。

② 公共建筑及综合性建筑 总高度超过24m为高层（不包括建筑高度大于24m的单层公共建筑），总高度小于24m为多层。

③ 超高层建筑 建筑总高度超过100m时均为超高层，不论其是居住建筑还是公共建筑。

(4) 按施工方法分

按照建造建筑所采用的施工方法，建筑物可以分为以下三类。

① 现浇现砌式 这是指主要构件采用在施工现场砌筑（如空心砖墙等）或浇筑（如钢筋混凝土构件等）的方法建造的建筑物。

② 预制装配式 这是指主要构件在加工厂预制，在施工现场进行装配而建造的建筑物。

③ 部分现浇现砌、部分预制装配式 这是指采用一部分构件在现场浇筑或砌筑（多为竖向构件），一部分构件预制装配（多为水平构件）的方法施工建造的建筑物。

4.1.2 民用建筑的基本构造组成

建筑物由承重结构系统、围护分隔系统和装饰装修三部分及其附属各构件组成。一般的民用建筑由基础、墙或柱、楼地层、楼梯和电梯、门窗、屋顶等几部分组成，如图4-1所示。此外，还有其他配件和设施，例如通风道、垃圾道、阳台、雨篷、散水、明沟、勒脚等。

(1) 基础

基础是建筑物垂直承重构件与支承建筑物的地基直接接触的部分。基础位于建筑物的最下部，承受上部传来的全部荷载和自重，并将这些荷载传给下面的地基。基础是房屋的主要受力构件，其构造要求是坚固、稳定、耐久，并且能经受冰冻、地下水及所含化学物质的侵蚀，保证足够的使用年限。

(2) 墙或柱

在墙体承重结构体系中，墙体是房屋的竖向承重构件，它承受着由屋顶和各楼层传来的各种荷载，并把这些荷载可靠地传到基础上，再传给地基。其设计必须满足强度和刚度要求。在梁柱承重的框架结构体系中，墙体主要起分隔空间或围护的作用，柱则是房屋的竖向承重构件。作为墙体，外墙有围护的功能，抵御风霜雪雨及寒暑对室内的影响，内墙有分隔空间的作用，所以墙体还应满足保温、隔热、隔声等要求。

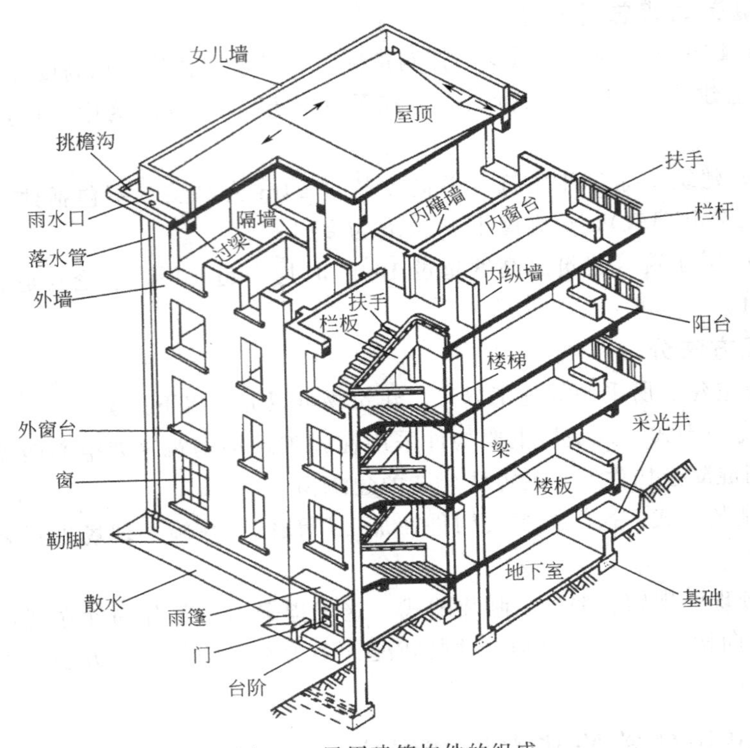

图 4-1　民用建筑构件的组成

（3）楼地层

楼地层包括楼板层和地坪层。楼板层包括楼面、承重结构层（楼板、梁）、设备管道和顶棚层等。楼板层直接承受着各楼层上的家具、设备、人的重量和楼层自重，对墙或柱有水平支撑的作用，传递着风、地震等侧向水平荷载，并把上述各种荷载传递给墙或柱。楼板层要求要有足够的强度和刚度，以及良好的防水、防火、隔声性能。地坪层是首层室内地面，它承受着室内的活载以及自重，并将荷载通过垫层传到地基。由于人们的活动直接作用在楼地层上，所以对其要求还包括美观、耐磨损、易清洁、防潮性能等。

（4）楼梯和电梯

楼梯和电梯是建筑的竖向交通设施，应有足够的通行能力和足够的承载能力，并且应满足坚固、耐磨、防滑等要求。

楼梯可作为发生火灾、地震等紧急事故时的疏散通道。电梯和自动扶梯可用于平时疏散人流，但不能用于消防疏散。消防电梯应满足消防安全的要求。

（5）门和窗

门和窗属于围护构件，都有采光通风的作用。门的基本功能是保持建筑物内部与外部或各内部空间的联系与分隔。门应满足交通、消防疏散、热工、隔声、防盗等功能。窗的作用主要是采光、通风及眺望。窗要求有保温、隔热、防水、隔声等功能。

(6) 屋顶

屋顶包括屋面（面层、防水层）、保温（隔热）层、承重结构层（屋面板、梁）、设备管道和顶棚层等。

屋面板既是承重构件又是围护构件。作为承重构件，与楼板层相似，承受着直接作用于屋顶的各种荷载，同时在房屋顶部起着水平传力构件的作用，并把本身承受的各种荷载直接传给墙或柱。作为围护构件，可以抵御自然界的风、霜、雪、雨和太阳辐射等寒暑作用。屋面板应有足够的强度和刚度，还要满足保温、隔热、防水等构造要求。

4.2　影响建筑构造的因素

影响建筑构造的因素很多，大致可归纳为以下几方面。

(1) 外界作用力的影响

外界作用力包括人、家具和设备的重量、结构自重、风力、地震力以及雪重等，这些通称为荷载，分为静荷载和动荷载。荷载的大小和作用方式均影响着建筑构件的选材、截面形状与尺寸，这些都是建筑构造的内容。在荷载中，风力往往是高层建筑水平荷载的主要因素，地震力是目前自然界中对建筑物影响最大、破坏最严重的一种因素，因此必须引起重视，采取合理的构造措施，予以设防。

(2) 人为因素的影响

人们在生产、生活活动中产生的机械振动、化学腐蚀、爆炸、火灾、噪声、对建筑物的维修改造等人为因素都会对建筑物构成威胁。因此在建筑构造上需采取相应的防火、隔声、防振、防腐等措施，以避免对建筑物使用功能产生的影响和损害。

(3) 气候条件的影响

自然界中的日晒雨淋、风雪冰冻、地下水等均对建筑物使用功能和建筑构件使用质量有影响。对于这些影响，在构造上必须考虑相应的防护措施，例如防水防潮、保温、隔热、防震、防冻胀、防蒸汽渗透等。

(4) 建筑标准的影响

建筑标准所包含的内容较多，与建筑构造关系密切的主要有建筑的造价标准、建筑等级标准、建筑装修标准和建筑设备标准等。对于大量性民用建筑，构造方法通常是常规做法；而对大型性公共建筑，建筑标准较高，构造做法上对美观的要求也更多。

(5) 建筑技术条件的影响

建筑技术条件是指建筑材料技术、结构技术和施工技术等。随着这些技术的不断发展和变化，建筑构造技术也在不断更新。

4.3 建筑的结构类型

民用建筑的结构类型见表 4-1。

表 4-1 民用建筑的结构类型

结构类型		适用范围
按主要承重结构的材料分	土木结构	以生土墙和木屋架作为建筑物的主要承重结构，这类建筑可就地取材，造价低，适用于村镇建筑
	砖木结构	以砖墙或砖柱、木屋架作为建筑物的主要承重结构，这类建筑称为砖木结构建筑
	砖混结构	以砖墙或砖柱、钢筋混凝土楼板、屋面板作为承重结构的建筑，这是目前建造数量最大，普遍被采用的结构类型
	钢筋混凝土结构	建筑物的主要承重构件全部采用钢筋混凝土做法，这种结构主要用于大型公共建筑和高层建筑
	钢结构	建筑物的主要承重构件全部采用钢材制作。钢结构建筑与钢筋混凝土建筑相比自重轻，但耗钢量大，目前主要用于大型公共建筑
按建筑结构的承重方式分	墙承重结构（图 4-2）	用墙承受楼板以及屋顶传来的全部荷载的，称为墙承重结构。土木结构、砖木结构、砖混结构的建筑大多属于这一类
	框架结构（图 4-3）	用柱、梁组成的框架承受楼板、屋顶传来的全部荷载的，称为框架结构。框架结构建筑中，一般采用钢筋混凝土结构或钢结构组成框架，墙只起到围护和分隔作用。框架结构用于大跨度建筑、荷载大的建筑以及高层建筑
	内框架结构（图 4-4）	建筑物的内部用梁、柱组成的框架承重，四周用外墙承重时，称为内框架结构建筑。内框架结构通常用于内部需较大通透空间但可设柱的建筑，例如底层为商店的多层住宅等
	空间结构（图 4-5）	用空间构架如网架、薄壳、悬索等来承受全部荷载的，称为空间结构建筑。这种类型建筑适用于需要大跨度、大空间并且内部不允许设柱的大型公共建筑，例如体育馆、天文馆、展览馆、火车站、机场等建筑

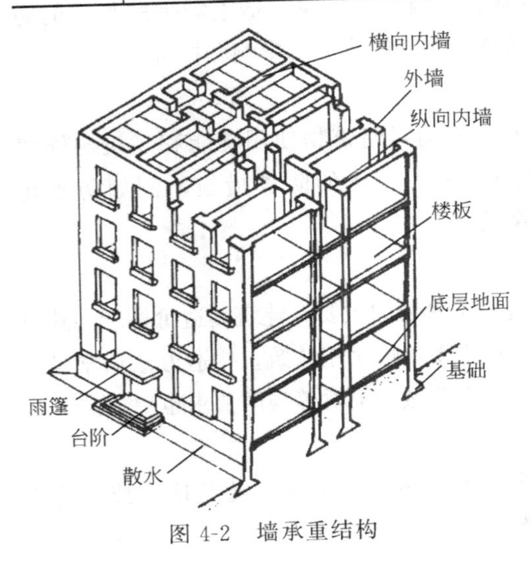

图 4-2 墙承重结构

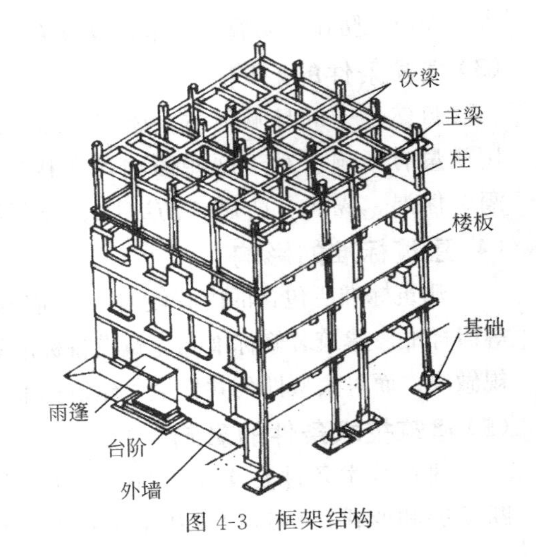

图 4-3 框架结构

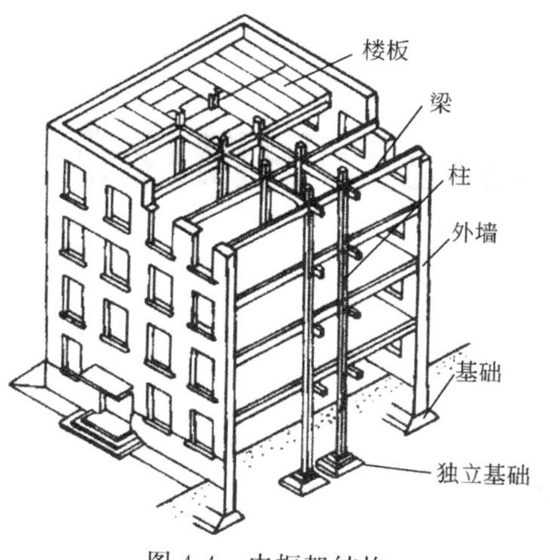

图 4-4 内框架结构

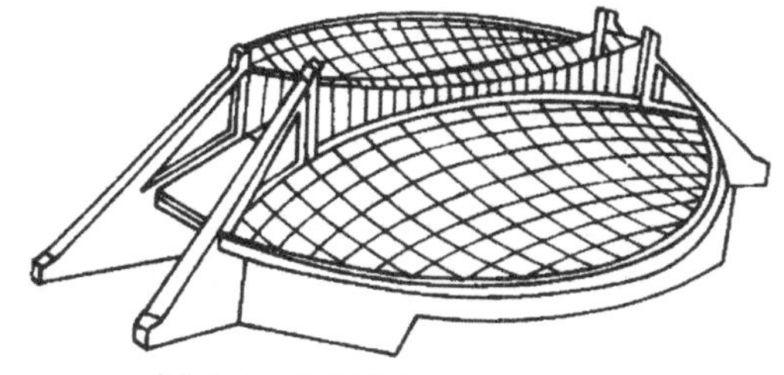

图 4-5 空间结构（组合索网）

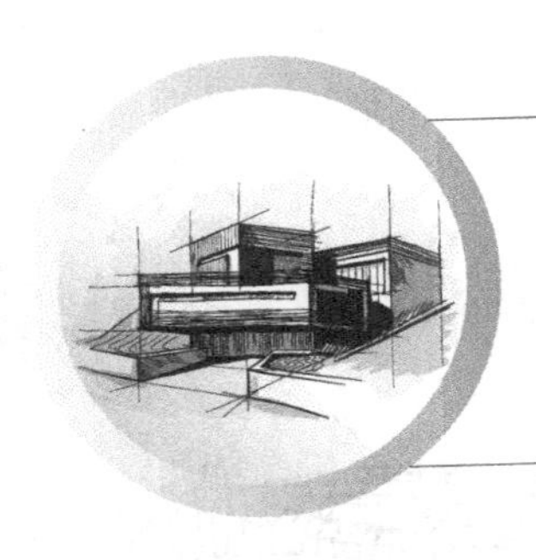

5 基础工程施工图识读技巧

5.1 基础的概念

5.1.1 基础的定义

基础是建筑物的重要组成部分，是位于建筑物地面以下的承重构件，它承受建筑物上部结构传下来的全部荷载，并把这些荷载连同本身的重量一起传到地基上。基础是建筑物的主要承重构件，处在建筑物地面以下，属于隐蔽工程。基础质量的好坏关系着建筑物的安全问题。

5.1.2 基础的要求

(1) 基础应有足够的强度

基础是建筑物埋在室外地坪以下的重要承重构件，它承受建筑物上部结构的全部荷载，是建筑物安全的重要保证。如果基础在承受荷载后受到破坏，必然会使建筑物出现裂缝，甚至坍塌。因此基础必须具备足够的强度，才能保证将建筑物的全部荷载可靠地传递给地基。

(2) 基础应有足够的耐久性

由于基础属于埋在地下的隐蔽工程，在土中经常受潮，若基础先于上部结构破坏，检查和维修加固都将十分困难，所以在选择基础所用的材料和构造形式时，应与上部结构等级相适应，并符合耐久性要求。

(3) 基础应符合经济型的要求

基础工程造价占建筑总造价的 10%～40%，降低基础工程的造价是减少建筑总投资的有效方法之一，这就要求在设计时尽量选择土质好的地段；选择合理的基础方案，采用先进的施工技术，尽量选用地方材料，并采用合理的构造形式及构造方法，从而节约工程投资。

5.1.3 地基、基础与建筑荷载的关系

在建筑工程中，基础是建筑物的下部结构，是埋入地下并直接作用于土壤层上的承重构件。基础的作用是承受上部结构的全部荷载，通过自身的调整，把它传给地基。基础是建筑物的重要组成部分。地基承受由基础传来的荷载，这些荷载包括上部建筑物至基础顶面的竖向荷载、基础自重、基础上部土层的重力荷载。地基承载力和抗变形能力要保证建筑物的正常使用和整体稳定性，并使地基在防止整体破坏方面有足够的安全储备。为了保证建筑物的稳定和安全，必须控制建筑物基础底面的平均压力不超过地基承载力。地基上所承受的全部荷载是通过基础传递的，因此当荷载一定时，可通过加大基础底面积来减少单位面积上地基所受到的压力。基础底面积、荷载和地基承载力之间的关系可通过下式来确定：

$$A \geqslant N/P$$

式中，A 为基础底面积；N 为建筑物的总荷载；P 为地基承载力。

从上式可以看出，当地基承载力不变时，建筑总荷载越大，基础底面积也越大。或当建筑物总荷载不变时，地基承载力越小，基础底面积越大。

5.2 基础的埋置深度

5.2.1 基础的埋深

为确保建筑物坚固安全，基础要埋入土层中一定的深度。基础的埋置深度是指室外设计地面至基础底面的距离，简称埋深，如图 5-1 所示。

基础按埋置深度不同，分为浅基础和深基础。埋深不超过 5000mm 称为浅基

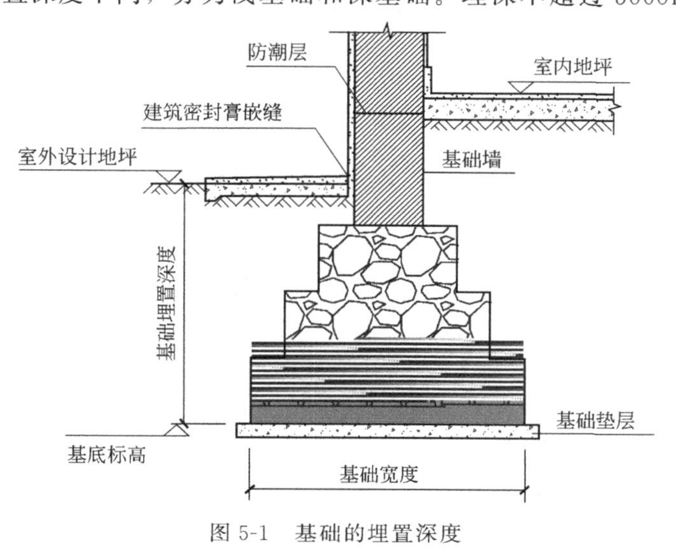

图 5-1 基础的埋置深度

础，埋深超过5000mm称为深基础。在满足地基稳定和变形要求的前提下，基础宜浅埋。但是由于地表土层成分复杂，性能不稳定，因此基础埋深不宜小于500mm。当建筑场地的浅层土质不能满足建筑物对地基承载力和变形的要求，而又不适宜采用地基处理措施时，就要考虑采用深基础方案。深基础包括桩基础、地下连续墙和沉井等几种类型。

5.2.2 影响基础埋深的因素

影响基础埋置深度的因素很多，主要包括以下几方面。

(1) 构造的影响

当建筑物设有地下室、地下管道或设备基础时，常需将基础局部或整体加深。为了保护基础不至于露出地面，构造要求基础顶面离室外设计地面不得小于100mm。

(2) 作用在地基上的荷载大小和性质的影响

荷载有恒载和活载之分。其中恒载引起的沉降量最大，因此当恒载较大时，基础埋深应大些。荷载按作用方向又有竖直方向和水平方向之分。当基础要承受较大水平荷载时，为了保证结构的稳定性，也常将埋深加大。

(3) 工程地质和水文地质条件的影响

不同的建筑场地，土质情况不同；就是同一地点，当深度不同时土质也会有变化。因此，基础的埋置深度与场地的工程地质和水文地质条件有密切的关系。在一般情况下，基础应设置在坚实的土层上，而不要设置在淤泥或软弱土层上。当表面软弱土层较厚时，可采用深基础或人工地基。采用哪种方案，要综合考虑结构安全、施工难易程度和材料用量等。一般基础宜埋置在地下水位以上，以减少水对基础的侵蚀，有利于施工。当地下水位较高时，基础不能埋置在最高地下水位以上时，宜将基础埋置在全年最低地下水位以下，并且大于或等于200mm，如图5-2所示。

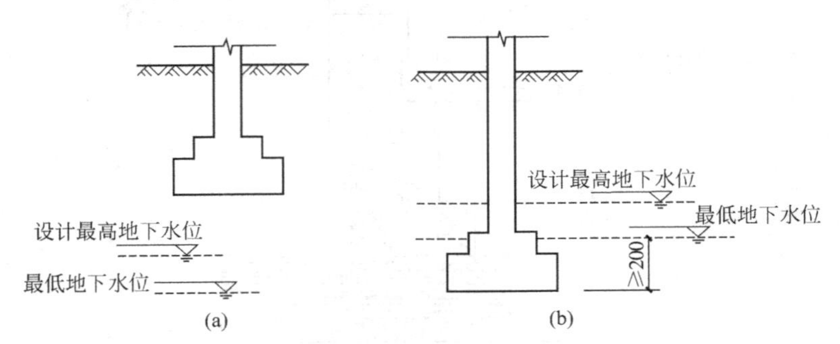

图5-2 基础的埋置深度和地下水位的关系

(a) 一般基础；(b) 埋深必须在地下水位以下的基础

（4）地基土冻胀和融陷的影响

寒冷地区土层会因气温变化而产生冻融现象，冻结土与非冻结土的分界线称为冰冻线，冰冻线的深度为冻结深度。当基础埋置深度在土层冰冻线以上时，若基础底面以下的土层冻结，会对基础产生向上的冻胀力，严重的会使基础向上拱起，若基础底面以下的土层解冻，冻胀力消失，使基础下沉，日久天长，会使建筑产生裂缝和破坏，因此，寒冷地区基础埋深应在冰冻线以下 200mm 处，如图 5-3 所示。采暖建筑的内墙基础埋深可以根据建筑的具体情况进行适当调整。对于不冻胀土（例如碎石、卵石、粗砂、中砂等），其埋深可不考虑冰冻线的影响。

（5）相邻建筑基础埋深的影响

同时新建建筑物的相邻基础宜埋置在同一深度上，并设置沉降缝。当新建建筑物附近有原有建筑时，为了保证原有建筑的安全和正常使用，新建筑物的基础埋深不宜大于原有建筑的基础埋深。当埋深大于原有建筑基础时，两基础间应保持一定净距，其数值应根据原有建筑荷载的大小、基础形式和土质情况确定，一般取等于或大于两基础的埋置深度差，如图 5-4 所示。上述要求不能满足时，应采取分段施工，设临时加固支承、打板桩、地下连续墙等施工措施，使原有建筑地基不被扰动。

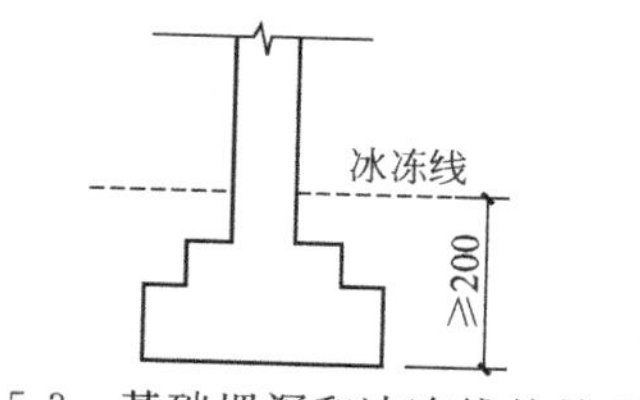

图 5-3　基础埋深和冰冻线的关系

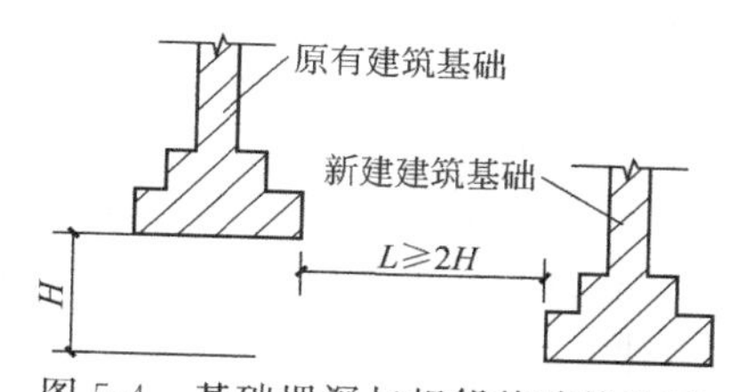

图 5-4　基础埋深与相邻基础的关系
L—两基础间净距；H—两基础埋置深度差

5.3　基础构造图识读

5.3.1　基础的类型

基础的类型和构造取决于建筑物上部结构和地基土的性质。具有同样上部结构的建筑物建造在不同的地基上时，其基础的形式和构造可能是完全不同的。

（1）按所用材料分类

基础按所用材料分类，可分为砖基础、毛石基础、灰土基础、混凝土基础、钢筋混凝土基础等，如图 5-5～图 5-9 所示。

① 砖基础适用于地基土质好、地下水位低、5 层以下的多层混合结构民用建筑。

② 毛石基础适用于地下水位较高、冻结深度较深、单层或 6 层以下多层民用建筑。

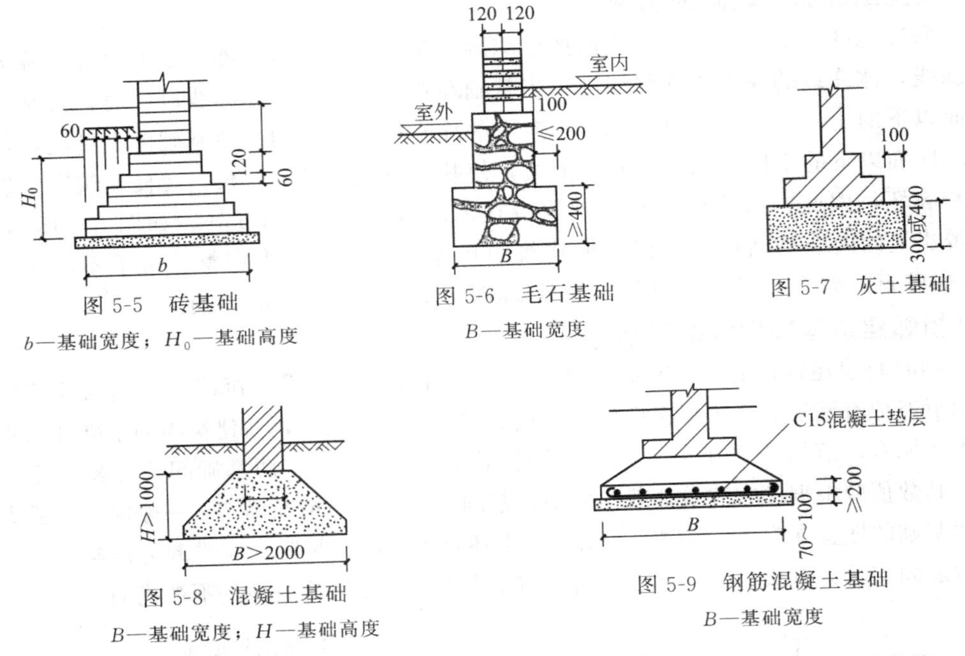

图 5-5　砖基础

b—基础宽度；H_0—基础高度

图 5-6　毛石基础

B—基础宽度

图 5-7　灰土基础

图 5-8　混凝土基础

B—基础宽度；H—基础高度

图 5-9　钢筋混凝土基础

B—基础宽度

③ 灰土基础适用于地下水位低、冻结深度较浅的南方 4 层以下民用建筑。

④ 混凝土基础适用于潮湿的地基或有水的基槽中。

⑤ 钢筋混凝土基础适用于上部荷载大，地下水位高的大、中型工业建筑和多层民用建筑。

（2）按构造形式分类

① 独立基础　当建筑物上部采用框架结构时，基础常采用方形或矩形的单独基础，这种基础称独立基础。它是柱承重建筑基础的基本形式，常用的断面形式有阶梯形、锥形、杯形等，如图 5-10 所示，适用于多层框架结构或厂房排架柱下基础，地基承载力不应低于 80kPa。

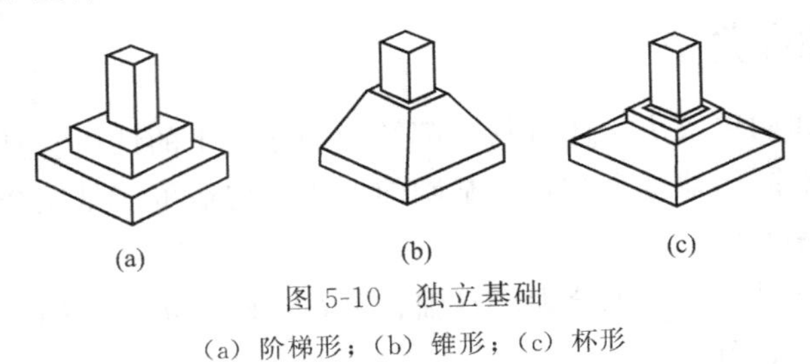

图 5-10　独立基础

（a）阶梯形；（b）锥形；（c）杯形

② 条形基础　基础沿墙身设置成长条形，这样的基础称为条形基础。墙下条形基础一般用于多层混合结构的墙下，低层或小型建筑常用砖、混凝土等刚性条形基础。如上部为钢筋混凝土墙，或地基较差、荷载较大时，采用钢筋混凝土条形基

础；条形基础是墙承重建筑基础的基本形式。上部结构为框架结构或排架结构，荷载较大或荷载分布不均匀，地基承载力偏低时，也可用柱下条形基础，如图 5-11 所示。

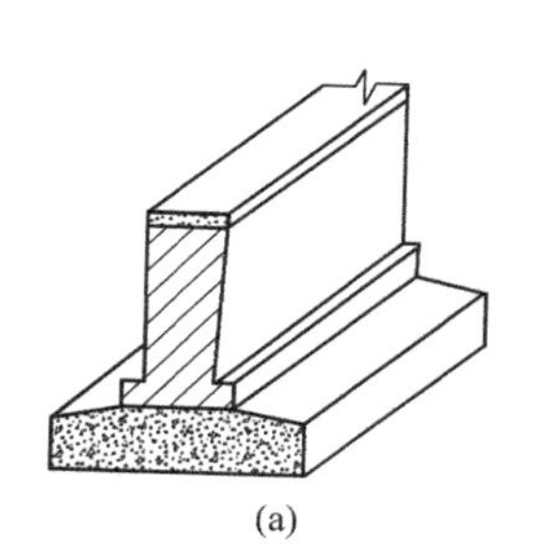
(a)

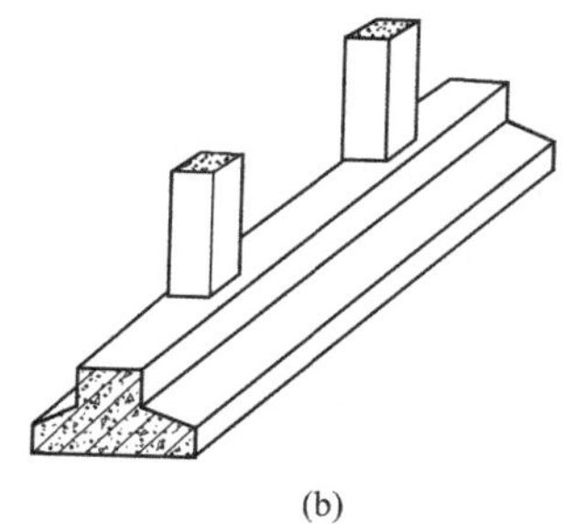
(b)

图 5-11 条形基础

(a) 墙下条形基础；(b) 柱下条形基础

③ 箱形基础 当建筑物荷载很大，浅层土层地质情况较差或建筑物很高，基础需深埋时，为增加建筑物整体刚度，不致因地基的局部变形影响上部结构，常采用钢筋混凝土整浇成刚度很大的盒状基础，称为箱形基础，如图 5-12 所示。箱形基础用于上部建筑物荷载大、对地基不均匀沉降要求严格的高层建筑、重型建筑以及软弱土地基上的多层建筑。

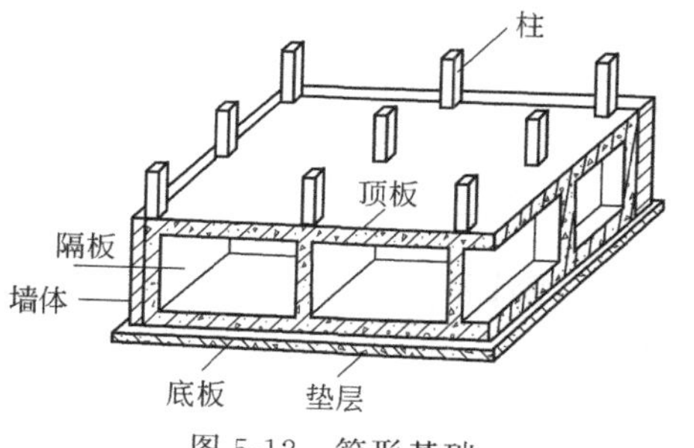

图 5-12 箱形基础

④ 筏形基础 当上部载荷较大，地基承载力较低，可选用整片的筏板承受建筑物传来的荷载并将其传给地基，由于这种基础形似筏子，称筏形基础。筏形基础常用于地基软弱的多层砌体结构、框架结构、剪力墙结构的建筑，以及上部结构荷载较大且不均匀或地基承载力低的情况。筏形基础按结构形式可分为板式结构与梁式结构两类。板式结构筏形基础的厚度较大，构造简单，如图 5-13(a) 所示。梁板式筏形基础板的厚度较小，但是增加了双向梁，构造较复杂，如图 5-13(b) 所示。

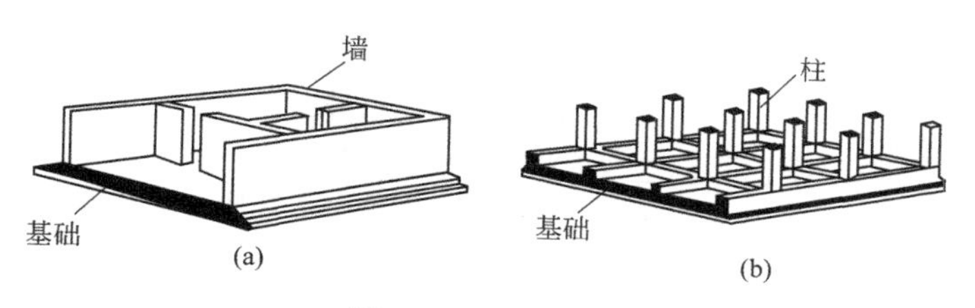

图 5-13 筏形基础

(a) 板式；(b) 梁板式

⑤ 桩基础　当建筑物荷载较大，当浅层地基土不能满足建筑物对地基承载力和变形的要求，而又不适宜采取地基处理措施时，就要考虑桩基础形式。桩基础的种类很多，最常采用的是钢筋混凝土桩。根据施工方法不同，钢筋混凝土桩可分为打入桩、压入桩、振入桩及灌入桩等；根据受力性能不同，又可分为端承桩和摩擦桩等，如图 5-14 所示。

(3) 按使用材料的受力特点分类

基础按使用材料的受力特点可分为刚性基础和柔性基础，如图 5-15 所示。

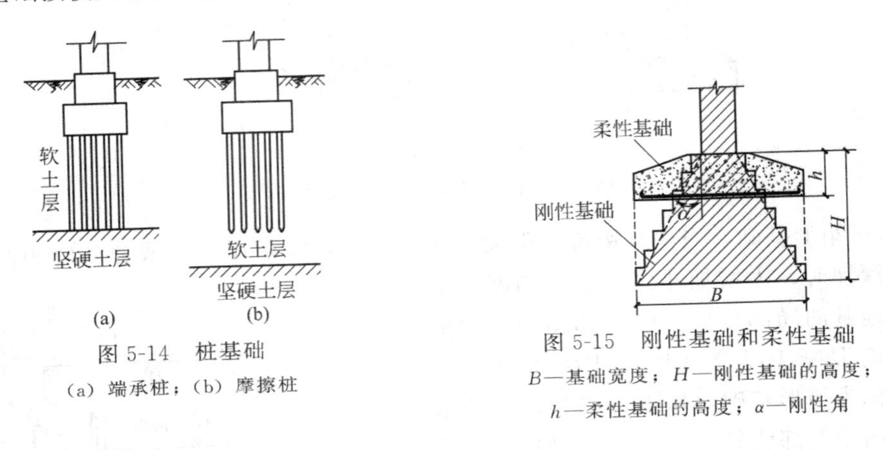

图 5-14　桩基础

(a) 端承桩；(b) 摩擦桩

图 5-15　刚性基础和柔性基础

B—基础宽度；H—刚性基础的高度；h—柔性基础的高度；α—刚性角

① 刚性基础　是用刚性材料建造，受刚性角限制的基础，例如混凝土基础、砖基础、毛石基础、灰土基础等。

② 柔性基础　是指基础宽度的加大不受刚性角限制，抗压、抗拉强度都很高，例如钢筋混凝土基础。

5.3.2 常用基础构造

(1) 混凝土基础构造

混凝土基础多采用强度等级为 C15 的混凝土浇筑而成，一般包括锥形和台阶形两种形式，如图 5-16 所示。

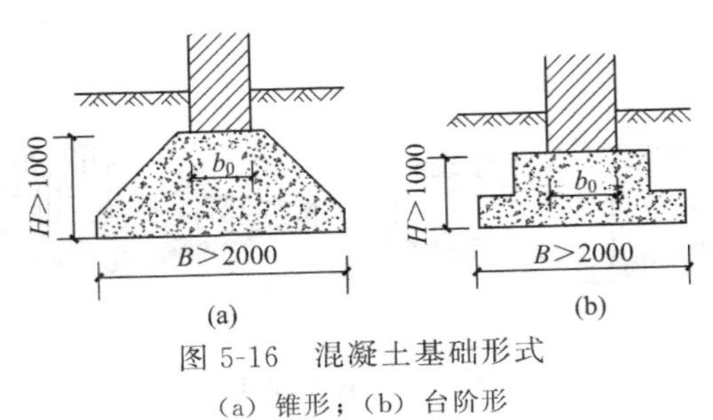

图 5-16　混凝土基础形式

(a) 锥形；(b) 台阶形

B—基础宽度；H—基础高度；b_0—墙（柱）的宽度

混凝土的刚性角 α 为 45°，阶梯形断面台阶宽高比应小于 1∶1 或 1∶1.5，台阶高度为 300～400mm；锥形断面斜面与水平夹角 β 应大于 45°，基础最薄处一般不小于 200mm。混凝土基础底面应设置垫层，垫层的作用是找平和保护钢筋，常用 C15 混凝土，厚度 100mm。

（2）钢筋混凝土基础构造

钢筋混凝土基础由底板及基础墙（柱）组成，现浇底板是基础的主要受力结构，其厚度和配筋均由计算确定，受力筋直径不得小于 8mm，间距不大于 200mm，混凝土的强度等级不宜低于 C20，有锥形和阶梯形两种。为避免钢筋锈蚀，基础底板下常均匀浇筑一层素混凝土作为垫层。垫层一般采用 C15 混凝土，厚度为 100mm，垫层每边比底板宽 100mm。钢筋混凝土锥形基础底板边缘的厚度一般不小于 200mm，也不宜大于 500mm，如图 5-17 所示。

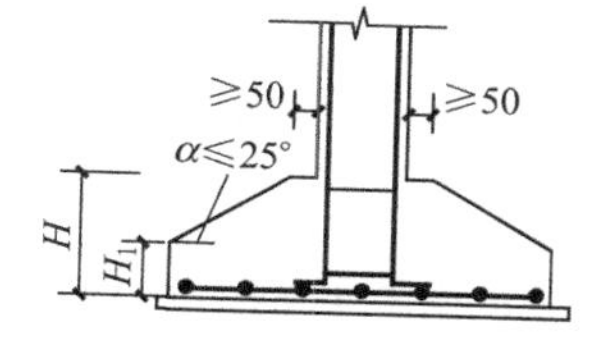

图 5-17 钢筋混凝土锥形基础

H—基础高度；H_1—底板高度

钢筋混凝土阶梯形基础每阶高度一般为 300～500mm。当基础高度在 500～900mm 时采用两阶，超过 900mm 时用三阶，如图 5-18 所示。

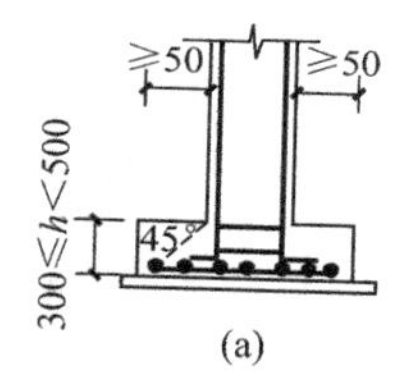

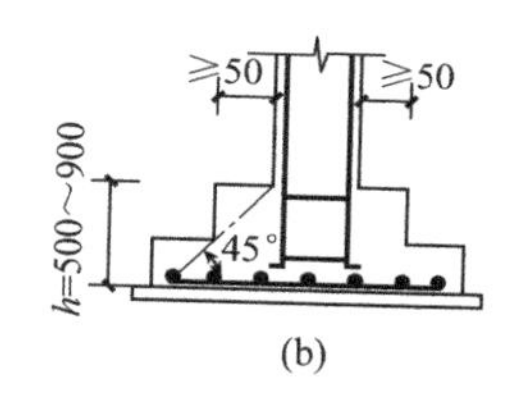

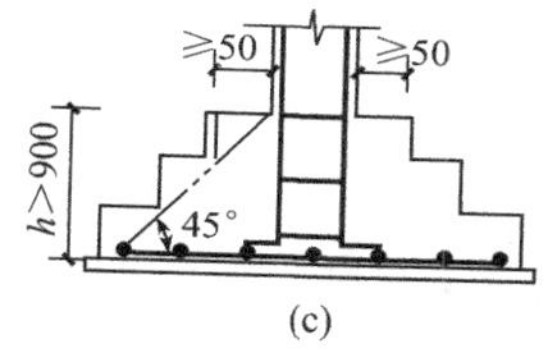

图 5-18 钢筋混凝土阶梯形基础

（a）单阶；（b）两阶；（c）三阶

h—基础高度

5.3.3 基础特殊构造

（1）不同埋深的基础

当建筑物设计上要求基础局部需深埋时，应采用台阶式逐渐落深，为使基坑开挖时不致松动台阶土，台阶的坡度不应大于 1∶2，如图 5-19 所示。

（2）基础管沟

由于建筑物内有采暖设备，这些设备的管线在进入建筑物之前需埋在地下，进入建筑物之后一般布置在管沟中，这些管沟一般沿内、外墙布置，也有少量从建筑物中间通过。管沟一般有以下三种类型。

① 沿墙管沟 这种管沟的一边是建筑物的基础墙，另一边是管沟墙，沟底设灰土或混凝土垫层，沟顶有钢筋混凝土板做沟盖板，管沟的宽度一般为 1000～1600mm，深度为 1000～1400mm，如图 5-20 所示。

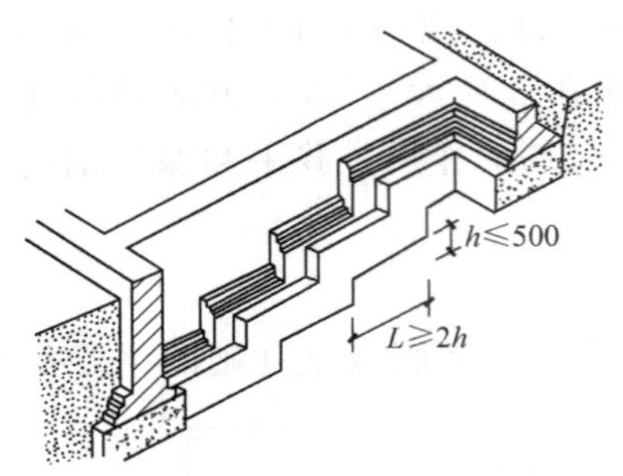

图 5-19 不同埋深基础处理

L—台阶宽；h—台阶高度

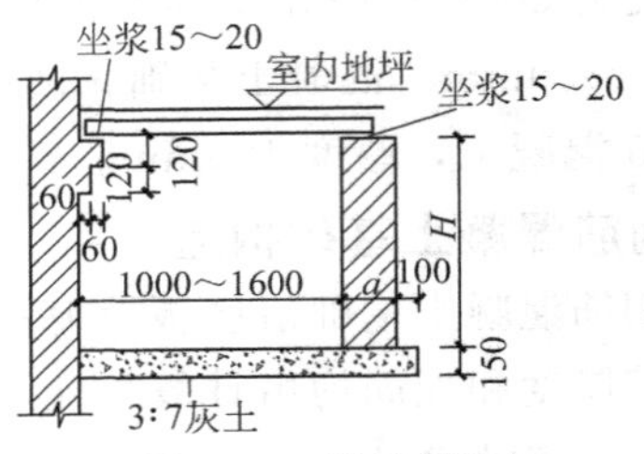

图 5-20 沿墙管沟

H—管沟深度；a—管沟墙宽

② 中间管沟　这种管沟在建筑物中部或室外，一般由两道管沟墙支承上部的沟盖板，这种管沟在室外时，还应特别注意上部地面是否过车，若有汽车通过，应选择强度较高的沟盖板，如图 5-21 所示。

③ 过门管沟　暖气的回水管线走在地面上，遇有门口时，应将管线转入地下通过，需做过门管沟，这种管沟的断面尺寸为 400mm×400mm，上铺沟盖板，如图 5-22 所示。

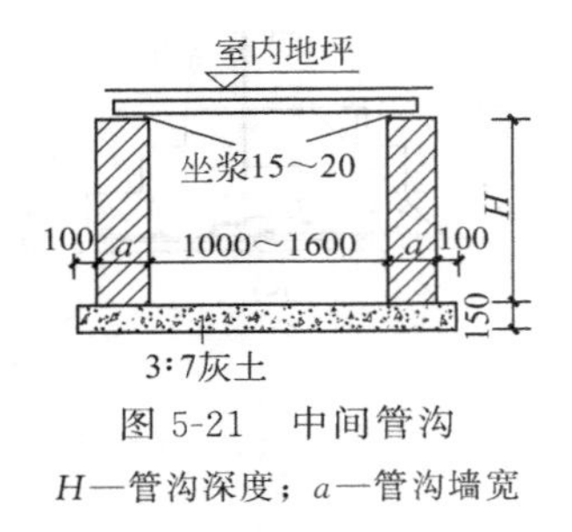

图 5-21 中间管沟

H—管沟深度；a—管沟墙宽

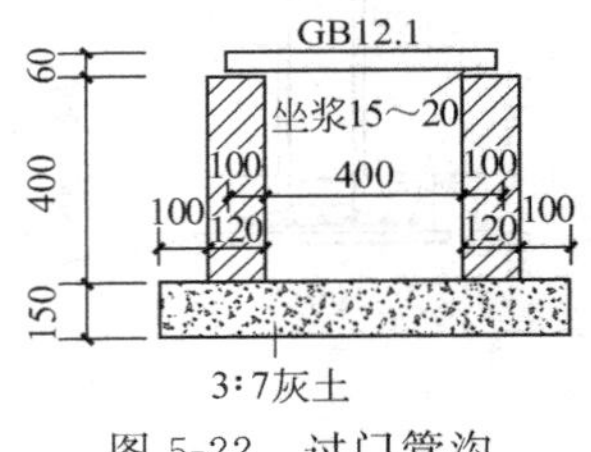

图 5-22 过门管沟

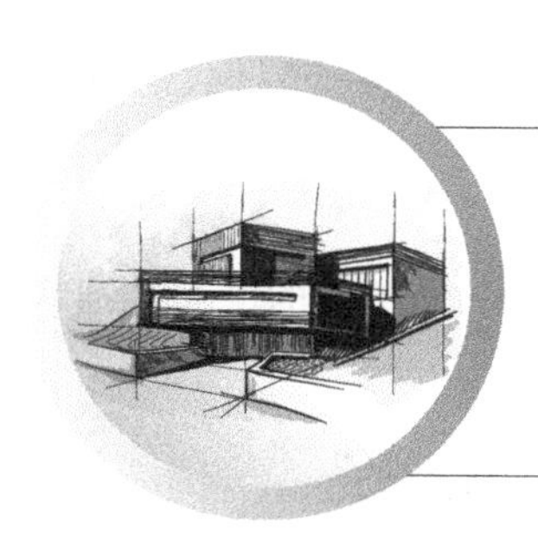

6 地下室构造图识读技巧

6.1 地下室组成与构造要求

地下室一般由墙、底板、顶板、门窗、楼梯和采光井六部分组成，如图 6-1 所示。

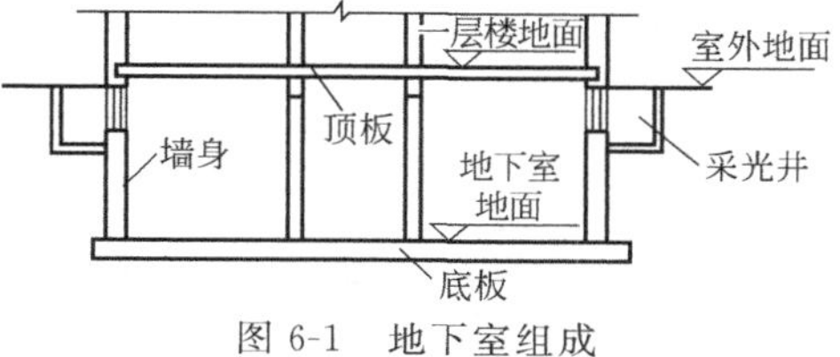

图 6-1　地下室组成

(1) 地下室墙

地下室的墙不仅要承受上部的垂直荷载，还要承受土、地下水及土壤冻胀时产生的侧压力。因此，采用砖墙时，其厚度一般不小于 490mm。荷载较大或地下水位较高时，最好采用混凝土或钢筋混凝土墙，其厚度应根据计算确定，一般不小于 200mm。

(2) 地下室底板

底板的主要作用是承受地下室地坪的垂直荷载。它处于最高地下水位之上时，可按一般地面工程的做法，即垫层上现浇混凝土 60～80mm 厚，再做面层。当底板低于最高地下水位时，地下室底板不仅承受作用在它上面的垂直荷载，还承受地下水的浮力，因此，应采用具有足够强度、刚度和抗渗能力的钢筋混凝土底板。否则，即使采取外部防潮、防水措施，仍然易产生渗漏。

(3) 地下室顶板

地下室的顶板与楼板层基本相同，常采用现浇或预制的钢筋混凝土板，并要具有足够的强度和刚度。在无采暖的地下室顶板上应设置保温层，以利于首层房间使用舒适。

(4) 地下室门窗

地下室的门窗的构造同地上部分相同。当为全地下室时，需在窗外设置采光井。

(5) 地下室楼梯

地下室的楼梯可与地面部分的楼梯结合设置。由于地下室层高较小，因此多设单跑楼梯。一个地下室至少应有两部楼梯通向地面。防空地下室也应至少有两个出口通向地面，而且其中一个必须是独立的安全出口。独立安全出口距建筑物的距离不得小于地面建筑物高度的一半，安全出口与地下室由能承受一定荷载的通道连接。

(6) 采光井

采光井的作用是降低地下室采光窗外侧的地坪，以满足全地下室的采光和通风要求（图 6-2）。

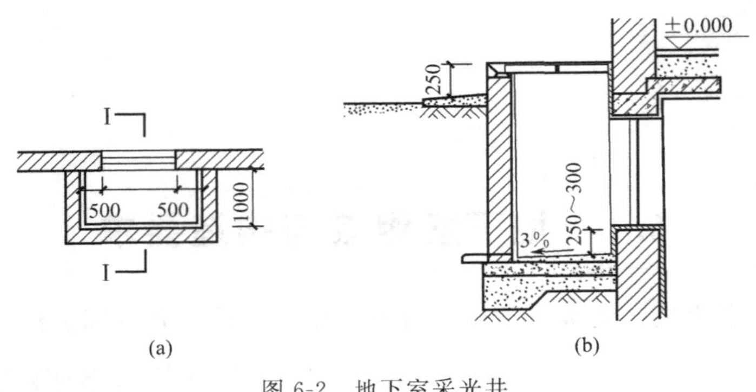

图 6-2　地下室采光井

（a）采光开截面图；（b）Ⅰ—Ⅰ剖面图

6.2　地下室防潮与防水构造图识读

6.2.1　地下室的防潮构造

当地下室地坪高于地下水的常年水位和最高水位时，因为地下水不会直接侵入地下室，墙和底板仅受土层中毛细水和地表水下渗而形成的无压水影响，只需做防潮处理，如图 6-3 所示。

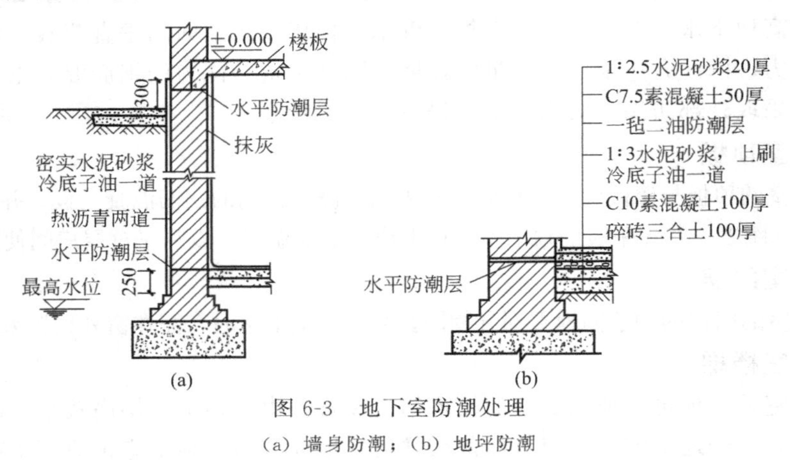

图 6-3　地下室防潮处理

（a）墙身防潮；（b）地坪防潮

地下室外墙的防潮做法是在地下室顶板和底板中间的墙体中设置水平防潮层，在地下室外墙外侧先抹20mm厚1∶2.5水泥砂浆找平，并且高出散水300mm以上，再刷冷底子油一道，热沥青两道（至散水底），最后在地下室外墙外侧回填隔水层（黏土夯实或灰土夯实）。此外，地下室的所有墙体都应设两道水平防潮层，一道设在地下室地坪附近，另一道设在室外地坪以上150～200mm处，以防地潮沿地下墙身或勒脚处侵入室内。

地下室底板的防潮做法是在灰土或三合土垫层上浇筑100mm厚密实的C10混凝土，再用1∶3水泥砂浆找平，然后做防潮层、地面面层。

6.2.2　地下室的防水构造

当地下水最高水位高于地下室底板时，底板和部分外墙将受到地下水的侵袭，外墙受到地下水的侧压力，底板受到浮力的影响，因此需要做防水处理。

目前，我国地下工程防水常用的措施包括卷材防水、混凝土构件自防水、涂料防水等。选用何种材料防水，应根据地下室的使用功能、结构形式、环境条件等因素合理确定。一般处于侵蚀性介质中的工程应采用耐腐蚀的防水混凝土、防水砂浆或卷材、涂料，结构刚度较差或受振动影响的工程应采用卷材、涂料等柔性防水材料。

（1）卷材防水

卷材防水是以防水卷材和相应的黏结剂分层粘贴，铺设在地下室底板垫层至墙体顶端的基面上，形成封闭防水层的做法。根据防水层铺设位置的不同可分为外包防水和内包防水，如图6-4所示，一般适用于受侵蚀介质作用或振动作用的地下室。卷材防水常用的材料有高聚物改性沥青防水卷材和合成高分子防水卷材，卷材的层数应根据地下水的最大计算水头（最高地下水位至地下室底板下皮的高度）选用。其具体做法是：在铺贴卷材前，先将基面找平并涂刷基层处理剂，然后按确定

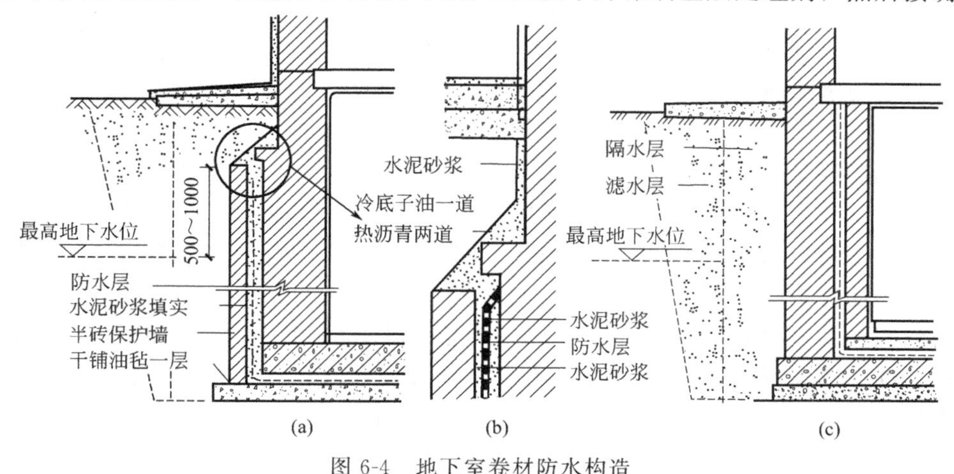

图6-4　地下室卷材防水构造

（a）外包防水；（b）墙身防水层收头处理；（c）内包防水

的卷材层数分层粘贴卷材，并做好防水层的保护（垂直防水层外砌120mm墙；水平防水层上做20～30mm的水泥砂浆抹面，邻近保护墙500mm范围内的回填土应选用弱透水性土，并逐层夯实）。

（2）混凝土构件自防水

当地下室的墙和底板均采用钢筋混凝土时，通过调整混凝土的配合比或在混凝土中掺入外加剂等方法，改善混凝土的密实性，提高混凝土的抗渗性能，使得地下室结构构件的承重、围护、防水功能三者合一。为防止地下水对钢筋混凝土构件的侵蚀，在墙外侧应抹水泥砂浆，然后涂刷热沥青，如图6-5所示。同时要求混凝土外墙、底板均不宜太薄，一般外墙厚应为200mm以上，底板厚应在150mm以上，否则影响抗渗效果。

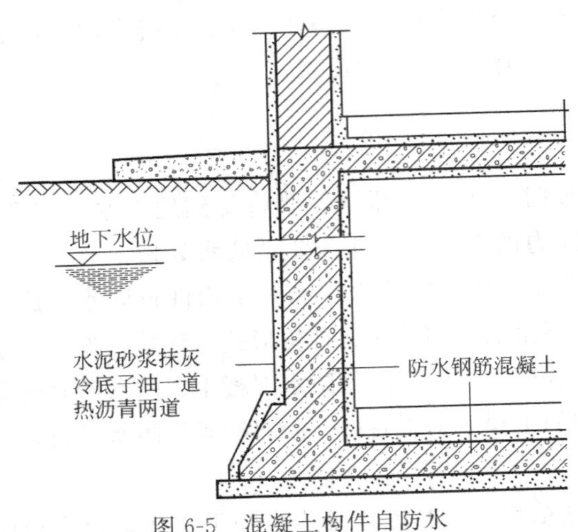

图6-5　混凝土构件自防水

防水混凝土主要分为普通防水混凝土和掺外加剂防水混凝土两种。普通防水混凝土是按照要求进行骨料级配，并提高混凝土中水泥砂浆的含量，用来堵塞骨料间因直接接触而出现的渗水通路，达到防水的目的。掺外加剂的防水混凝土则是在混凝土中掺入加气剂或密实剂来提高其抗渗性能。

（3）涂料防水

涂料防水指在施工现场以刷涂、刮涂或滚涂等方法，将无定型液态冷涂料在常温下涂敷在地下室结构表面的一种防水做法，一般为多层铺设。为增强其抗裂性，通常还夹铺1～2层纤维制品（例如玻璃纤维布、聚酯无纺布）。

涂料防水能防止地下无压水（渗流水、毛细水等）以及不大于1.5m水头的静压水的侵入。它适用于作新建砖石或钢筋混凝土结构的迎水面的专用防水层；或新建防水钢筋混凝土结构的迎水面作附加防水层，加强防水、防腐能力；或已建防水或防潮建筑外围结构的内侧，作为补漏措施。但不适用或慎用于含有油脂、汽油或其他能溶解涂料的地下环境，且涂料与基层应有很好的黏结力，涂料层外侧应制作砂浆或砖墙保护层。

涂料防水层由底涂层、多层基本涂膜和保护层组成，做法包括外防外涂（图6-6）和外防内涂两种。目前我国常用的防水涂料有三大类，即水乳型、溶剂型和反应型。由于材性不同，工艺各异，产品多样，一般在同一工程同一部位不能混用。

随着新型防水材料的不断涌现，地下室防水处理也在不断更新，例如采用三元

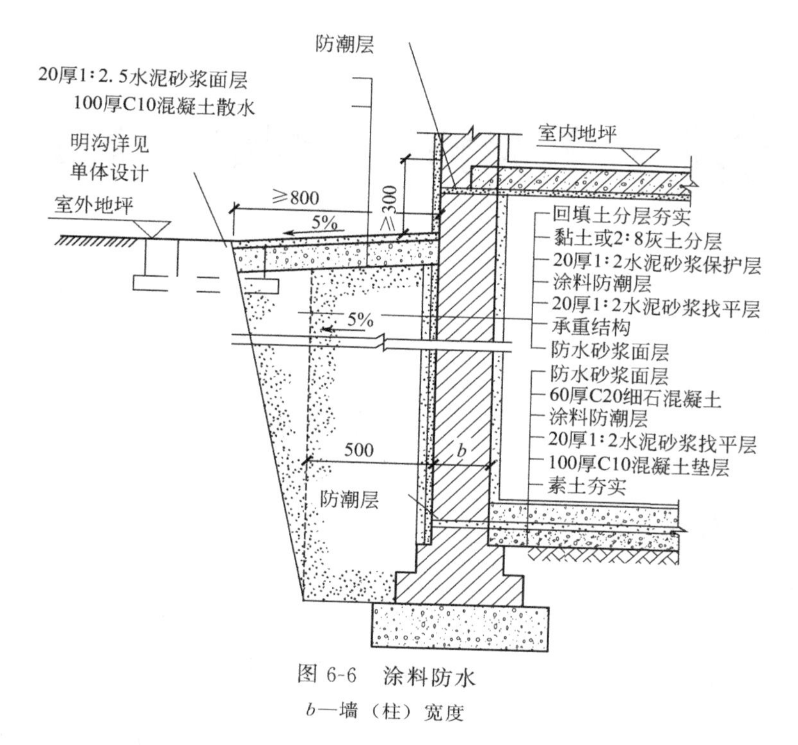

图 6-6　涂料防水

b—墙（柱）宽度

乙丙橡胶卷材、氯丁橡胶卷材等。三元乙丙橡胶卷材作地下室防水可在常温下施工，操作简便，不污染环境。

（4）水泥砂浆防水

水泥砂浆防水层的材料有普通水泥砂浆、聚合物水泥防水砂浆、掺外加剂或掺合料防水砂浆等。施工方法有多层涂抹或喷射等方法。水泥砂浆防水层可用于结构主体的迎水面或背水面。采用水泥砂浆防水层，施工简便、经济，便于检修；但防水砂浆的抗渗性能较弱，对结构变形敏感度大，结构基层略有变形即开裂，从而失去防水性能。因此，水泥砂浆防水构造适用于结构刚度大、建筑物变形小的混凝土或砌体结构的基层上，不适用于环境有侵蚀性、持续振动的地下工程。水泥砂浆防水层应在基础垫层、初期支护、围护结构、内衬结构验收合格后方可施工。

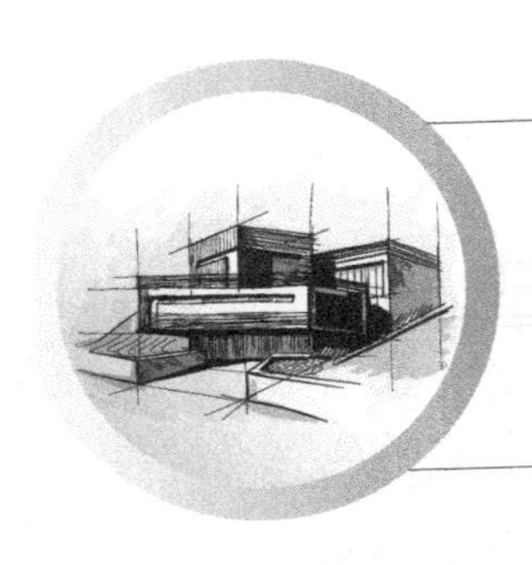

7 墙体施工图识读技巧

7.1 墙体概述

7.1.1 墙体的作用

墙体是房屋的重要组成部分。民用建筑中的墙体一般有三个作用。

(1) 承重作用

墙体承受着自重以及屋顶、楼板（梁）传给它的荷载和风荷载。

(2) 围护作用

墙体遮挡了风、雨、雪的侵袭，防止太阳辐射、噪声干扰及室内热量的散失，起保温、隔热、隔声、防水等作用。

(3) 分隔作用

通过墙体将房屋划分为若干房间和使用空间。

7.1.2 墙体的类型

(1) 按位置分类

墙体按所处的位置不同分为外墙和内墙，外墙又称外围护墙。墙体按布置方向又可以分为纵墙和横墙。沿建筑物长轴方向布置的墙称为纵墙，沿建筑物短轴方向布置的墙称为横墙，外横墙又称山墙。另外，窗与窗、窗与门之间的墙称为窗间墙，窗洞下部的墙称为窗下墙，屋顶上部的墙称为女儿墙等，如图 7-1 所示。

(2) 按受力情况分类

根据墙体的受力情况不同可分为承重墙和非承重墙。凡直接承受楼板（梁）、屋顶等传来荷载的墙称为承重墙，不承受这些外来荷载的墙称为非承重墙。非承重墙包括隔墙、填充墙和幕墙。在非承重墙中，不承受外来荷载、仅承受自身重力并将其传至基础的墙称为自承重墙；仅起分隔空间的作用，自身重力由楼板或梁来承担的墙称为隔墙；在框架结构中，填充在柱子之间的墙称为填充墙，内填充墙是隔墙的一种；悬挂在建筑物外部的轻质墙称为幕墙，有金属幕墙和玻璃幕墙等。幕墙和外填充墙虽不能承受楼板和屋顶的荷载，但承受风荷载并将其传给骨架结构。

(3) 按材料选用分类

按所用材料的不同，墙体有砖和砂浆砌筑的砖墙、利用工业废料制作的各种砌块砌筑的砌块墙、现浇或预制的钢筋混凝土墙、石块和砂浆砌筑的石墙等。

(4) 按构造形式分类

按构造形式不同，墙体可分为实体墙、空体墙和组合墙三种（图 7-2）。实体墙是由普通黏土砖及其他实体砌块砌筑而成的墙。空体墙内部的空腔可以靠组砌形成，例如空斗墙，也可用本身带孔的材料组合而成，例如空心砌块墙等。组合墙由两种以上材料组合而成，例如加气混凝土复合板材墙，其中混凝土起承重作用，加气混凝土起保温隔热作用。

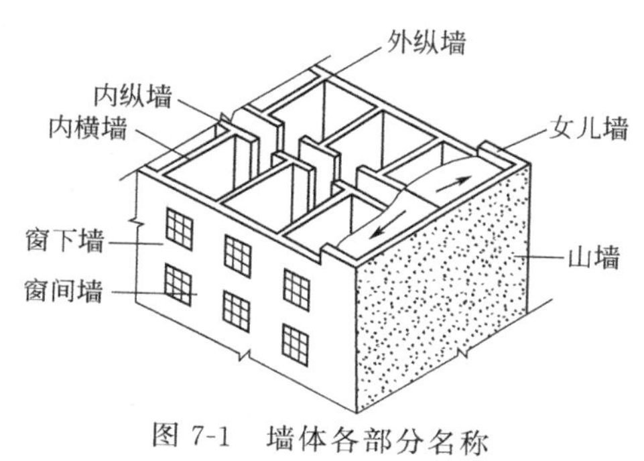

图 7-1　墙体各部分名称

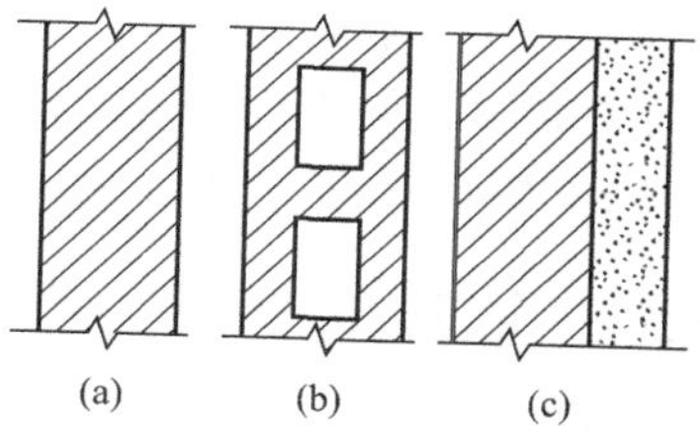

(a)　(b)　(c)

图 7-2　墙体构造形式

(a) 实体墙；(b) 空体墙；(c) 组合墙

(5) 按施工方法分类

根据施工方法不同，墙体可分为砌块墙、板筑墙和板材墙三种。砌块墙是用砂浆等胶结材料将砖、石、砌块等组砌而成的，例如实砌砖墙。板筑墙是在施工现场立模板现浇而成的墙体，例如现浇混凝土墙。板材墙是预先制墙板，在施工现场安装、拼接而成的墙体，例如预制混凝土大板墙。

7.1.3　墙体的设计要求

(1) 具有足够的承载力和稳定性

设计墙体时要根据荷载及所用材料的性能和情况，通过计算确定墙体的厚度和所具备的承载能力。在使用中，砖墙的承载力与所采用砖、砂浆强度等级及施工技术有关。墙体的稳定性与墙体的高度、长度、厚度及纵、横向墙体间的距离有关。

(2) 具有保温、隔热性能

作为围护结构的外墙应满足建筑热工的要求。根据地域的差异应采取不同的措施。北方寒冷地区要求围护结构具有较好保温能力，以减少室内热损失，同时防止外墙内表面与保温材料内部出现凝结水的现象。南方地区气候炎热，设计时要满足一定的隔热性能，还需考虑朝阳、通风等因素。

(3) 具有隔声性能

为保证室内有一个良好的工作、生活环境，墙体必须具有足够的隔声能力，以避免噪声对室内环境的干扰。因此，墙体在构造设计时，应满足建筑隔声的相关要求。

(4) 满足防潮、防水要求

为了保证墙体的坚固耐久性，对建筑物外墙的勒角部位以及卫生间、厨房、浴室等用水房间的墙体和地下室的墙体都应采取防潮、防水的措施。选用良好的防水材料和构造做法，可使室内有良好的卫生环境。

(5) 满足防火要求

墙体材料的选择和应用，要符合《建筑设计防火规范》(GB 50016—2014) 的规定。

(6) 满足建筑工业化要求

随着建筑工业化的发展，墙体应用新材料、新技术是建筑技术的发展方向。可通过提高机械化施工程度来提高工效、降低劳动强度，采用轻质、高强度的新型墙体材料，以减轻自重、提高墙体的质量、缩短工期、降低成本。

7.1.4 墙体的承重方案

墙体有四种承重方案，分别是横墙承重、纵墙承重、纵横墙承重和内框架承重。

(1) 横墙承重

横墙承重是将楼板及屋面板等水平承重构件搁置在横墙上，如图 7-3(a) 所示，楼面及屋面荷载依次通过楼板、横墙、基础传递给地基。由于横墙起主要承重作用且间距较密，因此建筑物的横向刚度较强，整体性好，有利于抵抗水平荷载（风荷载、地震作用等）和调整地基不均匀沉降。而且由于纵墙只承担自身质量，因此在纵墙上开门窗洞口限制较少。但是横墙间距受到限制，建筑开间尺寸不够灵活，而且墙体在建筑平面中所占的面积较大。这一布置方案适用于房间开间尺寸不大、墙体位置比较固定的建筑，如宿舍、旅馆、住宅等。

(2) 纵墙承重

纵墙承重是将楼板及屋面板等水平承重构件均搁置在纵墙上，横墙只起分隔空间和连接纵墙的作用，如图 7-3(b) 所示。楼面及屋面荷载依次通过楼板（梁）、纵墙、基础传递给地基。由于纵墙承重，故横墙间距可以增大，能分隔出较大的空间。在北方地区，外纵墙因保温需要，其厚度往往大于承重所需的厚度，纵墙承重使较厚的外纵墙充分发挥了作用。但由于横墙不承重，这种方案抵抗水平荷载的能力比横墙承重差，其纵向刚度强而横向刚度弱，而且承重纵墙上开设门窗洞口有时受到限制。这一布置方案适用于使用上要求有较大空间的建筑，如办公楼、商店、教学楼中的教室、阅览室等。

（3）纵横墙承重

这种承重方案的承重墙体由纵横两个方向的墙体组成，如图 7-3(c) 所示。纵横墙承重方式平面布置灵活，两个方向的抗侧力都较好。这种方案适用于房间开间、进深变化较多的建筑，如医院、幼儿园等。

（4）内框架承重

房屋内部采用柱、梁组成的内框架承重，四周采用墙承重，由墙和柱共同承受水平承重构件传来的荷载，称为内框架承重，如图 7-3(d) 所示。房屋的刚度主要由框架保证，因此水泥及钢材用量较多。这种方案适用于室内需要大空间的建筑，如大型商店、餐厅等。

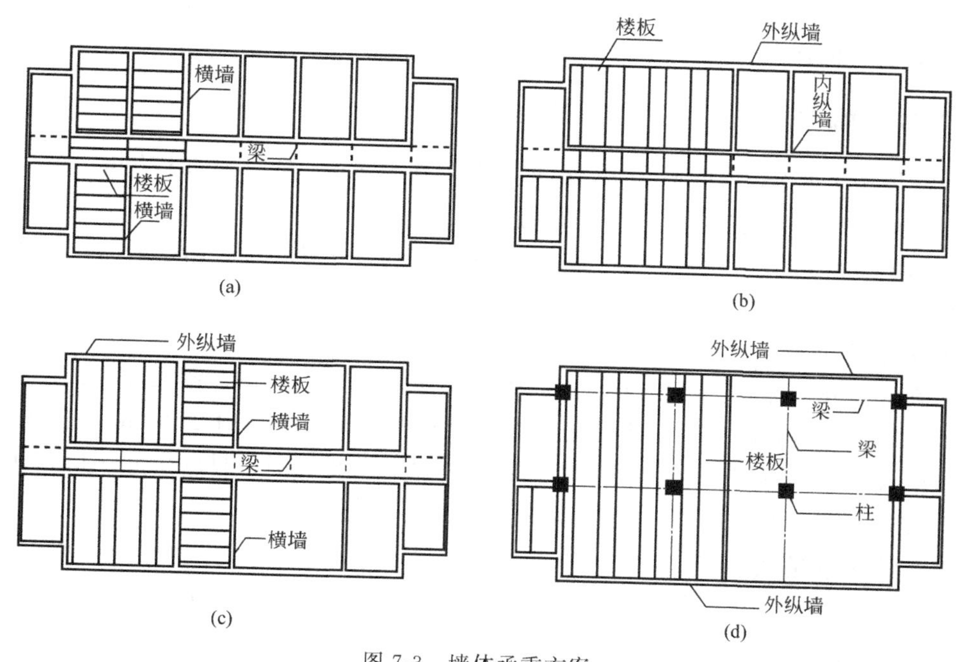

图 7-3　墙体承重方案

(a) 横墙承重体系；(b) 纵墙承重体系；(c) 纵横墙混合承重体系；(d) 内框架承重体系

7.2　墙身详图识读方法

7.2.1　概述

墙身详图又称墙身大样图。在多层房屋中，若各层的构造情况一样时，可只画墙脚、檐口和中间层（含门窗洞口）三个节点，按上下位置整体排列，由于门窗一般均有标准图集，为简化作图采用折断省略画法，因此门窗在洞口处出现双折断线。有时墙身详图不以整体形式布置，而把各个节点详图分别单独绘制，也称为墙身节点详图。墙身详图应按剖面图的画法绘制，被剖切到的结构墙体用粗实线（b）绘制，装饰层轮廓用细实线绘制（$0.25b$），在断面轮廓线内画出材料图例。

7.2.2 墙身详图的主要内容

① 表明墙身的定位轴线编号，墙体的厚度、材料及其本身与轴线的关系。

② 表明墙脚的做法。

③ 表明各层梁、板等构件的位置及其与墙体的联系，构件表面抹灰、装饰等内容。

④ 表明檐口部位的做法。檐口部位包括封檐构造（例如女儿墙或挑檐），圈梁、过梁、屋顶泛水构造，屋面保温、防水做法和屋面板等结构构件。

⑤ 图中的详图索引符号等。

7.2.3 墙身详图的识读举例

现以图 7-4 为例说明墙身详图的读图方法和步骤，一般自下而上识读。

(1) 了解该墙的位置、厚度及其定位

从图 7-4 中可知该墙为外纵墙，轴线编号是Ⓐ，墙厚 370mm，定位轴线与墙外皮相距 250mm，与墙内皮相距 120mm。

(2) 熟悉竖向高度尺寸及其标注形式

在详图外侧标注一道竖向尺寸，从室外地面至女儿墙顶，各尺寸如图 7-4 所示。在楼地面层和屋顶板标注标高，注意中间层楼面标高采用 2.800m、5.600m、8.400m、11.200m 上下叠加方式简化表达，图样在此范围中只画中间一层。在图的下方，标注了板式基础的尺寸和地下室地面标高等。

(3) 详细识读墙脚构造

从图 7-4 中可知该住宅楼有地下室，地下室底板是钢筋混凝土，最大厚度 450mm，起承重作用，地下室地面做法如图所示，采用分层共用引出线方式表达。地下室顶板即首层楼板为现浇钢筋混凝土。楼板下地下室的窗洞高为 600mm，洞口上方为圈梁兼过梁，圈梁高 300mm。

图 7-4 中散水的做法是下面素土夯实并垫坡，其上为 150mm 厚 3∶7 灰土，最上面 50mm 厚 C15 混凝土压实抹光。一层窗台下暖气槽做法详见 98J3 Ⅰ—Ⅰ 第 13 页中“2b”号详图。

(4) 看清各层梁、板、墙的关系

如图 7-4 中所示，各层楼板下方都设有现浇钢筋混凝土圈梁与楼板成为一体，且为圈梁兼过梁的构造，梁截面宽度为 370mm、高度 300mm。楼地层做法在楼层位置标注，分层做法如图 7-4 所示。

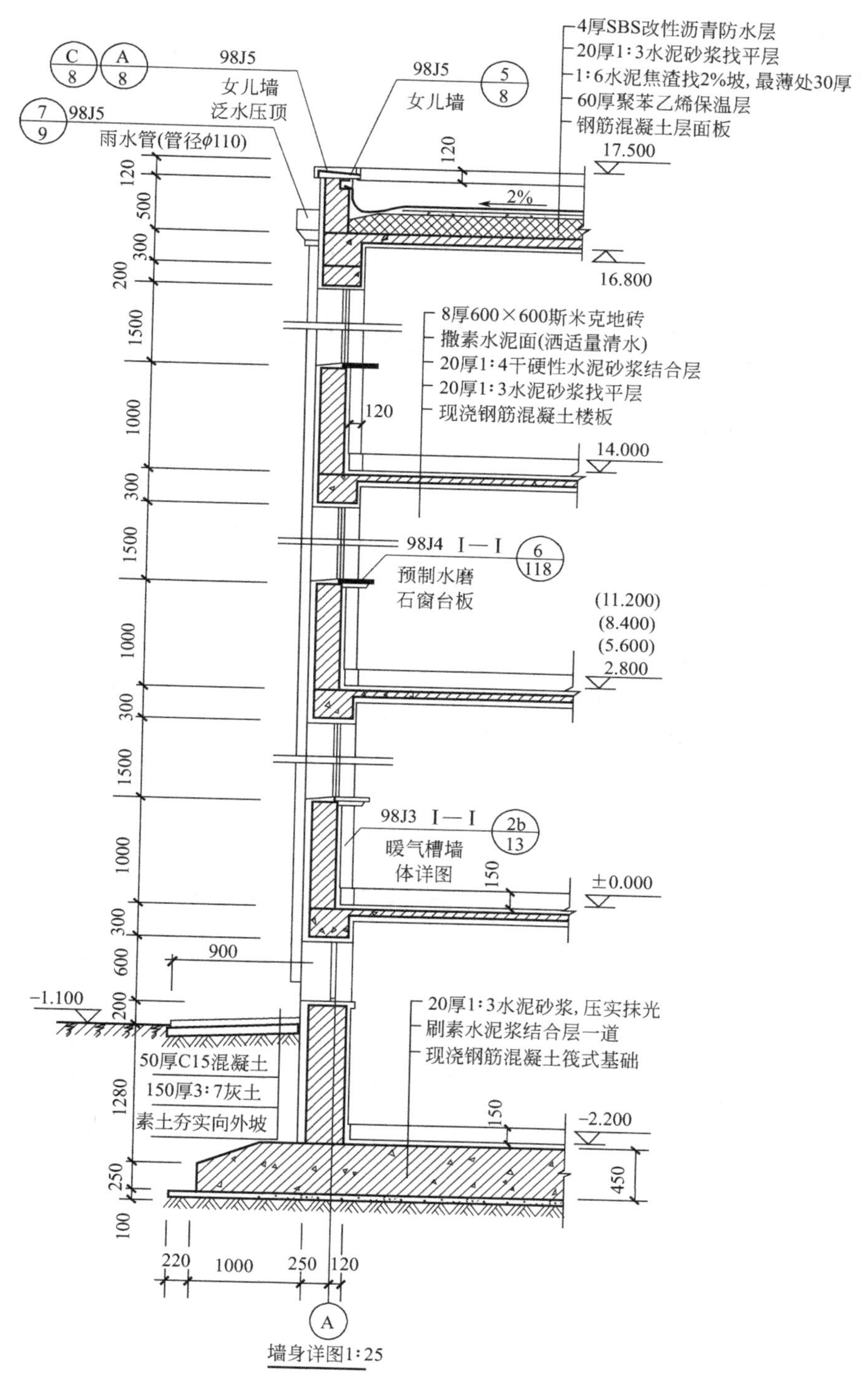
4厚SBS改性沥青防水层
20厚1:3水泥砂浆找平层
1:6水泥焦渣找2%坡，最薄处30厚
60厚聚苯乙烯保温层
钢筋混凝土层面板
98J5
女儿墙
泛水压顶
98J5
女儿墙
98J5
雨水管(管径ϕ110)
17.500
16.800
2%
8厚600×600斯米克地砖
撒素水泥面(洒适量清水)
20厚1:4干硬性水泥砂浆结合层
20厚1:3水泥砂浆找平层
现浇钢筋混凝土楼板
14.000
98J4 I—I
预制水磨
石窗台板
(11.200)
(8.400)
(5.600)
2.800
98J3 I—I
暖气槽墙
体详图
±0.000
-1.100
20厚1:3水泥砂浆，压实抹光
刷素水泥浆结合层一道
现浇钢筋混凝土筏式基础
50厚C15混凝土
150厚3:7灰土
素土夯实向外坡
-2.200
墙身详图1:25

图 7-4 墙身详图

(5) 详细识读檐口部位的构造

如图 7-4 所示为女儿墙檐口做法，墙下的圈梁与屋面板现浇成为一体。女儿墙厚 240mm、高 500mm，上部压顶为钢筋混凝土（厚度最大处为 120mm，压顶斜坡坡向屋面一侧）。该楼屋顶做法是：现浇钢筋混凝土屋面板，上面铺 60mm 厚聚苯乙烯泡沫塑料板保温层，1∶6 水泥焦碴找坡 2%，最薄处厚 30mm，在找坡层上做 20mm 厚 1∶3 水泥砂浆找平层，上做 4mm 厚 SBS 改性沥青防水层。檐口位置的雨水管、女儿墙泛水压顶均采用标准图集 98J5 中的相应详图。

7.3 墙体细部构造图识读

7.3.1 砖墙尺寸与组砌方式

(1) 砖墙的尺寸

① 砖墙厚度　砖墙厚度视其在建筑物中的作用不同所考虑的因素也不同，例如承重墙根据强度和稳定性的要求确定，围护墙则需要考虑隔热、保温、隔声等要求来确定。此外，砖墙厚度应与砖的规格相适应。

实心黏土砖墙的厚度是按半砖的倍数确定的。例如半砖墙、3/4 砖墙、一砖墙、一砖半墙、两砖墙等，相应的构造尺寸为 115mm、178mm、240mm、365mm、490mm，习惯上以它们的标志尺寸来称呼，例如 12 墙、18 墙、24 墙、37 墙、49 墙等，墙厚与砖规格的关系如图 7-5(a) 所示。

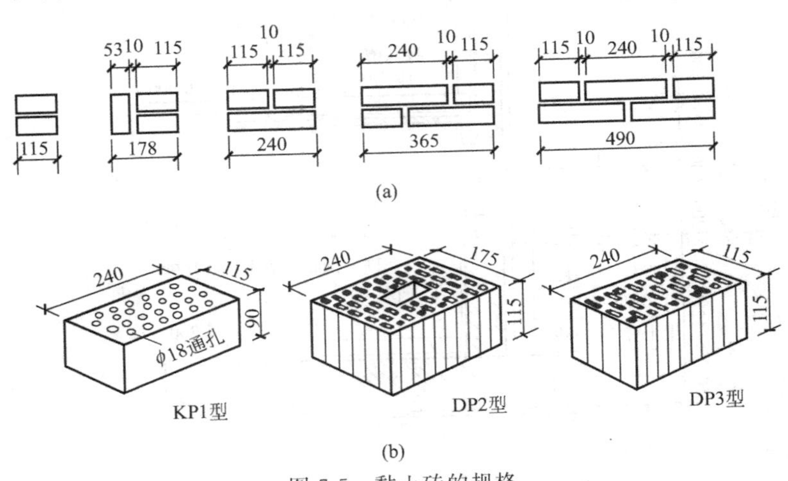

图 7-5　黏土砖的规格

(a) 实心黏土砖与墙厚的关系；(b) 多孔黏土砖的规格

多孔黏土砖的规格有 240mm×115mm×90mm、240mm×175mm×115mm、240mm×115mm×115mm，孔洞形式有圆形和长方形通孔等，如图 7-5(b) 所示。

多孔黏土砖墙的厚度是按 50mm（1/2M）进级，即 90mm、140mm、190mm、240mm、290mm、340mm、390mm 等。

② 墙段尺寸　我国现行的《建筑模数协调标准》（GB/T 50002—2013）中规定，房间的开间、进深、门窗洞口尺寸都应是 3M（300mm）的整倍数，而实心黏土砖墙的模数是砖宽＋灰缝，即 125mm，多孔黏土砖墙的厚度是按 50mm（1/2M）进级，这样一幢房屋内有两种模数，在设计中出现了不协调的现象。在具体工程中，可通过调整灰缝的大小来解决，当墙段长度小于 1m 时，因调整灰缝的范围小，应使墙段长度符合砖模数；当墙段长度超过 1m 时，可不再考虑砖模数。

(2) 砖墙的组砌方式

组砌是指砌块在砌体中的排列，组砌的关键是错缝搭接，使上下皮砖的垂直缝交错，保证砖墙的整体性。图 7-6 所示为砖墙组砌名称及错缝。当墙面不抹灰作清水时，组砌还应考虑墙面图案的美观。在砖墙的组砌中，把砖的长方向垂直于墙面

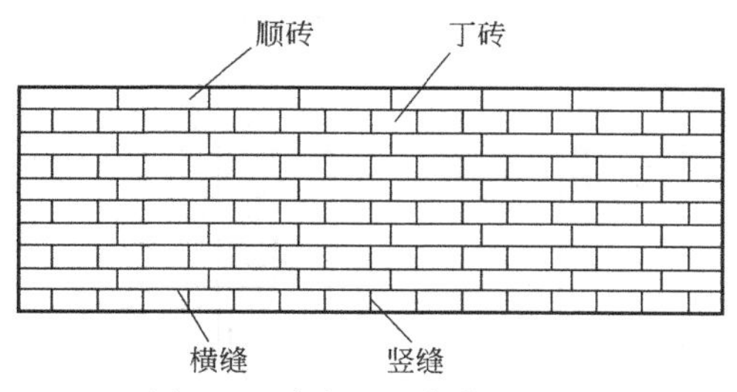

图 7-6　砖墙组砌名称及错缝

砌筑的砖称丁砖，把砖长方向平行于墙面砌筑的砖称顺砖。上下皮之间的水平灰缝称横缝，左右两块砖之间的垂直缝称竖缝。要求横平竖直、灰浆饱满、上下错缝、内外搭接，上下错缝长度不小于 60mm。

① 实体砖墙　实体砖墙是指用黏土砖砌筑的不留空隙的砖墙。它的砌筑方式如图 7-7 所示。

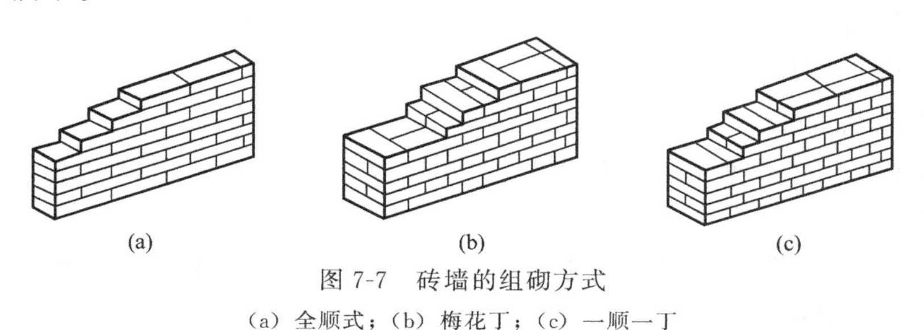

图 7-7　砖墙的组砌方式

（a）全顺式；（b）梅花丁；（c）一顺一丁

② 空斗墙　空斗墙是用实心黏土砖侧砌或侧砌与平砌结合砌筑，内部形成空心的墙体。一般把侧砌的砖称斗砖，平砌的砖称眠砖，如图 7-8 所示。

空斗墙与实体砖墙相比，用料省，自重轻，保温隔热好，适用于炎热、非震区

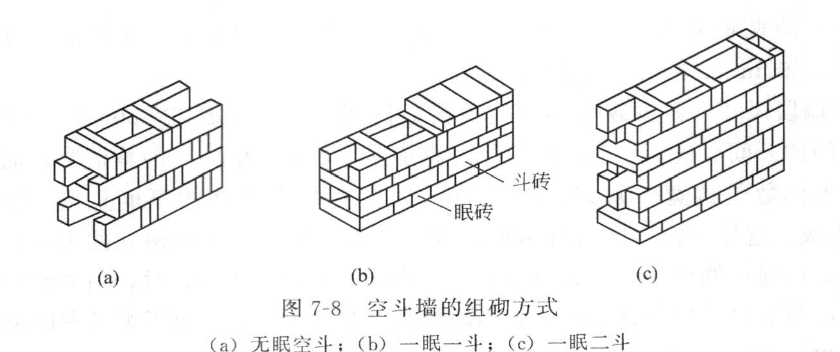

图 7-8 空斗墙的组砌方式

(a) 无眠空斗；(b) 一眠一斗；(c) 一眠二斗

的低层民用建筑。

③ 组合墙 组合墙是用砖和其他保温材料组合形成的墙。这种墙可改善普通墙的热工性能，常用在我国北方寒冷地区。组合墙体的做法有以下三种类型(图 7-9)：a. 在墙体的一侧附加保温材料；b. 在砖墙的中间填充保温材料；c. 在墙体中间留置空气间层。

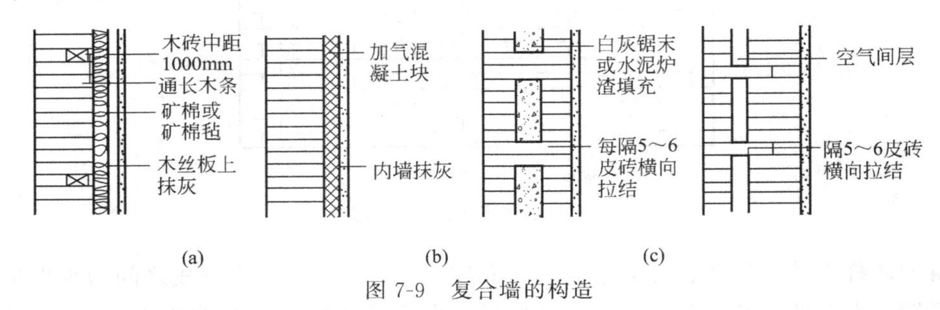

图 7-9 复合墙的构造

(a) 单面铺设保温材料；(b) 中间填充保温材料；(c) 墙中留空气间层

7.3.2 砖墙的细部构造

砖墙的细部构造包括散水和明沟，勒脚，墙身防潮层，窗台，过梁，圈梁和构造柱、烟道、通风道、垃圾道等。

(1) 散水和明沟

为了避免室外地面水、墙面水及屋檐水对墙基的侵蚀，沿建筑物四周与室外地坪相接处宜设置散水或明沟，将建筑物附近的地面水及时排除。

① 散水 散水是沿建筑物外墙四周做坡度为 3%～5%的排水护坡，宽度一般大于或等于 600mm，并应比屋檐挑出的宽度大 200mm。

散水的做法通常有砖铺散水、块石散水、混凝土散水等，如图 7-10(a) 所示。混凝土散水每隔 6～12m 应当设伸缩缝，与外墙之间留置沉降缝，缝内均应填充热沥青。

② 明沟 对于年降水量较大的地区，常在散水的外缘或者直接在建筑物外墙

根部设置的排水沟称明沟。明沟通常用混凝土浇筑成宽 180mm、深 150mm 的沟槽，也可以用砖、石砌筑，沟底应当有不少于 1%的纵向排水坡度，如图 7-10(b) 所示。

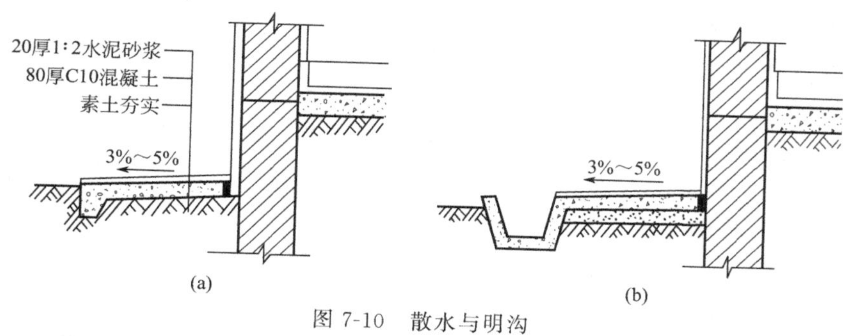

图 7-10 散水与明沟

(a) 混凝土散水；(b) 混凝土散水与明沟

(2) 勒脚

勒脚是外墙墙身与室外地面接近的部位。其主要作用如下。

① 加固墙身，防止因外界机械碰撞而使墙身受损。

② 保护近地墙身，防止受雨雪的直接侵蚀、受冻以致破坏。

③ 装饰立面。勒脚应坚固、防水和美观。常见的做法包括下列几种。

a. 在勒脚部位抹 20～30mm 厚 1∶2 或 1∶2.5 的水泥砂浆，或者做水刷石、斩假石等，如图 7-11(a) 所示。

b. 在勒脚部位将墙加厚 60～120mm，再用水泥砂浆或水刷石等罩面。

c. 在勒脚部位镶贴防水性能好的材料，例如大理石板、花岗岩石板、水磨石板、面砖等，如图 7-11(b) 所示。

d. 用天然石材砌筑勒脚，如图 7-11(c) 所示。

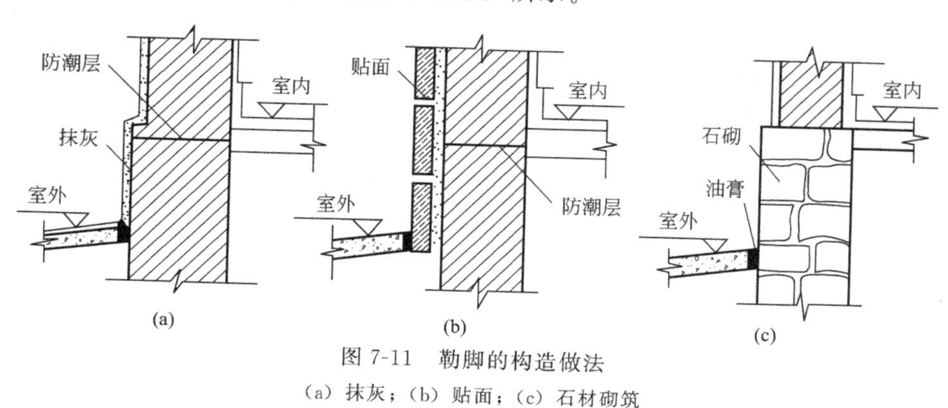

图 7-11 勒脚的构造做法

(a) 抹灰；(b) 贴面；(c) 石材砌筑

勒脚的高度一般不得低于 500mm，考虑立面美观，应与建筑物的整体形象结合而定。

(3) 墙身防潮层

为防止地下土壤中的潮气沿墙体上升和地表水对墙体的侵蚀，提高墙体的坚固性与耐久性，确保室内干燥、卫生，应当在墙身中设置防潮层。防潮层有水平防潮层和垂直防潮层两种。

① 水平防潮层　墙身水平防潮层应沿着建筑物内、外墙连续交圈设置，位于室内地坪以下 60mm 处，其做法包括以下四种。

a. 油毡防潮。在防潮层部位抹 20mm 厚 1∶3 水泥砂浆找平层，然后在找平层上干铺一层油毡或者做一毡二油。一毡二油即先浇热沥青，再铺油毡，最后浇热沥青。为了确保防潮效果，油毡的宽度应当比墙宽 20mm，油毡搭接应不小于 100mm。这种做法防潮效果好，但破坏了墙身的整体性，不应当在地震区采用，如图 7-12(a) 所示。

b. 防水砂浆防潮。在防潮层部位抹 20mm 厚 1∶2 的防水砂浆。防水砂浆是在水泥砂浆中掺入了水泥质量 5%的防水剂，防水剂与水泥混合凝结，能填充微小孔隙和堵塞、封闭毛细孔，从而阻断毛细水。此种做法省工省料，且能保证墙身的整体性，但容易因砂浆开裂而降低防潮效果，如图 7-12(b) 所示。

c. 防水砂浆砌砖防潮。在防潮层部位用防水砂浆砌筑 3～5 皮砖，如图 7-12(c) 所示。

d. 细石混凝土防潮。在防潮层部位浇筑 60mm 厚与墙等宽的细石混凝土带，内配 3φ6 或 3φ8 钢筋。这种防潮层的抗裂性好，并且能与砌体结合成一体，特别适用于刚度要求较高的建筑中。

当建筑物设有基础圈梁，并且其截面高度在室内地坪以下 60mm 附近时，可以由基础圈梁代替防潮层，如图 7-12(d) 所示。

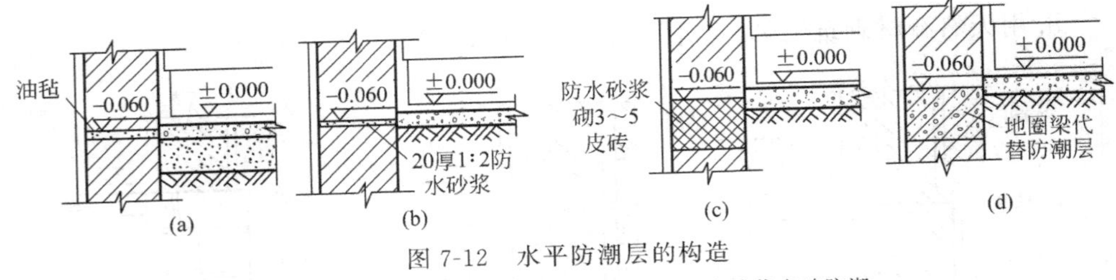

图 7-12　水平防潮层的构造

(a) 油毡防潮；(b) 防水砂浆防潮；(c) 防水砂浆砌砖防潮；
(d) 细石混凝土防潮

② 垂直防潮层　当室内地坪出现高差或室内地坪低于室外地坪时，除了在相应位置设水平防潮层以外，还应当在两道水平防潮层之间靠土壤的垂直墙面上做垂直防潮层。具体做法是：先用水泥砂浆将墙面抹平，然后涂一道冷底子油（沥青用汽油、煤油等溶解后的溶液），两道热沥青（或做一毡二油），如图 7-13 所示。

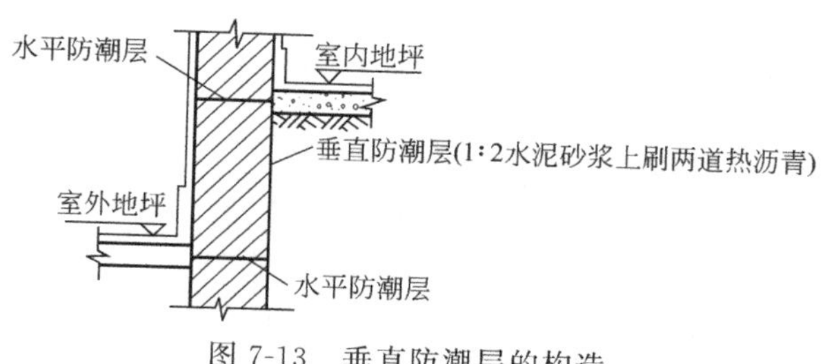

图 7-13 垂直防潮层的构造

(4) 窗台

窗台是窗洞下部的构造，用以排除窗外侧流下的雨水和内侧的冷凝水，并起一定的装饰作用，其构造如图 7-14 所示。位于窗外的称外窗台，位于室内的称内窗台。当墙很薄，窗框沿墙内缘安装时，可以不设内窗台。

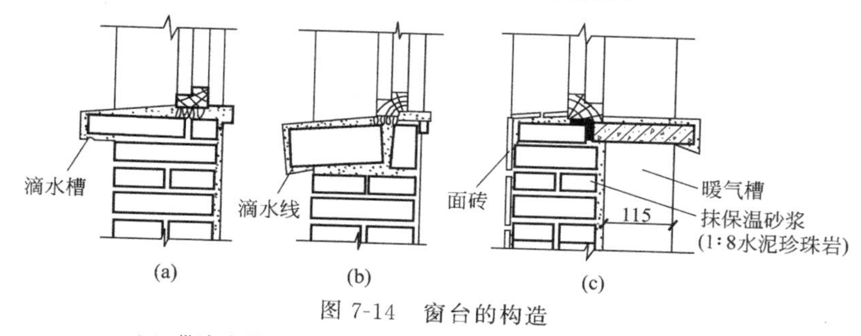

图 7-14 窗台的构造

(a) 带滴水槽的外窗台；(b) 带滴水线的外窗台；(c) 内窗台

① 外窗台　外窗台面一般应低于内窗台面，并应当形成 5% 的外倾坡度，以利排水，防止雨水流入室内。外窗台的构造有悬挑窗台和不悬挑窗台两种。悬挑窗台常用砖平砌或侧砌挑出 60mm，窗台表面的坡度可以由斜砌的砖形成或用 1∶2.5 水泥砂浆抹出，并在挑砖下缘前端抹出滴水槽或滴水线。若外墙饰面为瓷砖、陶瓷锦砖等易于冲洗的材料，可以不做悬挑窗台，窗下墙的脏污可借窗上墙流下的雨水冲洗干净。

② 内窗台　内窗台可直接抹 1∶2 水泥砂浆形成面层。在北方地区墙体厚度较大，常在内窗台下留置暖气槽，这时内窗台可以采用预制水磨石或木窗台板。

(5) 过梁

过梁是指设置在门窗洞口上部的横梁，用以承受洞口上部墙体传来的荷载，并传给窗间墙。按过梁采用的材料和构造分，常用的有砖拱过梁、钢筋砖过梁和钢筋混凝土过梁。

① 砖拱过梁　砖拱过梁包括平拱和弧拱两种，工程中大多用平拱。平拱砖过梁由普通砖侧砌和立砌形成，砖应当为单数并对称于中心向两边倾斜。灰缝呈上宽（≤15mm）下窄（≥5mm）的楔形，如图 7-15 所示。平拱砖过梁的跨度不应超过

1.2m。它节约钢材和水泥，但是施工麻烦，整体性差，不宜用于上部有集中荷载、有较大振动荷载或者可能产生不均匀沉降的建筑。

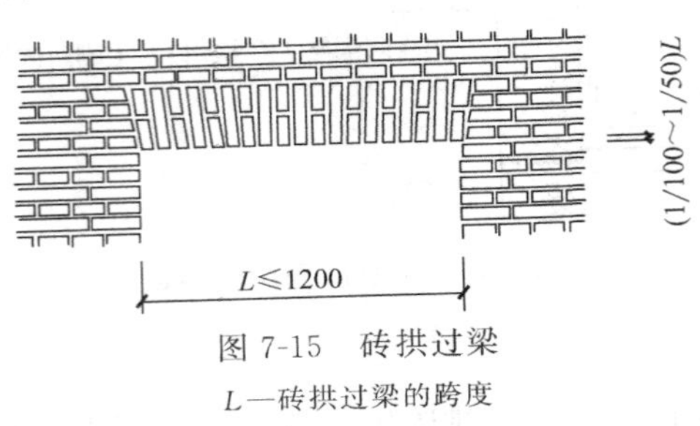

图 7-15　砖拱过梁
L—砖拱过梁的跨度

② 钢筋砖过梁　钢筋砖过梁是在门窗洞口上部的砂浆层内配置钢筋的平砌砖过梁。钢筋砖过梁的高度应经计算确定，一般不少于 5 皮砖，且不得少于洞口跨度的 1/5。过梁范围内用不低于 MU7.5 的砖和不低于 M2.5 的砂浆砌筑，砌法与砖墙一样，在第一皮砖下设置不得小于 30mm 厚的砂浆层，并且在其中放置钢筋，钢筋的数量为每 120mm 墙厚不少于 1ϕ6。钢筋两端伸入墙内 250mm，并且在端部做 60mm 高的垂直弯钩，如图 7-16 所示。

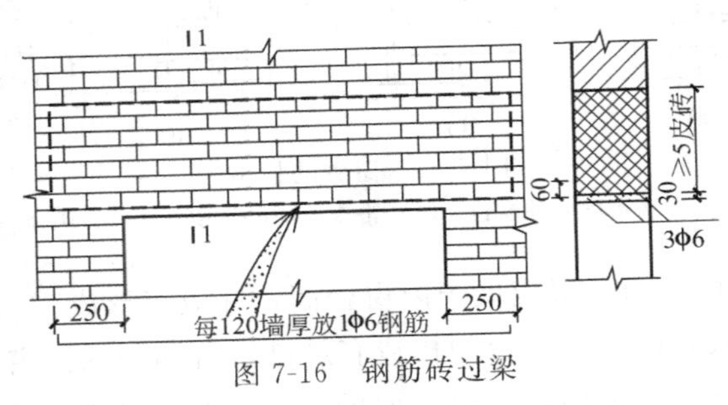

图 7-16　钢筋砖过梁

钢筋砖过梁适用于跨度不超过 1.5m、上部无集中荷载的洞口。当墙身为清水墙时，使用钢筋砖过梁，可以使建筑立面获得统一的效果。

③ 钢筋混凝土过梁　当门窗洞口跨度超过 2m 或上部有集中荷载时，需要采用钢筋混凝土过梁。钢筋混凝土过梁包括现浇和预制两种。它坚固耐久，施工简便，当前被广泛采用。

钢筋混凝土过梁的截面尺寸及配筋应经计算确定，并应当是砖厚的整倍数，宽度等于墙厚，两端伸入墙内不小于 240mm。

钢筋混凝土过梁的截面形状有矩形和 L 形两种。矩形多用于内墙和外混水墙中，L 形多用于外清水墙和有保温要求的墙体中，此时应当注意 L 口朝向室外，如图 7-17 所示。

(6) 圈梁和构造柱

① 圈梁　圈梁是沿建筑物外墙、内纵墙和部分横墙设置的连续封闭的梁。它

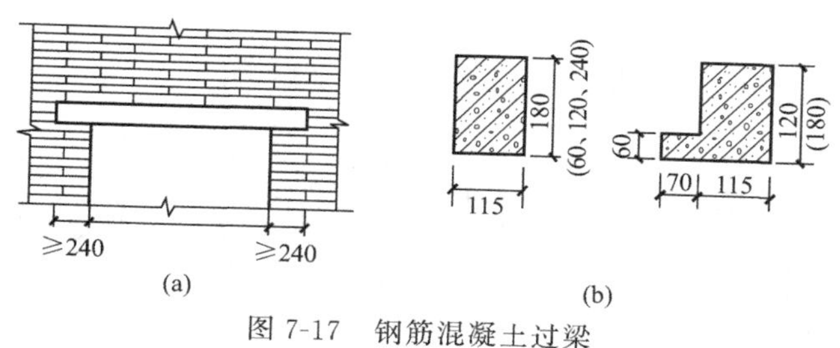

图 7-17 钢筋混凝土过梁

（a）过梁立面；（b）过梁的断面形状和尺寸

是用来加强房屋的空间刚度和整体性，防止因为基础不均匀沉降、振动荷载等引起的墙体开裂。

圈梁的数量与建筑物的高度、层数、地基状况和地震烈度都有关；圈梁设置的位置与其数量也有一定关系，当只设一道圈梁时，应当通过屋盖处，增设时，应通过相应的楼盖处或门洞口上方。

圈梁一般位于屋（楼）盖结构层的下面，如图 7-18(a) 所示，对空间较大的房间和地震烈度 8 度以上地区的建筑，需将外墙圈梁外侧加高，以避免楼板水平位移，如图 7-18(b) 所示。当门窗过梁与屋盖、楼盖靠近时，圈梁可以通过洞口顶部，兼作过梁。

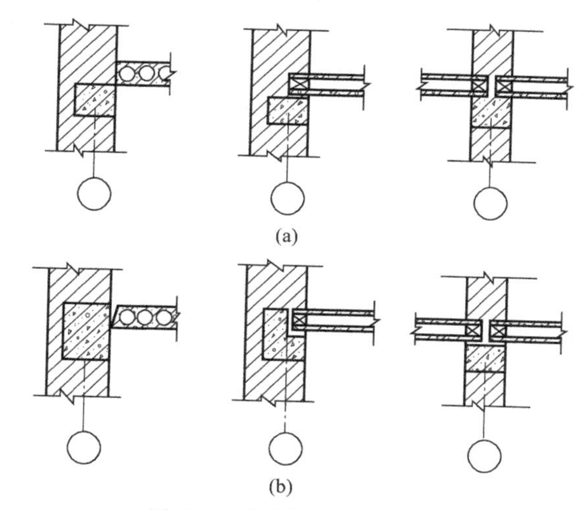

图 7-18 圈梁在墙中的位置

（a）圈梁位于屋（楼）盖结构层下面——板底圈梁；

（b）圈梁顶面与屋（楼）盖结构层顶面相平——板面圈梁

圈梁包括钢筋混凝土圈梁和钢筋砖圈梁两种，如图 7-19 所示。钢筋混凝土圈梁的宽度宜与墙厚相同，当墙厚大于 240mm 时，允许其宽度减小，但是不宜小于墙厚的三分之二。圈梁高度应大于 120mm，并且在其中设置纵向钢筋和箍筋，如为 8 度抗震设防时，纵筋为 4Φ10，箍筋为Φ6@200。钢筋砖圈梁应当采用不低于

M5 的砂浆砌筑，高度为 4～6 皮砖。纵向钢筋最好不少于 6Φ6，水平间距最好不大于 120mm，分上下两层设在圈梁顶部和底部的灰缝内。

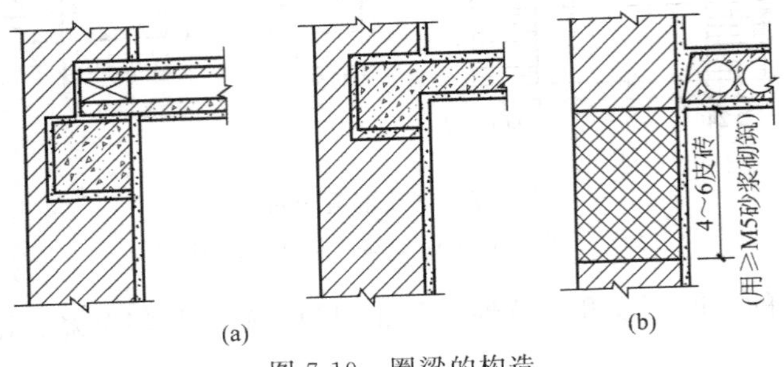

图 7-19 圈梁的构造

(a) 钢筋混凝土圈梁；(b) 钢筋砖圈梁

圈梁应连续地设在同一水平面上，并且形成封闭状。当圈梁被门窗洞口截断时，应在洞口上部增设一道断面不得小于圈梁的附加圈梁。附加圈梁的构造，如图 7-20 所示。

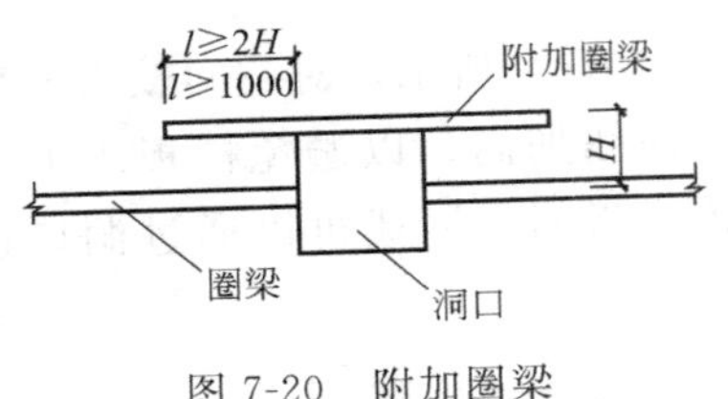

图 7-20 附加圈梁

l—附加圈梁与圈梁搭接长度；

H—垂直间距

附加圈梁的断面与配筋不应小于圈梁的断面与配筋。

② 构造柱 构造柱是从构造角度考虑设置的，通常设在建筑物的四角、外墙交接处、楼梯间、电梯间的四角以及某些较长墙体的中部。它是用来从竖向加强层间墙体的连接，与圈梁一起组成空间骨架，加强建筑物的整体刚度，提高墙体抗变形的能力，约束墙体裂缝的开展。

构造柱的截面不小于 240mm×180mm 为宜，常用 240mm×240mm。纵向钢筋宜采用 4Φ12，箍筋不少于Φ6@250，并在柱的上下端适当加密。构造柱应当先砌墙后浇柱，墙与柱的连接处宜留出五进五出的大马牙槎，进出 60mm，并沿墙高每隔 500mm 设 2Φ6 的拉结钢筋，每边伸入墙内不少于 1000mm 为宜，如图 7-21 所示。

构造柱可不单独做基础，下端可伸入室外地面下 500mm 或锚入浅于 500mm 的地圈梁内。

(7) 烟道、通风道、垃圾道

① 烟道 在设有燃煤炉灶的建筑中，为了排除炉灶内的煤烟，通常在墙内设置烟道。在寒冷地区，烟道通常应设在内墙中，若必须设在外墙内，烟道边缘与墙外缘的距离不宜小于 370mm。烟道有砖砌和预制拼装两种做法。

在多层建筑中，很难做到每个炉灶都有独立的烟道，往往把烟道设置成子母烟道，以防相互窜烟，如图 7-22 所示。

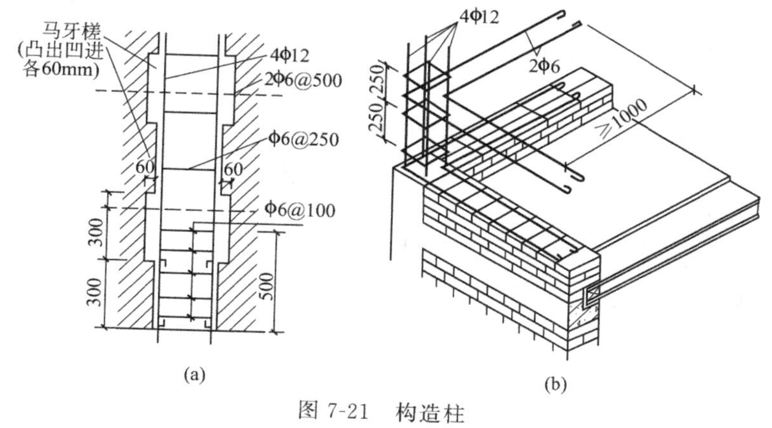

图 7-21 构造柱

(a) 平直墙面处的构造柱；(b) 转角处的构造柱

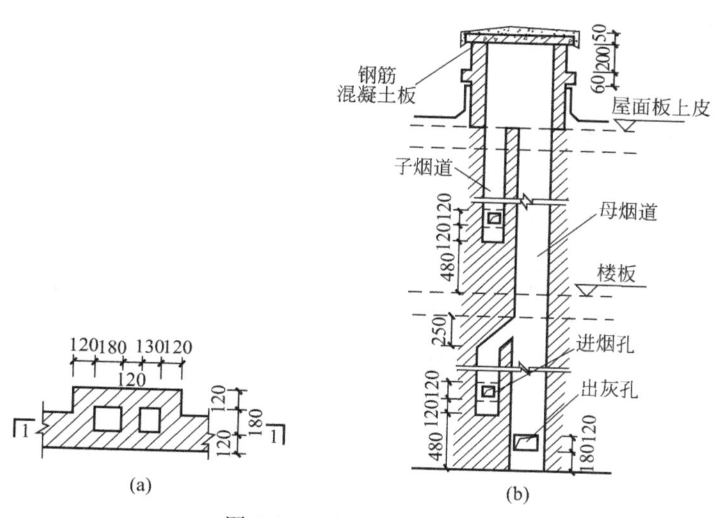

图 7-22 砖砌烟道的构造

(a) 烟道平面图；(b) 1—1 剖面图

烟道应砌筑密实，并且随砌随用砂浆将内壁抹平。上端应高出屋面，以防被雪掩埋或受风压影响使排气不畅。母烟道下部，即靠近地面处设有出灰口，平时用砖堵住。

② 通风道 在人数较多，以及产生烟气和空气污浊的房间，例如会议室、厨房、卫生间和厕所等，应当设置通风道。

通风道的断面尺寸、构造要求及施工方法均与烟道相同，但是通风道的进气口应位于顶棚下 300mm 左右，并且用铁篦子遮盖。

现在工程中多采用预制装配式通风道，预制装配式通风道用钢丝网水泥或者不燃材料制作，分为双孔和三孔两种结构形式，各种结构形式有其不同的截面尺寸，用以满足各种使用要求。

③ 垃圾道　在多层和高层建筑中，为了排除垃圾，有时需要设垃圾道。垃圾道一般布置在楼梯间靠外墙附近，或者在走道的尽端，有砖砌垃圾道和混凝土垃圾道两种。

垃圾道由孔道、垃圾进口及垃圾斗、通气孔和垃圾出口组成。通常每层都应设垃圾进口，垃圾出口与底层外侧的垃圾箱或者垃圾间相连。通气孔位于垃圾道上部，与室外连通，如图 7-23 所示。

随着人们环保意识的加强，每座楼均设垃圾道的做法已经越来越少，转而集中设垃圾箱的做法，使垃圾集中管理、分类管理。

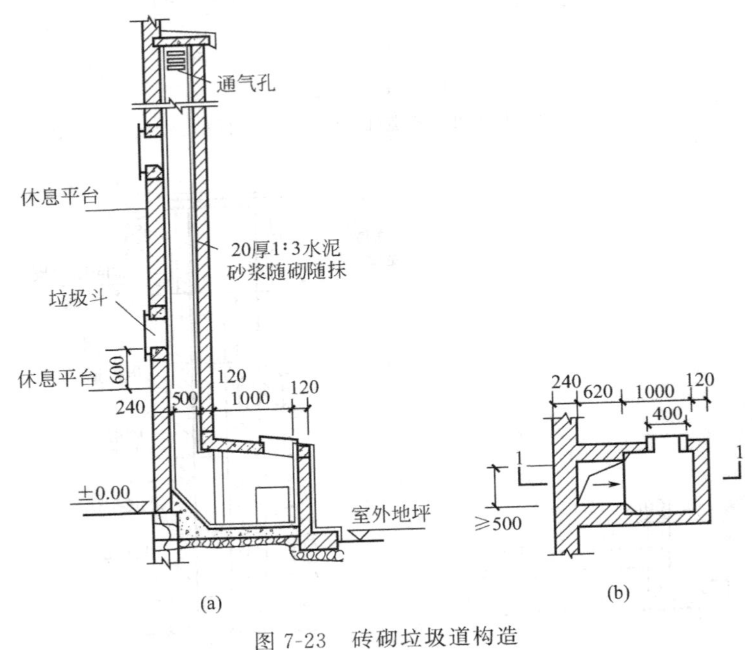

图 7-23　砖砌垃圾道构造

（a）1—1 剖面图；（b）砖砌垃圾道

7.4　隔墙与隔断构造图识读

隔墙与隔断是用来分隔建筑空间并起到一定装饰作用的非承重构件。它们的主要区别有两方面。

① 隔墙较固定，而隔断的拆装灵活性较强。

② 隔墙一般到顶，能在较大程度上限定空间，还可在一定程度上满足隔声，遮挡视线等要求，而隔断限定空间的程度比较小，高度不做到顶，甚至有一定的空透性，可产生一种似隔非隔的空间效果。

7.4.1　隔墙的构造

(1) 块材隔墙

块材隔墙是用普通砖、空心砖、加气混凝土砌块等块材砌筑而成的，常用的有普通砖隔墙、砌块隔墙。具有取材方便，造价较低，隔声效果好的优点，同时具有自重大、墙体厚、湿作业多、拆移不便等缺点。

① 普通砖隔墙　用普通砖砌筑隔墙的厚度有1/4砖和1/2砖两种，1/4砖厚隔墙稳定性差、对抗震不利，1/2砖厚隔墙坚固耐久，有一定的隔声能力，所以通常采用1/2砖隔墙。

1/2砖隔墙即半砖隔墙，砌筑砂浆强度等级不应低于M2.5。为使隔墙与墙柱之间连接牢固，在隔墙两端的墙柱沿高度每隔500mm预埋2ϕ6的拉结筋，伸入墙体的长度为1000mm，还应沿隔墙高度每隔1.2～1.5m设一道30mm厚水泥砂浆层，内放2ϕ6的钢筋。在隔墙砌到楼板底部时，应将砖斜砌一皮或留出30mm的空隙用木楔塞牢，然后用砂浆填缝。隔墙上有门时，用预埋铁件或将带有木楔的混凝土预制块砌入隔墙中，以便固定门框，如图7-24所示。

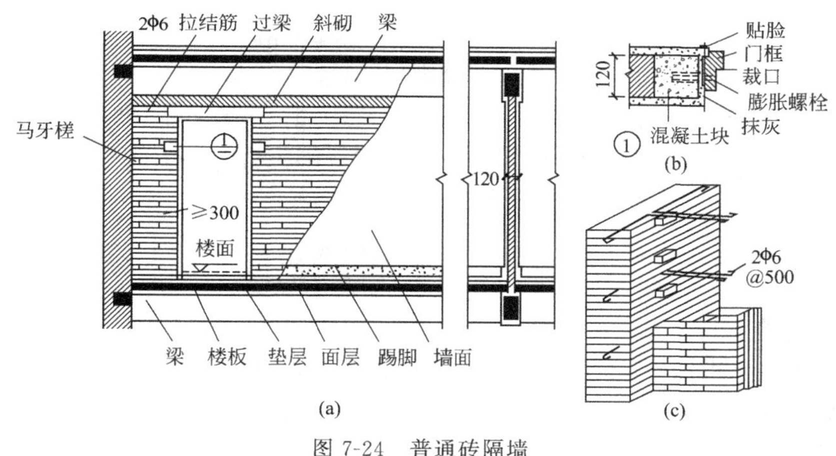

图7-24　普通砖隔墙

(a) 普通砖隔墙平面图；(b) ①剖面图；(c) 预埋2ϕ6拉结筋

② 加气混凝土砌块隔墙　加气混凝土砌块隔墙具有重量轻、吸声好、保温性能好、便于操作的特点，目前在隔墙工程中应用较广。但是加气混凝土砌块吸湿性大，所以不宜用于浴室、厨房、厕所等处，若使用需另作防水层。

加气混凝土砌块隔墙的底部宜砌筑2～3皮普通砖，以利于踢脚砂浆的黏结，砌筑加气混凝土砌块时应采用1∶3水泥砂浆砌筑，为了保证加气混凝土砌块隔墙的稳定性，沿墙高每隔900～1000mm设置2ϕ6的配筋带，门窗洞口上方也要设2ϕ6的钢筋，如图7-25所示。墙面抹灰可直接抹在砌块上，为了防止灰皮脱落，可先用细铁丝网钉在砌块墙上再抹灰。

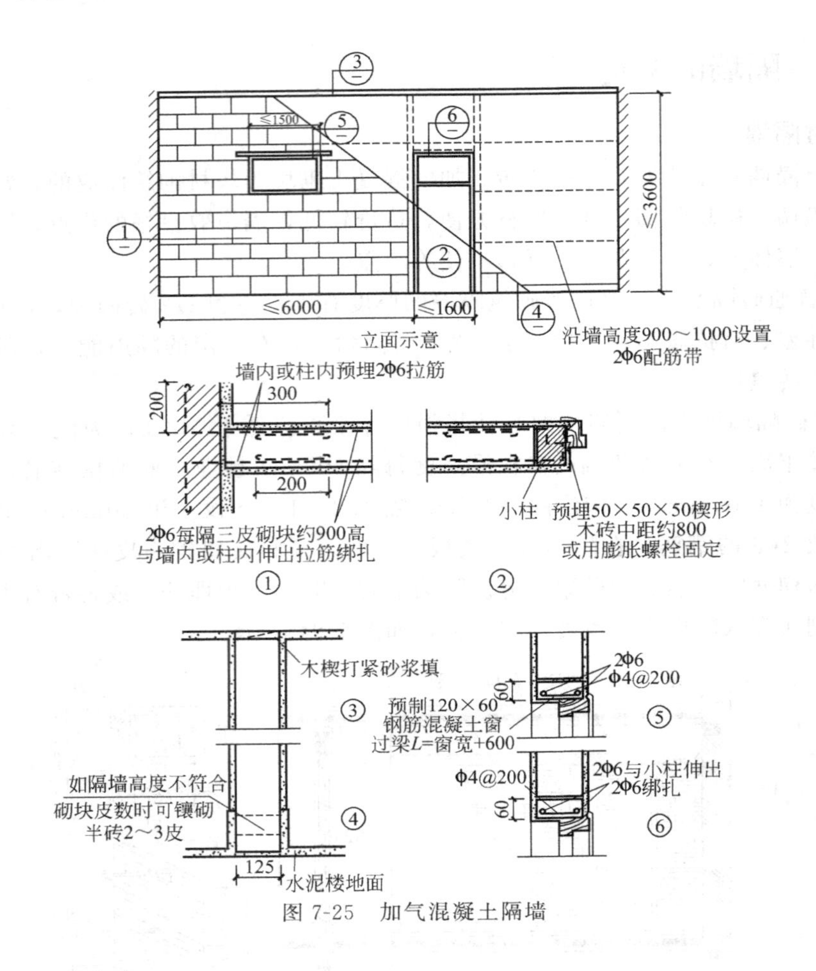

图 7-25　加气混凝土隔墙

（2）板材隔墙

板材隔墙是指将各种轻质竖向通长的预制薄型板材用各种黏结剂拼合在一起形成的隔墙。其单板高度相当于房间净高，面积较大，且不依赖骨架，直接装配而成。目前采用的大多为条板，例如加气混凝土条板、石膏条板等。

① 加气混凝土条板隔墙　加气混凝土条板规格为长 2700～3000mm，宽 600～800mm，厚 80～100mm。隔墙板之间用水玻璃砂浆或 108 胶砂浆黏结。加气混凝土条板具有自重轻，节省水泥，运输方便，施工简单，可锯、刨、钉等优点，但吸水性大、耐腐蚀性差、强度较低，运输、施工过程中易损坏，不宜用于具有高温、高湿或有化学及有害空气介质的建筑中。

② 增强石膏空心板隔墙　增强石膏空心板分为普通条板、钢木窗框条板和防水条板三类，规格为长 2400～3000mm，宽 600mm，厚 60mm，9 个孔，孔径 38mm，能满足防火、隔声及抗撞击的要求，如图 7-26 所示。

③ 复合板隔墙　用几种材料制成的多层板为复合板。复合板的面层有石棉水

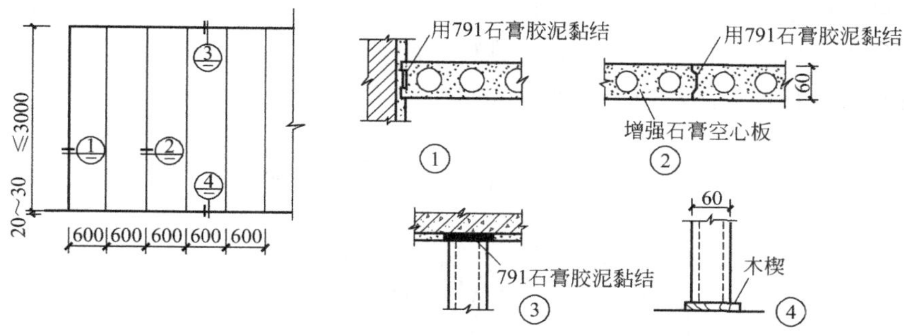

图 7-26 增强石膏空心条板

泥板、石膏板、铝板、树脂板、硬质纤维板、压型钢板等。夹心材料可用矿棉、木质纤维、泡沫塑料和蜂窝状材料等。复合板充分利用材料的性能，大多具有强度高、耐火、防水、隔声性能好等优点，而且安装、拆卸简便，有利于建筑工业化。

④ 泰柏板　泰柏板是由 ϕ 2mm 低碳冷拔镀锌钢丝焊接成三维空间网笼，中间填充聚苯乙烯泡沫塑料构成的轻制板材，如图 7-27(a) 所示。泰柏板隔墙与楼、地坪的固定连接，如图 7-27(b) 所示。

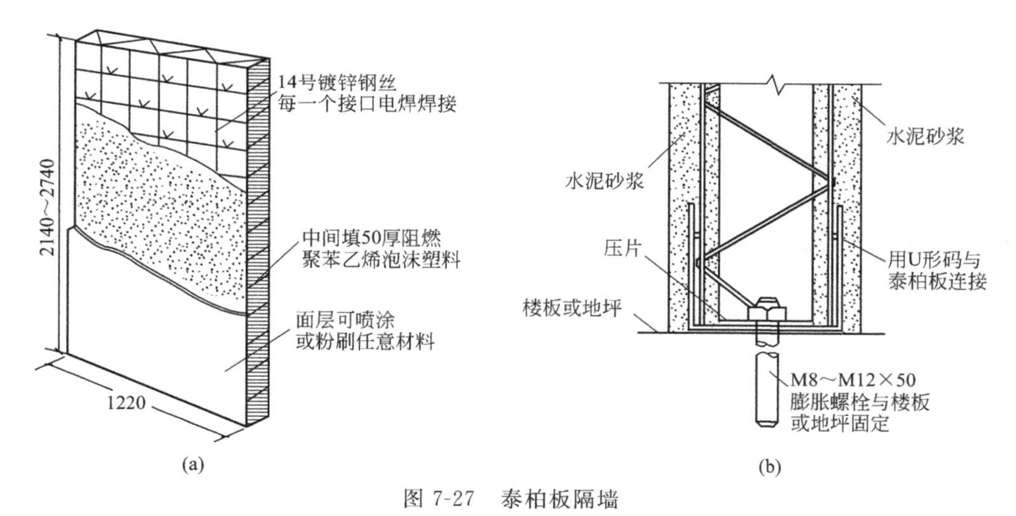

图 7-27 泰柏板隔墙

(a) 泰柏板隔墙构造；(b) 泰柏板隔墙与楼、地坪的固定连接

(3) 轻骨架隔墙

轻骨架隔墙是用木材或金属材料构成骨架，在骨架两侧制作面层形成的隔墙。这类隔墙自重轻，通常可直接放置在楼板上，因墙中有空气夹层，隔声效果好，因而应用较广。比较有代表性的有木骨架隔墙和轻钢龙骨石膏板隔墙。

① 木骨架隔墙　是用上槛、下槛、立柱、横档等组成骨架，面层材料传统的

做法是钉木板条抹灰，因其施工工艺落后，现已不多用，目前普遍做法是在木骨架上钉各种成品板材，例如石膏板、纤维板、胶合板等，并且在骨架、木基层板背面刷两遍防火涂料，提高其防火性能，如图 7-28 所示。

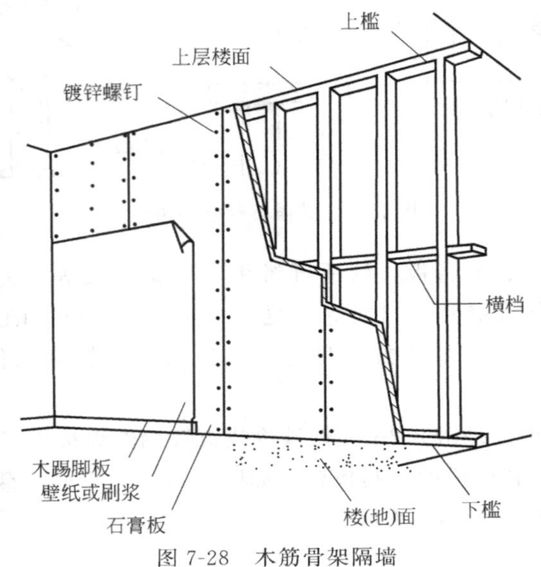

图 7-28　木筋骨架隔墙

② 轻钢龙骨石膏板隔墙　是用轻钢龙骨作骨架，纸面石膏板作面板的隔墙，其特点是刚度大、耐火、隔声。

轻钢龙骨通常由沿顶龙骨、沿地龙骨、竖向龙骨、横撑龙骨、加强龙骨和各种配套件组成，然后用自攻螺钉将石膏板钉在龙骨上，用 50mm 宽玻璃纤维带粘贴板缝后再进行饰面处理，如图 7-29 所示。

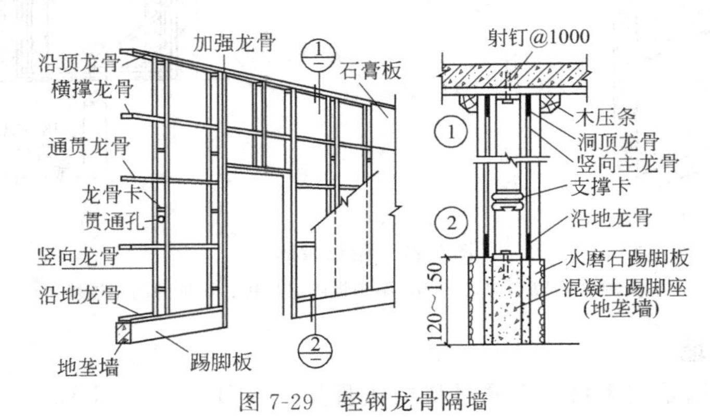

图 7-29　轻钢龙骨隔墙

7.4.2　隔断的构造

按照隔断的外部形式和构造方式一般可将其分为花格式、屏风式、移动式、帷幕式和家具式等。

（1）花格式隔断

花格式隔断主要是划分与限定空间，不能完全遮挡视线和隔声，主要用于分隔和沟通在功能要求上不仅需隔离，还需保持一定联系的两个相邻空间，具有很强的装饰性，广泛应用于宾馆、商店、展览馆等公共建筑及住宅建筑中。

花格式隔断有木制、金属、混凝土等制品，形式多种多样，如图 7-30 所示。

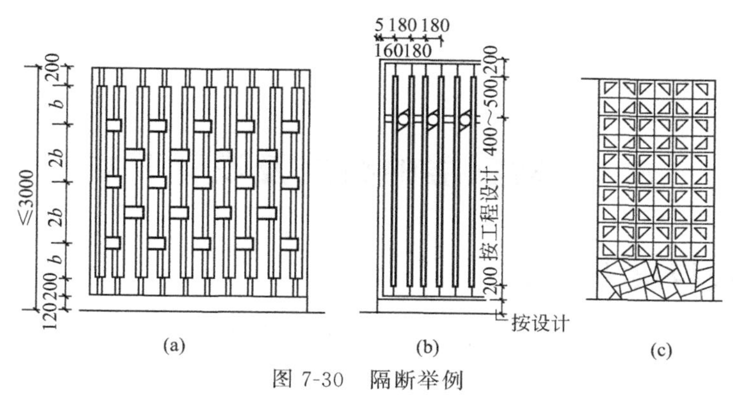

图 7-30　隔断举例

（a）木花格隔断；（b）金属花格隔断；（c）混凝土制品隔断

（2）屏风式隔断

屏风式隔断只有分隔空间和遮挡视线的要求，高度不需要很大，通常为 1100～1800mm，常用于办公室、餐厅、展览馆以及门诊室等公共建筑。

屏风隔断的传统做法是用木材制作，表面做雕刻或裱书画和织物，下部设支架，也有铝合金镶玻璃制作的。目前，人们在屏风下面安装金属支架，支架上安装橡胶滚动轮或滑动轮，增加分隔空间的灵活性。

屏风式隔断也可是固定的，例如立筋骨架式隔断，它与立筋隔墙的做法类似，即用螺栓或其他连接件在地板上固定骨架，之后在骨架两侧钉面板或在中间镶板或玻璃。

（3）移动式隔断

移动式隔断可随意闭合或打开，使相邻的空间随之独立或合成一个大空间。这种隔断使用灵活，在关闭时能够起到限定空间、隔声和遮挡视线的作用。

移动式隔断的类型很多，按照其启闭的方式分，有拼装式、滑动式、折叠式、卷帘式、起落式等。

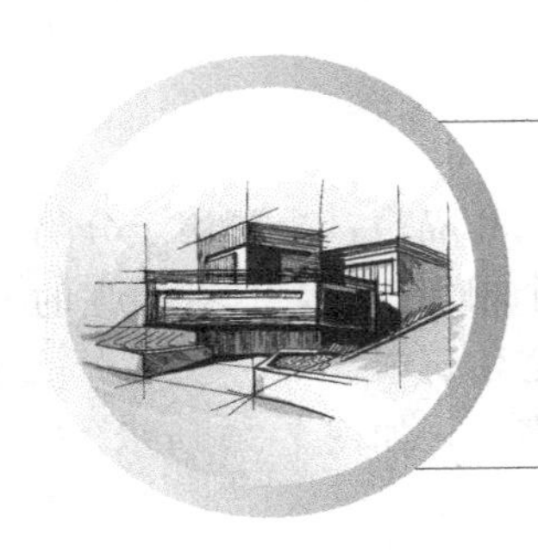

8 楼地面构造图识读技巧

8.1 楼板层的组成及设计要求

8.1.1 楼板层的组成

楼板层主要由面层、结构层、顶棚层、附加层组成，如图 8-1 所示。

(1) 面层

面层位于楼板层上表面，所以又称为楼面。面层与人、家具设备等直接接触，

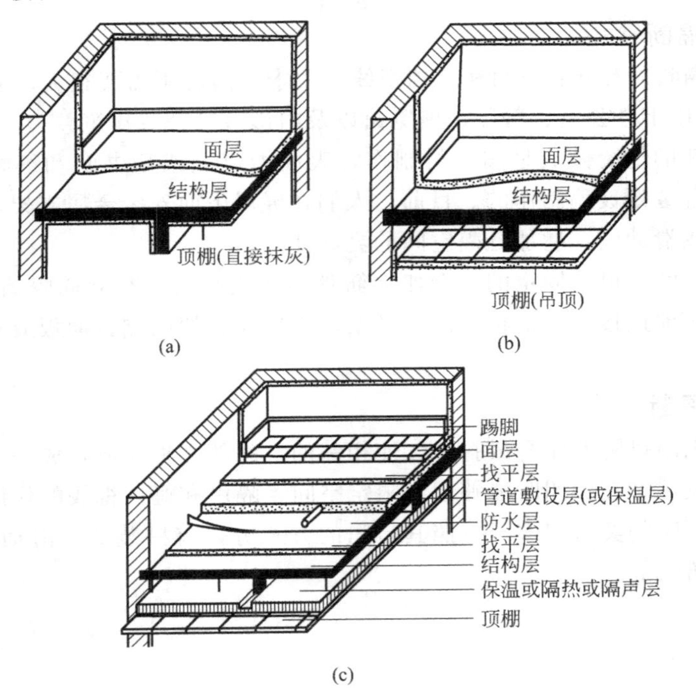

图 8-1 楼板层的组成

(a) 直接抹灰顶棚型楼板层；(b) 吊顶型楼板层；(c) 楼板层的附加构造层

起着保护楼板、承受并传递荷载的作用，同时对室内有很重要的装饰作用。

（2）结构层

结构层即楼板，是楼板层的承重部分，一般由板或梁板组成。其主要功能是承受楼板层上部荷载，并将荷载传递给墙或柱，同时还对墙身起水平支撑作用，以加强建筑物的整体刚度。

（3）顶棚层

顶棚层位于楼板最下面，也是室内空间上部的装修层，俗称天花板。顶棚主要起到保温、隔声、装饰室内空间的作用。

（4）附加层

附加层位于面层与结构层或结构层与顶棚层之间，根据楼板层的具体功能要求而设置，所以又称为功能层。其主要作用是找平、隔声、隔热、保温、防水、防潮、防腐蚀、防静电等。

8.1.2 楼板的类型

楼板按所用材料不同可分为木楼板、砖拱楼板、钢筋混凝土楼板、压型钢板组合楼板等，如图 8-2 所示。

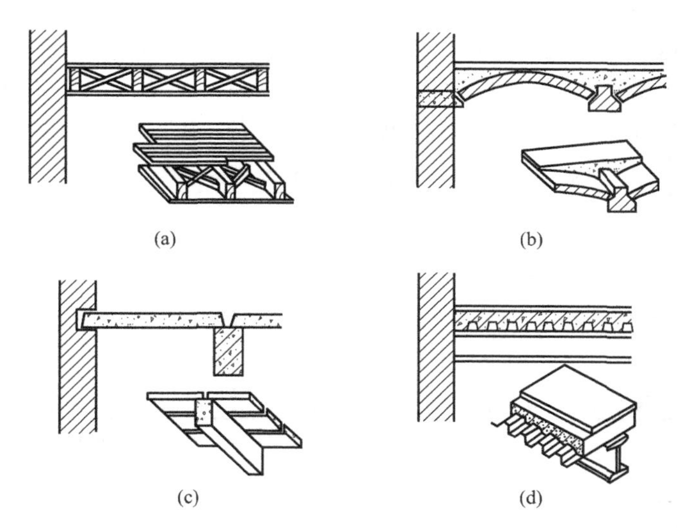

图 8-2 楼板的类型

（a）木楼板；（b）砖拱楼板；（c）钢筋混凝土楼板；（d）压型钢板组合楼板

（1）木楼板

木楼板是在木隔栅上下铺钉木板，并在隔栅之间设置剪力撑以加强整体性和稳定性。木楼板具有构造简单、自重轻、施工方便、保温性能好等特点，但防水、耐久性差，并且木材消耗量大，所以目前应用极少。

(2) 砖拱楼板

砖拱楼板是用砖砌或拱形结构来承受楼板层的荷载。这种楼板可以节约钢材、水泥、木材，但自重大，承载能力和抗震能力差，施工较复杂，目前已基本不用。

(3) 钢筋混凝土楼板

钢筋混凝土楼板具有强度高、刚度好、耐久又防火，良好的可塑性，便于机械化施工等特点，是目前我国工业与民用建筑中楼板的基本形式。

(4) 压型钢板组合楼板

压型钢板组合楼板是在钢筋混凝土楼板基础上发展起来的，利用压型钢板代替钢筋混凝土楼板中的一部分钢筋、模板而形成的一种组合楼板。它具有强度高、刚度大、施工快等优点，但钢材用量较大，是目前正推广的一种楼板。

8.1.3 楼板的设计要求

(1) 足够的强度和刚度

强度要求是指楼板应保证在自重和使用荷载作用下安全可靠，不发生任何破坏。刚度要求是指楼板在一定荷载作用下不发生过大变形，保证正常使用。

(2) 隔声要求

声音可通过空气传声和撞击传声方式将一定音量通过楼板层传到相邻的上下空间，为避免其造成的干扰，楼板层必须具备一定的隔撞击传声的能力。不同使用性质的房间对隔声要求不同。《民用建筑隔声设计规范》(GB 50118—2010) 规定了各种民用建筑的允许噪声级，例如住宅建筑的允许噪声级见表 8-1 和表 8-2。

表 8-1 卧室、起居室（厅）内的允许噪声级

房间名称	允许噪声级(A 级声)/dB	
	昼　间	夜　间
卧室	≤45	≤37
起居室(厅)	≤45	

表 8-2 高要求住宅的卧室、起居室（厅）内的允许噪声级

房间名称	允许噪声级(A 级声)/dB	
	昼间	夜间
卧室	≤40	≤30
起居室(厅)	≤40	

(3) 热工要求

对有一定温度、湿度要求的房间，常在其中设置保温层，使楼板层的温度与室内温度趋于一致，减少通过楼板层造成的冷热损失。

(4) 防水防潮要求

对有湿性功能的用房，需具备防潮、防水的能力，以防水的渗漏影响使用。

(5) 防火要求

楼板层应根据建筑物耐火等级，对防火要求进行设计，满足防火安全的功能。

(6) 设备管线布置要求

现代建筑中，各种功能日趋完善，同时必须有更多管线借助楼板层铺设，为使室内平面布置灵活，空间使用完整，在楼板层设计中应充分考虑各种管线布置的要求。

(7) 建筑经济的要求

多层建筑中，楼板层的造价占建筑总造价的20%～30%。因此，楼板层的设计中，在保证质量标准和使用要求的前提下，要选择经济合理的结构形式和构造方案，尽量减少材料消耗和自重，并为工业化生产创造条件。

8.2 钢筋混凝土楼板构造图识读

钢筋混凝土楼板按施工方式的不同，分为现浇式、预制装配式和装配整体式三种。

8.2.1 现浇式钢筋混凝土楼板构造

现浇钢筋混凝土楼板是指在现场支模、绑扎钢筋、浇捣混凝土，经养护而成的楼板。这种楼板具有成型自由、整体性和防水性好的特点，但模板用量大，工期长，工人劳动强度大，且受施工季节的影响较大。这种楼板适用于地震区及平面形状不规则或防水要求较高的房间。

现浇钢筋混凝土楼板根据受力和传力情况不同，分为板式楼板、梁板式楼板、无梁式楼板和压型钢板混凝土组合板等。

(1) 板式楼板

板内不设梁，板直接搁置在四周墙上的板称为板式楼板。板分为单向板和双向板，如图8-3所示。当板的长边与短边之比大于2时，板基本上沿短边单方向传递荷载，这种板称为单向板；当板的长边与短边之比小于或等于2时，作用于板上的荷载沿双向传递，在两个方向产生弯曲，称为双向板。板的厚度由结构计算和构造要求所决定，通常为60～120mm。单向板的跨度一般不宜超过2.5m，双向板的跨度一般为3～4m。双向板比单向板的刚度好，且可节约材料和充分发挥钢筋的受力作用。

板式楼板具有整体性好、所占建筑空间小、顶棚平整、施工支模简单等特点，但板的跨度较小，适用于居住建筑中的居室、厨房、卫生间、走廊等小跨度的房间。

(2) 梁板式楼板

由板、梁组合而成的楼板称为梁板式楼板（又称为肋形楼板）。根据梁的构造

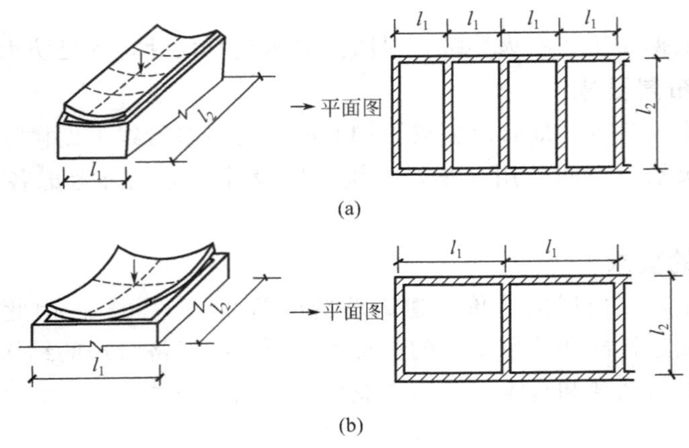

图 8-3 板式楼板

(a) 单向板；(b) 双向板

l_1—短边尺寸；l_2—长边尺寸

情况又可分为单梁式、复梁式和井梁式楼板。

① 单梁式楼板　当房间的尺寸不大时，可以只在一个方向设梁，梁直接支承在墙上，称为单梁式楼板，如图 8-4 所示。这种楼板适用于民用建筑中的教学楼、办公楼等。

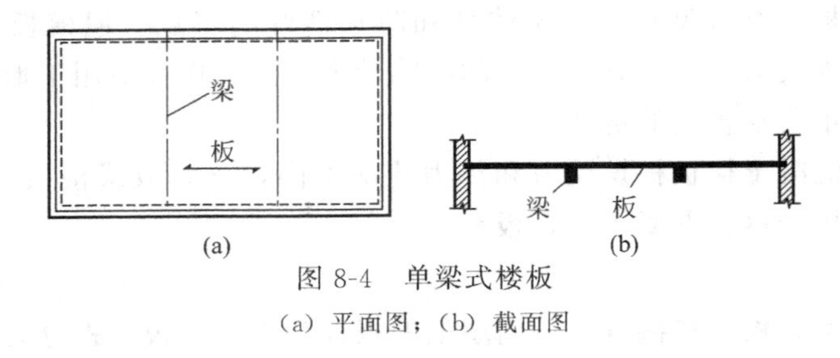

图 8-4 单梁式楼板

(a) 平面图；(b) 截面图

② 复梁式楼板　当房间平面尺寸的任何一个方向均大于 6m 时，就应该在两个方向设梁，有时还应设柱子。其中一向为主梁，另一向为次梁。主梁一般沿房间的短跨布置，经济跨度为 5～8m，截面高为跨度的 1/14～1/8，截面宽为截面高的 1/3～1/2，由墙或柱支承。次梁垂直于主梁布置，经济跨度为 4～6m，截面高为跨度的 1/18～1/12，截面宽为截面高的 1/3～1/2，由主梁支承。板支承于次梁上，跨度一般为 1.7～2.7m，板的厚度与其跨度和支承情况相关，一般不小于 60mm。这种有主次梁的楼板称为复梁式楼板，如图 8-5 所示。

③ 井梁式楼板　井梁式楼板是梁板式楼板的一种特殊形式。当房间尺寸较大，而且接近正方形时，经常沿两个方向布置等距离、等截面的梁，从而形成井格式的梁板结构，如图 8-6 所示。这种结构不分主次梁，中部不设柱子，常用于跨度为

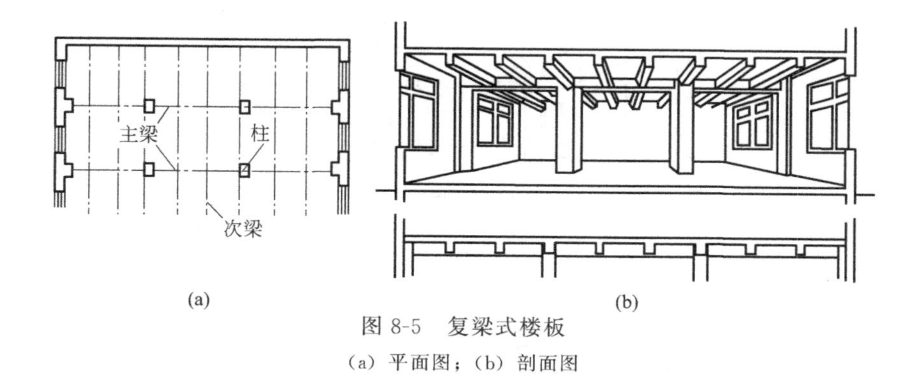

图 8-5 复梁式楼板

(a) 平面图；(b) 剖面图

10m 左右，长短边之比小于 1.5 的形状近似方形的公共建筑的门厅、大厅等处。

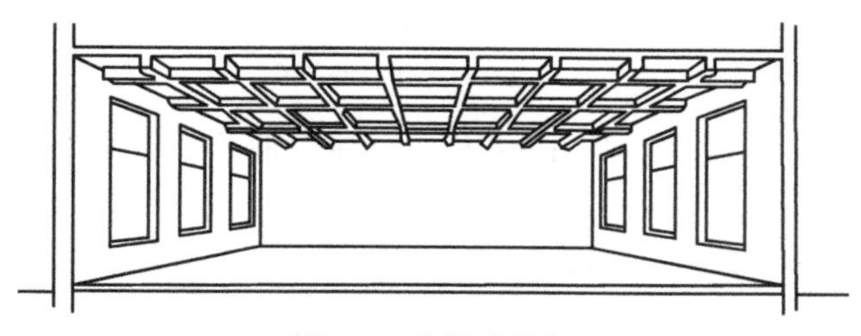

图 8-6 井梁式楼板

板和梁支承在墙上，为避免把墙压坏，保证荷载的可靠传递，支点处应有一定的支承面积。《建筑抗震设计规范》(GB 50011—2010) 规定：现浇钢筋混凝土楼板或屋面板伸进纵、横墙内的长度均不应小于 120mm。梁在墙上的搁置长度与梁的截面高度相关，当梁高小于或等于 500mm 时，搁置长度不小于 180mm；当梁高大于 500mm 时，搁置长度不小于 240mm。

(3) 无梁楼板

在框架结构中将板直接支承在柱上，而且不设梁的楼板称为无梁楼板，分为有柱帽和无柱帽两种。当楼面荷载较小时，可采用无柱帽式的无梁楼板；当荷载较大时，为提高楼板的承载能力和刚度，增加柱对板的支托面积并减小板跨，一般在柱顶加设柱帽或托板，如图 8-7 所示。无梁楼板的柱网一般布置为方形或者矩形，一般柱距以 6m 左右较为经济。由于板跨较大，无梁楼板的板厚不宜小于 150mm。

无梁楼板顶棚平整，室内净空大，采光、通风和卫生条件较好，便于工业化（升板法）施工，适用于楼层荷载较大的商场、仓库、展览馆等建筑。给水工程中的清水池的底板和顶板也常采用无梁楼板的形式。

(4) 压型钢板混凝土组合板

以压型钢板为衬板，与混凝土浇筑在一起，搁置在钢梁上构成的整体式楼板称为压型钢板混凝土组合板。这种楼板主要由楼面层、组合板（包括现浇混凝土与钢

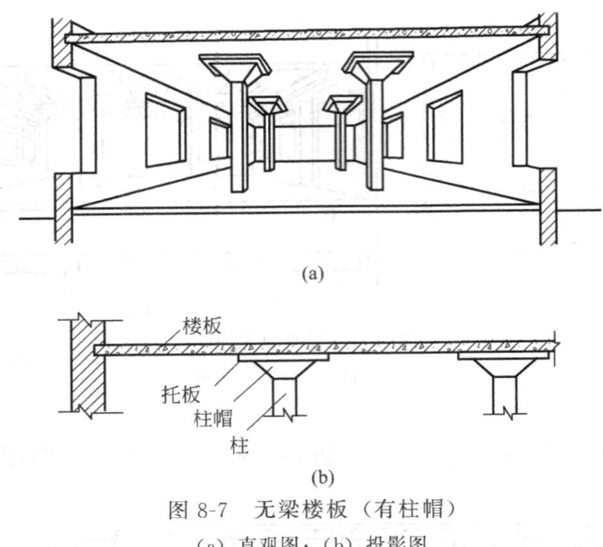

图 8-7 无梁楼板（有柱帽）

（a）直观图；（b）投影图

衬板）及钢梁等几部分构成，如图 8-8 所示。压型钢板起到了现浇混凝土的永久性模板和受拉钢筋的双重作用，同时又是施工的台板，可以简化施工程序，加快了施工进度。另外，还可利用压型钢板肋间的空间铺设电力管线或通风管道。目前压型钢板混凝土组合板已在大空间建筑和高层建筑中采用。

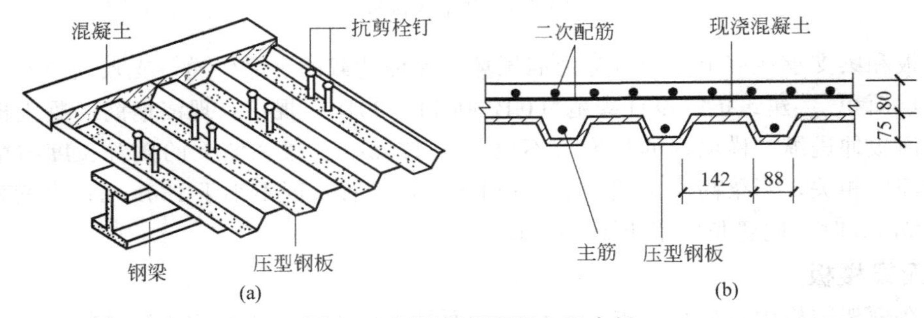

图 8-8 压型钢板混凝土组合板

（a）直观图；（b）断面图

8.2.2 预制装配式钢筋混凝土楼板构造

预制装配式钢筋混凝土楼板是指将钢筋混凝土楼板在预制厂或施工现场进行预先制作，施工时运输安装而成的楼板。这种楼板能够节约模板、减少现场工序、缩短工期、提高施工工业化的水平，但是由于其整体性能差，所以近年来在实际工程中的应用逐渐减少。

（1）预制板的类型

预制装配式钢筋混凝土楼板按构造形式分为实心平板、槽形板、空心板三种。

① 实心平板　实心平板上下板面较平整，跨度一般不超过 2.4m，厚度约为 60～100mm，宽度为 600～1000mm，由于板的厚度小，隔声效果差，一般不用作使用房间的楼板，多用作楼梯平台、走道板、搁板、阳台栏板、管沟盖板等，如图 8-9 所示。

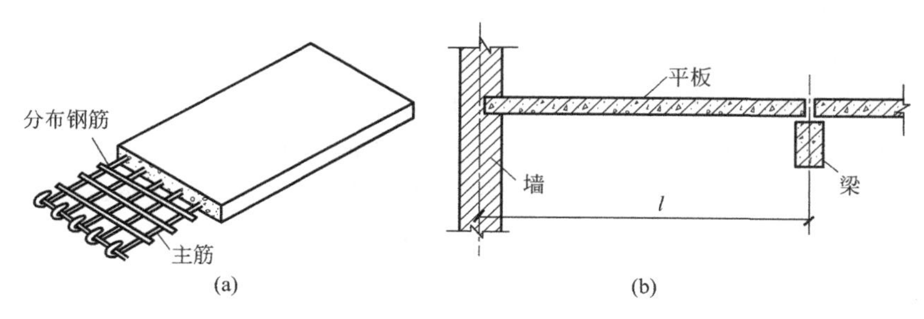

图 8-9　实心平板

(a) 平面图；(b) 截面图

l—板宽

② 槽形板　槽形板是一种梁板合一的构件，在板的两侧设有小梁（又叫肋），构成槽形断面，所以称槽形板。当板肋位于板的下面时，槽口向下，结构合理，为正槽板；当板肋位于板的上面时，槽口向上，为反槽板，如图 8-10 所示。

槽形板的跨度为 3～7.2m，板宽为 600～1200mm，板肋高一般为 150～300mm。因为板肋形成了板的支点，板跨减小，所以板厚较小，只有 25～35mm。为了增加槽形板的刚度，也便于搁置，板的端部需设端肋与纵肋相连。当板的长度

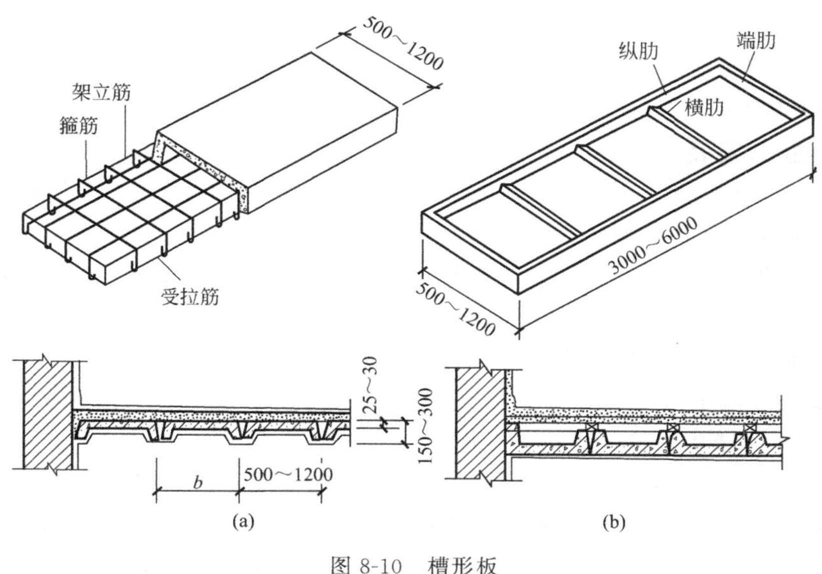

图 8-10　槽形板

(a) 正槽板；(b) 反槽板

b—板宽

超过 6m 时，需沿着板长每隔 1000～1500mm 增设横肋。

槽形板具有自重轻、节省材料、造价低、便于开孔留洞等特点。但正槽板的板底不平整、隔声效果较差，常用于对观瞻要求不高或做悬吊顶棚的房间；反槽板的受力与经济性不如正槽板，但是板底平整，朝上的槽口内可填充轻质材料，以提高楼板的保温隔热效果。

③ 空心板　空心板是将平板沿纵向抽孔，将多余的材料去掉，形成一种中空的钢筋混凝土楼板。板中孔洞的形状有方孔、椭圆孔和圆孔等，由于圆孔板构造合理，制作方便，因此应用广泛，如图 8-11(a) 所示。侧缝的形式与生产预制板的侧模有关，常见有 V 形缝、U 形缝和凹槽缝三种，如图 8-11(b) 所示。

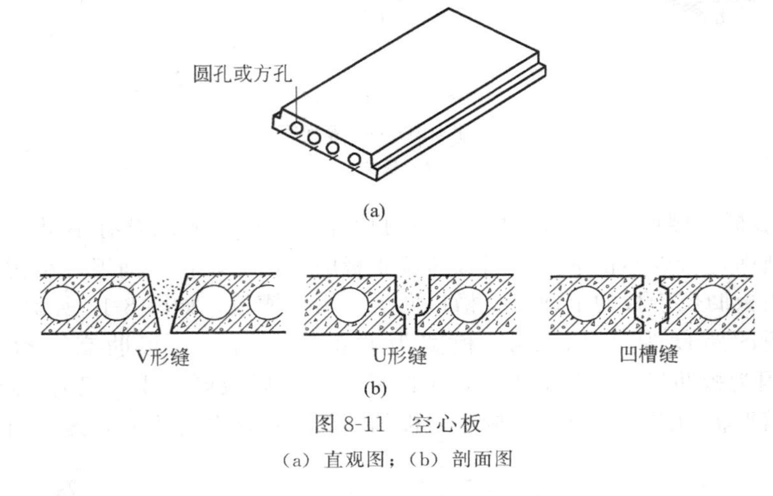

图 8-11　空心板

(a) 直观图；(b) 剖面图

空心板的跨度一般为 2.4～7.2m，板宽通常为 500mm、600mm、900mm、1200mm，板厚有 120mm、150mm、180mm、240mm 等。

(2) 预制板的安装构造

在空心板安装前，为了提高板端的承压能力，避免灌缝材料进入孔洞内，应用混凝土或砖填塞端部孔洞。

对预制板进行结构布置时，应根据房间的平面尺寸，结合所选板的规格来定。当房间的平面尺寸较小时，可采用板式结构，将预制板直接搁置在墙上，由墙来承受板传来的荷载，如图 8-12(a) 所示。当房间的开间、进深尺寸都比较大时，需要先在墙上搁置梁，由梁来支承楼板，这种楼板的布置方式为梁板式结构，如图 8-12(b) 所示。

在预制板安装时，应先在墙或梁上铺 10～20mm 厚的 M5 水泥砂浆进行坐浆，然后铺板，使板与墙或梁有较好的连接，也能保证墙或梁受力均匀。同时，预制板在墙和梁上均应有足够的搁置长度，在梁上的搁置长度不应小于 80mm，在砖墙上的搁置长度应不小于 100mm。

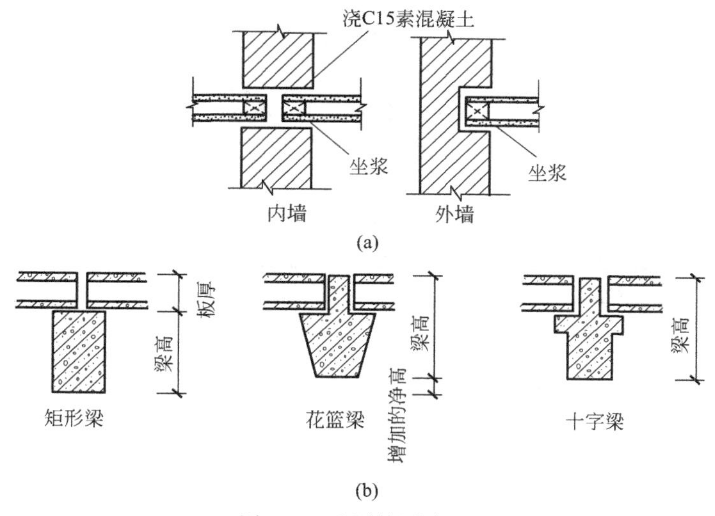

图 8-12 预制板的搁置

(a) 在墙上；(b) 在梁上

预制板安装后，板的端缝和侧缝应用细石混凝土灌注，从而提高板的整体性。

8.2.3 装配整体式钢筋混凝土楼板构造

为克服现浇板消耗模板量大，预制板整体性差的缺点，可将楼板的一部分预制安装后，再整浇一层钢筋混凝土，这种楼板为装配整体式钢筋混凝土楼板。装配整体式钢筋混凝土楼板按结构及构造方法的不同有密肋楼板和叠合楼板等类型。

（1）密肋楼板

密肋楼板是在预制或现浇的钢筋混凝土小梁之间先填充陶土空心砖、加气混凝土块、粉煤灰块等块材，然后整浇混凝土而成，如图 8-13 所示。这种楼板构件数量多，施工麻烦，在工程中应用的比较少。

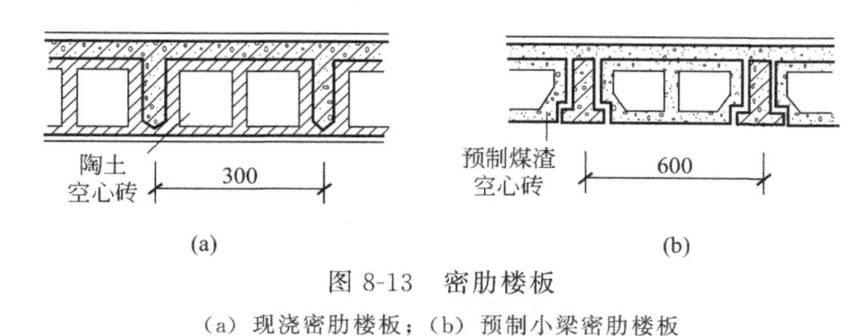

图 8-13 密肋楼板

(a) 现浇密肋楼板；(b) 预制小梁密肋楼板

（2）叠合楼板

叠合楼板是以预制钢筋混凝土薄板为永久模板承受施工荷载，上面整浇混凝土叠合层所形成的一种整体楼板，如图 8-14 所示。板中混凝土叠合层强度为 C20 级，厚度一般为100～120mm。这种楼板具有较好的整体性，板中预制薄板具有结构、模板、装修等多种功能，施工简便，适用于住宅、宾馆、教学楼、办公楼、医院等建筑。

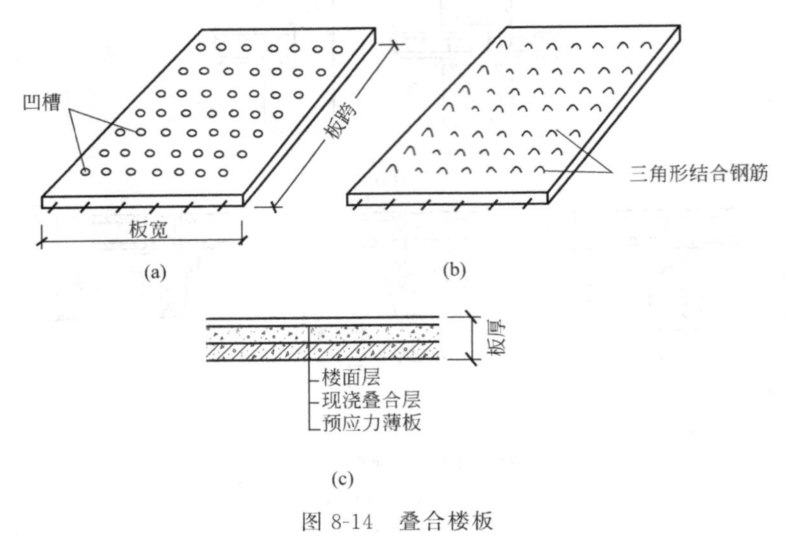

图 8-14　叠合楼板

(a) 板面刻槽；(b) 板面露出三角形结合钢筋；(c) 叠合组合薄板

8.3　地坪层与楼地面构造图识读

8.3.1　地坪层的构造

地坪层按其与土壤之间的关系分为实铺地坪和空铺地坪。

(1) 实铺地坪

实铺地坪一般由面层、垫层、基层三个基本层次组成，如图8-15所示。实铺地坪构造简单，坚固、耐久，在建筑工程中应用广泛。

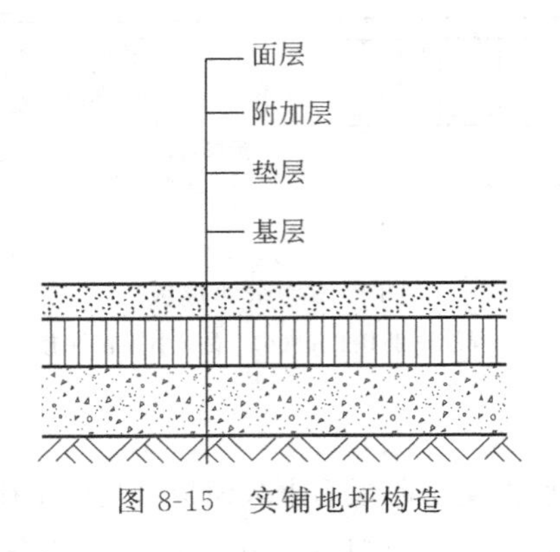

图 8-15　实铺地坪构造

① 面层　它属于表面层，直接接受各种物理和化学的作用，应满足坚固、耐磨、平整、光洁、不起尘、易于清洗、防水、防火、有一定弹性等使用要求。地坪层一般以面层所用的材料来命名。

② 垫层　它是位于基层和面层之间的过渡层，其作用是满足面层铺设所要求的刚度和平整度，分为刚性垫层和非刚性垫层。刚性垫层一般采用强度等级为C10的混凝土，厚度为60～100mm，适用于整体面层和小块料面层的地坪中，例如水磨石、水泥砂浆、陶瓷锦砖、缸砖等地面。非刚性垫层一般采用砂、碎石、三合土等散粒状材料夯实而成，厚度为60～120mm，用于面层材料为强度高、厚度大的大块料面层地坪中，例如预制混凝土地面等。

③ 基层　它是位于最下面的承重土壤。当地坪上部的荷载较小时，一般采用素土夯实；当地坪上部的荷载较大时，则需要对基层进行加固处理，例如灰土夯实、夯入碎石等。

④ 附加层　随着科学技术的发展，人们对地坪层提出了更多的使用功能上的要求，为满足这些要求，地坪层可加设相应的附加层，例如防水层、防潮层、隔声层、隔热层、管道铺设层等，这些附加层位于面层和垫层之间。

(2) 空铺地坪

当房间要求地面需要严格防潮或有较好的弹性时，可采用空铺地坪的做法，即在夯实的地垅墙上铺设预制钢筋混凝土板或木板层，如图8-16所示。采用空铺地坪时，可以在外墙勒脚部位及地垄墙上设置通风口，以便空气对流。

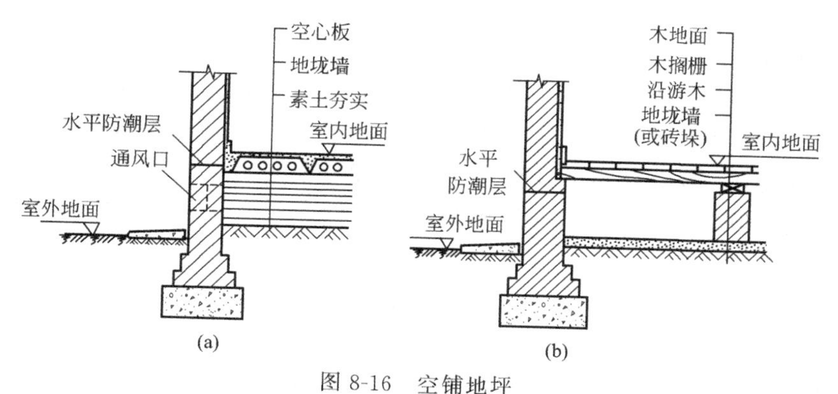

图8-16　空铺地坪

(a) 钢筋混凝土预制板空铺地层；(b) 木空铺地层

8.3.2　楼地面的构造

按楼地面所用的材料和施工方式的不同，地面常用的构造类型有整体式地面、块料地面和卷材地面等。

(1) 整体式地面

① 水泥砂浆地面（图8-17）　水泥砂浆地面是使用普通的一种低档地面，具有

构造简单、坚硬、强度较高等特点，但容易起灰、无弹性、热工性较差、色彩灰暗。其做法是在钢筋混凝土楼板或混凝土垫层上先用 15～20mm 厚 1：3 水泥砂浆打底找平，再用 5～10mm 厚 1：2 或 1：2.5 水泥砂浆抹面、压光。表面可做抹光面层，也可做成有纹理的防滑水泥砂浆地面。接缝采用勾缝或压缝条的方式。

② 水磨石地面（图 8-18）　水磨石地面表面平整光滑、耐磨易清洁、不起灰、耐腐蚀，且造价不高。缺点是地面容易产生泛湿现象、弹性差、有水时容易打滑，施工较复杂，适用于公共建筑的室内地面。现浇水磨石地面做法是先用 10～15mm 厚 1：3 水泥砂浆在钢筋混凝土楼板或混凝土垫层上做找平层，然后在其上用 1：1 水泥砂浆固定分格条，再用 10～15mm 厚（1：2.5）～（1：1.5）水泥石子砂浆做面层，经研磨清洗上蜡而成。分格条可以采用钢条、玻璃条、铜条、塑料条或铝合金条。

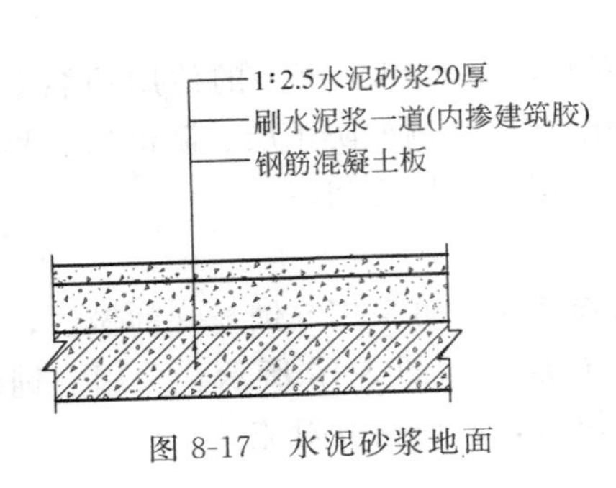

图 8-17　水泥砂浆地面

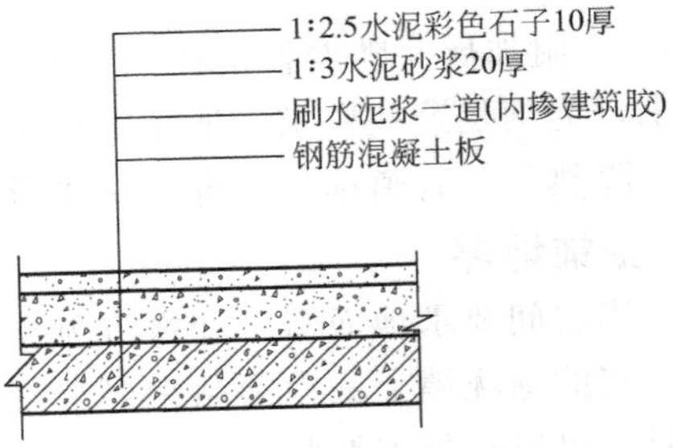

1:2.5水泥彩色石子10厚
1:3水泥砂浆20厚
刷水泥浆一道(内掺建筑胶)
钢筋混凝土板

图 8-18　水磨石地面构造

（2）块料地面

块料地面是指以陶瓷地砖、陶瓷锦砖、缸砖、水泥砖以及各类预制板块、大理石板、花岗岩石板、塑料板块等板材铺砌的地面。其特点是花色品质多样，经久耐用，防火性能好，易于清洁，且施工速度快，湿作业量少，因此被广泛应用于建筑中各类房间。但是此类地面属于刚性地面，弹性、保温、消声等性能较差，造价较高。

① 大理石、花岗岩石材地面　花岗岩石材分天然石材和人造石材两种，具有强度高、耐腐蚀、耐污染、施工简便等特点，一般用于装修标准较高的公共建筑的门厅、休息厅、营业厅或要求较高的卫生间等房间地面。

天然大理石、花岗岩石板规格大小不一，一般厚 20～30mm。构造做法是在楼板或垫层上抹 30mm 厚（1：4）～（1：3）干硬性水泥砂浆，在其上铺石板，最后用素水泥浆填缝，用于有水的房间时，可以在找平层上做防水层。若为提高隔声效果和铺设暗管线的需要，可在楼板上做厚度 60～100mm 轻质材料垫层，如图 8-19 所示。

② 地砖地面　用于室内的地砖种类很多，目前常用的地砖材料有陶瓷锦砖、陶瓷地砖、缸砖等，规格大小也不尽相同。具有表面平整、质地坚硬、耐磨、耐酸

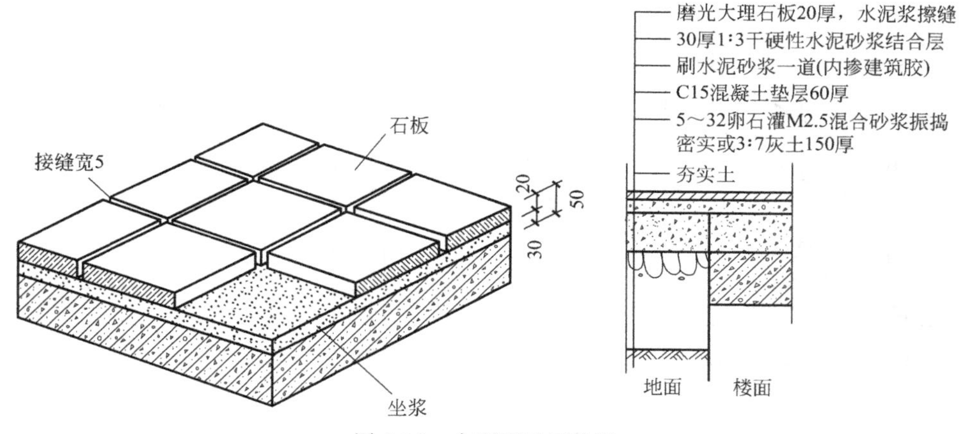

图 8-19 大理石地面构造

碱、吸水率小、色彩多样、施工方便等特点，适用于公共建筑及居住建筑的各类房间。

有些材料的地砖还可以做拼花地面。地面的表面质感有的光泽如镜面，也有的凹凸不平，可以根据不同空间性质选用不同形式及材料的地砖。一般以水泥砂浆在基层找平后直接铺装即可。

a. 陶瓷锦砖地面。陶瓷锦砖是以优质瓷土烧制成 19～25mm 见方，厚 6～7mm 的小块，出厂前按设计图案拼成 300mm×300mm 或 600mm×600mm 的规格，反贴于牛皮纸上。具有质地坚硬、经久耐用、表面色泽鲜艳、装饰效果好，且防水、耐腐蚀、易清洁的特点，适用于有水、有腐蚀性液体作用的地面。做法是 15～20mm 厚 1∶3 水泥砂浆找平；5mm 厚（1∶1.5)～(1∶1）水泥砂浆或 3～4mm 素水泥浆加 108 胶粘贴，用滚筒压平，使水泥浆挤入缝隙；待硬化后，用水洗去皮纸，再用干水泥擦缝，如图 8-20 所示。

b. 陶瓷地砖地面。陶瓷地砖分为釉面和无釉面两种。规格有 600～1200mm 不等，形状多为方形，也有矩形，地砖背面有凸棱，有利于地砖胶结牢固，具有表面光滑、坚硬耐磨、耐酸耐碱、防水性好、不宜变色的特点。做法是在基层上做 10～20mm 厚 1∶3 水泥砂浆找平层，然后浇素水泥浆一道，铺地砖，最后用水泥砂浆嵌缝，如图 8-21 所示。对于规格较大的地砖，找平层要用干硬性水泥砂浆。

③ 竹、木地面　竹、木地面是无防水要求房间采用较多的一类地面，具有不起灰、易清洁、弹性好、耐磨、热导率小、保温性能好、不返潮等优点，但耐火性差、潮湿环境下易腐朽、易产生裂缝和翘曲变形，常用于高级住宅、宾馆、剧院舞台等的室内装修中。

竹、木地面的构造做法分为空铺式、实铺式和粘贴式三种。

a. 空铺式木地面是将木地板用地垅墙、砖墩或钢木支架架空，具有弹性好、脚

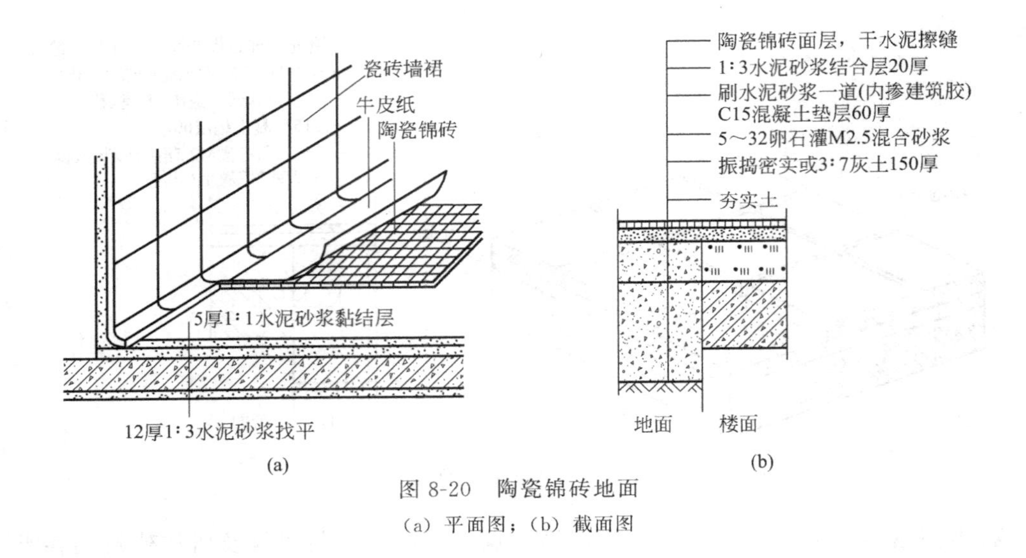

图 8-20　陶瓷锦砖地面

(a) 平面图；(b) 截面图

感舒适、防潮和隔声等优点，一般用于剧院舞台地面，如图 8-22 所示。

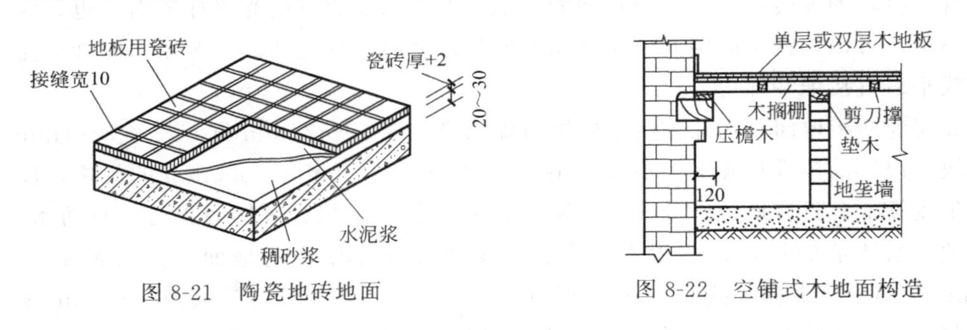

图 8-21　陶瓷地砖地面

图 8-22　空铺式木地面构造

空铺式木地面做法是在地垄墙上预留 120mm×190mm 的洞口，在外墙上预留同样大小的通风口，为防止鼠类等动物进入其内，应加设铸铁通风篦子。木地板与墙体的交接处应做木踢脚板，其高度在 100～150mm 之间，踢脚板与墙体交接处还应预留直径为 6mm 的通风洞，间距为 1000mm。

b. 实铺式木地面是在结构基层找平层上固定木搁栅，再将硬木地板铺钉在木搁栅上，其构造做法分为单层和双层铺钉。

双层实铺式木地面做法是在钢筋混凝土楼板或混凝土垫层内预留 Ω 形铁卡子，间距为 400mm，用 10 号镀锌钢丝将 50mm×70mm 木搁栅与铁鼻子绑扎。搁栅之间设 50mm×50mm 横撑，横撑间距 800mm（搁栅及横撑应满涂防腐剂）。搁栅上沿 45°或 90°铺钉 18～22mm 厚松木或杉木毛地板，拼接可用平缝或高低缝，缝隙不超过 3mm。面板背面刷氟化钠防腐剂，与毛板之间应衬一层塑料薄膜缓冲层。

单层做法与双层相同，只是不做毛板一层，如图 8-23(a)、(b) 所示。

c. 粘贴式竹、木地面是在钢筋混凝土楼板或混凝土垫层上做找平层。目前多用大规格的复合地板，然后用黏结材料将木地板直接粘贴其上，要求基层平整，如图 8-23(c) 所示。具有耐磨、防水、防火、耐腐蚀等特点，是木地板中构造做法最简便的一种。

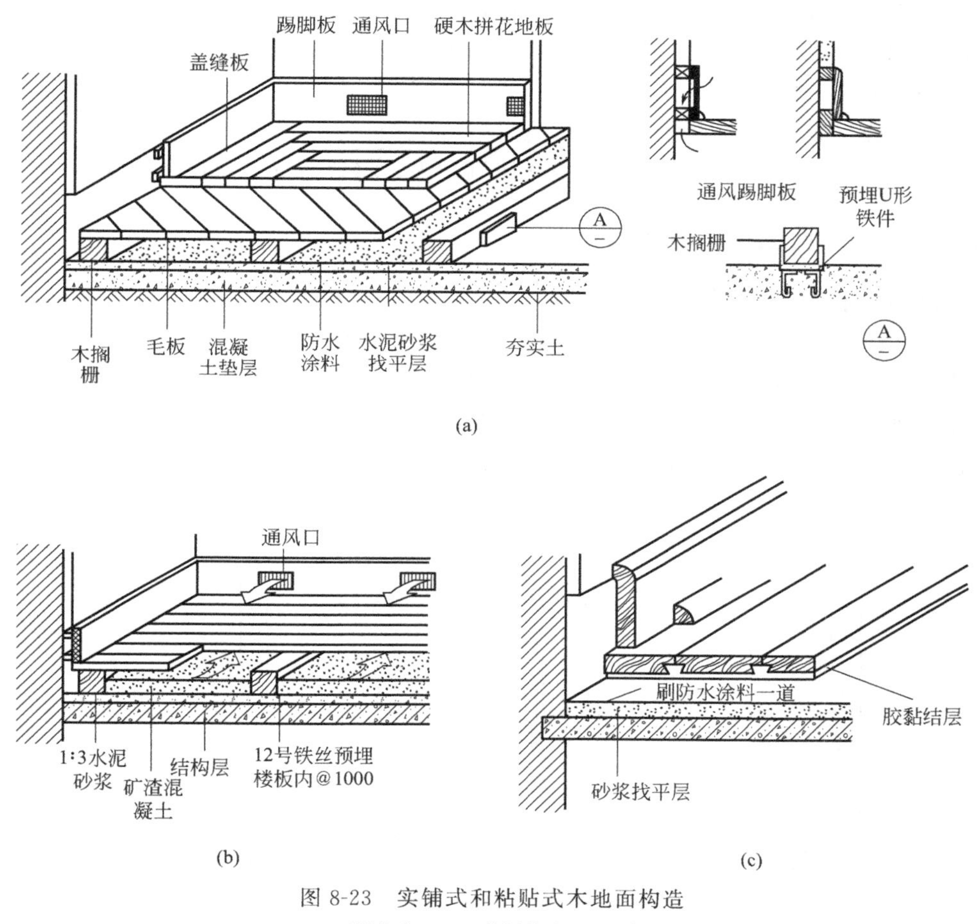

图 8-23 实铺式和粘贴式木地面构造

(a) 双层构造；(b) 单层构造；(c) 粘贴式

(3) 卷材地面

① 塑料地毡　塑料类地毡包括油地毡、橡胶地毡、聚氯乙烯地毡等。聚氯乙烯地毡系列是塑料地面中最广泛使用的材料，优点是重量轻、强度高、耐腐蚀、吸水率小、表面光滑、易清洁、耐磨，有不导电和较高的弹塑性能。缺点是受温度影响大，需经常做打蜡维护。聚氯乙烯地毡分为玻璃纤维垫层、聚氯乙烯发泡层、印刷层和聚氯乙烯透明层等。在地板上涂上水泥砂浆底层，等充分干燥后，再用黏结剂将装修材料加以粘贴。

② 地毯　地毯可分为天然纤维和合成纤维地毯两类。天然纤维地毯是指羊毛

地毯，特点是柔软、温暖、舒适、豪华、富有弹性，但是价格昂贵，耐久性又比合成纤维的差。合成纤维地毯包括丙烯酸、聚丙烯腈纶纤维地毯、聚酯纤维地毯、烯族烃纤维和聚丙烯地毯、尼龙地毯等，按面层织物的织法不同分为栽绒地毯、针扎地毯、机织地毯、编结地毯、黏结地毯、静电植绒地毯等。

地毯铺设方法分为固定与不固定两种，铺设分为满铺和局部铺设。不固定式是将地毯裁边、黏结拼缝成一整片，直接摊铺于地上。固定式则是将地毯四周与房间地面加以固定。固定方法如下：

a. 用施工胶黏剂将地毯的四周与地面粘贴；

b. 在房间周边地面上安装木质或金属倒刺板，将地毯背面固定在倒刺板。

8.3.3 楼地层的细部构造

(1) 踢脚板和墙裙构造

① 踢脚板构造　踢脚板是地面与墙面交接处的构造处理形式，其主要作用是遮盖墙面与楼地面的接缝，防止碰撞墙面或擦洗地面时弄脏墙面。可以将踢脚板看作是楼地面在墙面上的延伸，一般采用与楼地面相同的材料，有时采用木材制作，其高度一般为 120～150mm，可以凸出墙面、凹进墙面或与墙面相平，如图 8-24 所示。

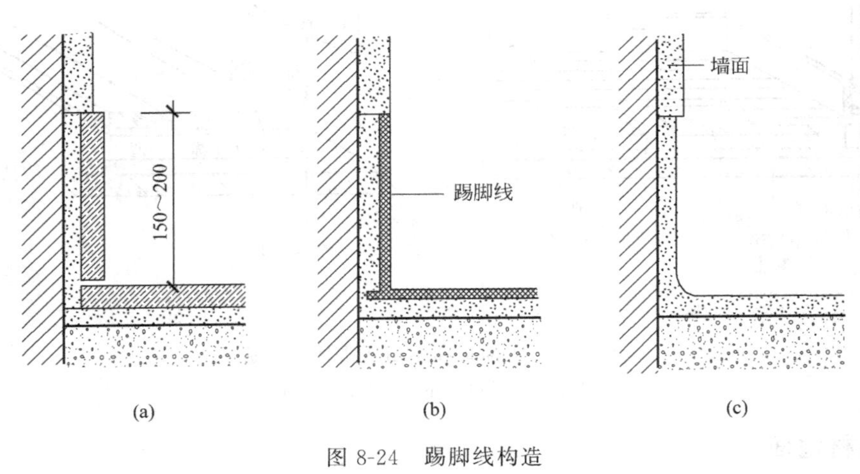

图 8-24　踢脚线构造

(a) 凸出墙面；(b) 与墙面平齐；(c) 凹进墙面

② 墙裙构造　墙裙是内墙面装修层在下部的处理，它的主要作用是防止人们在建筑物内活动时碰撞或污染墙面，并且起一定的装饰作用。墙裙应采用有一定强度、耐污染、方便清洗的材料，例如油漆、水泥砂浆、瓷砖、木材等，通常采用贴瓷砖的做法。墙裙的高度和房间的用途相关，一般为 900～1200mm，对于受水影响的房间，高度为 900～2000mm。

(2) 楼地层防潮与防水构造

① 地层防潮构造 当地坪表面温度降到露点温度时，空气中的水蒸气遇冷便凝聚成小水珠附在地表面上，当地面的吸水性较差时，使室内物品受潮，当空气湿度很大时，墙体和楼板层都会出现返潮现象。

避免返潮现象主要是解决两个问题：一是解决围护结构内表面与室内空气温差过大的问题，使围护结构内表面在露点温度以上；二是降低空气相对湿度，加强通风。可采取以下构造措施改善地坪返潮。

a. 保温地面。对地下水位低、地基土壤干燥的地区，可在面层下面铺设一层保温层，以改善地面与室内空气温差过大的矛盾。在地下水位较高地区，可将保温层设在面层与结构层之间，并在保温层下设防水层。

b. 吸湿地面。用黏土砖、大阶砖、陶土防潮砖做地面。由于这些材料中存在大量孔隙，当返潮时，面层会暂时吸收少量冷凝水，待空气湿度较小时，水分又能自然蒸发掉，因此地面不会有明显的潮湿现象。

c. 架空式地坪。在底层地坪下设通风间层，使底层地坪不接触土壤，以改变地面的温度状况，从而减少冷凝水的产生，使返潮现象得到明显的改善。

② 楼地层防水构造 对于室内积水机会多、容易发生渗漏现象的房间（例如厨房、卫生间等），应做好楼地层的排水和防水构造。

a. 楼面排水。为便于排水，首先要设置地漏，并且使地面由四周向地漏有一定的坡度，从而引导水流入地漏。地面排水坡度一般为1%～1.5%。另外，有水房间的地面标高应比其他房间或走道低30～50mm，若不能实现标高差时，也可在门口做30～50mm高的门槛，以防止水多时或地漏不畅通时积水外溢。

b. 楼层防水。有防水要求的楼层，其结构应当以现浇钢筋混凝土楼板为好。面层也宜采用水泥砂浆、水磨石地面或缸砖、瓷砖、陶瓷锦砖等防水性能好的材料。为提高防水质量，可在结构层或垫层与面层间设防水层一道；还应当将防水层沿房间四周墙体延伸至踢脚内至少150mm，以防墙体受水侵蚀；门口处应当将防水层铺出门外至少250mm，如图8-25(a)、(b) 所示。常见的防水材料包括防水卷材、防水砂浆和防水涂料三种。

竖向管道穿越的地方是楼层防水的薄弱环节，工程上有两种处理方法：一是普通管道穿越的周围用C20干硬性混凝土填充捣密，然后用两布两油橡胶酸性沥青防水涂料做密封处理，如图8-25(c) 所示；二是热力管穿越楼层时，先在楼层热力管通过处预埋管径比立管略大的套管，套管高出地面30mm左右，套管四周用上述方法密封，如图8-25(d) 所示。

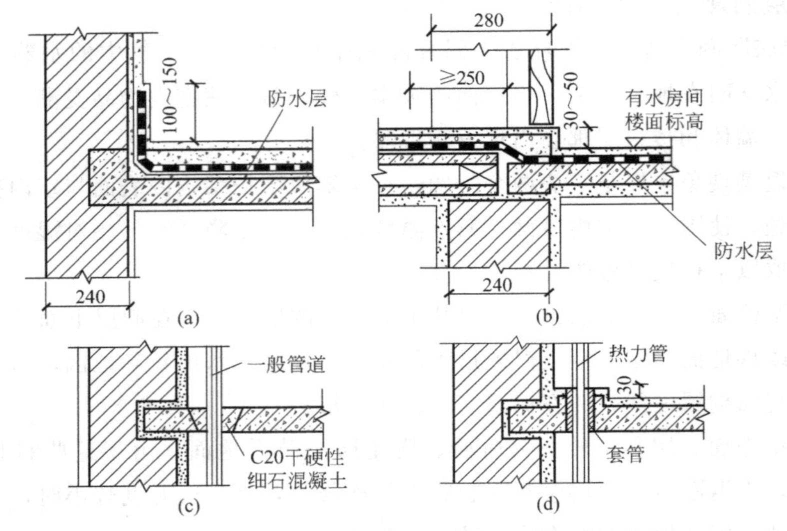

图 8-25 楼板层防水处理及管道穿越楼板时的处理

(a) 防水层伸入踢脚；(b) 防水层铺至门外；(c) 普通管道穿越楼板的处理；(d) 热力管道穿越楼板的处理

8.4 顶棚构造图识读

顶棚是楼板层下面的装修层。根据构造方式不同，顶棚可以分为直接式顶棚和吊顶棚两种。

8.4.1 直接式顶棚

直接式顶棚是指在钢筋混凝土楼板下做饰面层而形成的顶棚。此种顶棚构造简单，施工方便，造价较低，适用于绝大多数房间。

(1) 直接喷刷涂料顶棚

当楼板底面平整、室内装饰要求不高时，楼板底部简单刮平后直接喷刷大白浆、石灰浆等涂料，以增加顶棚的反射光照作用。

(2) 抹灰喷刷涂料顶棚

当楼板底面不够平整或室内装饰要求较高时，可以在楼板底部抹灰后再喷刷涂料。找平层材料有：纸筋灰（混合砂浆打底）、水泥砂浆、混合砂浆、石膏腻子等，其中纸筋灰应用最为普遍，如图 8-31(a) 所示。

(3) 贴面顶棚

对于有保温、隔热、吸声要求的房间，以及楼板底部不需要铺设管线、装饰要求高的房间；可于楼板底面用水泥砂浆打底找平，再用黏结剂粘贴墙纸、泡沫塑料板、铝塑板或装饰吸音板等，如图 8-26(b) 所示。

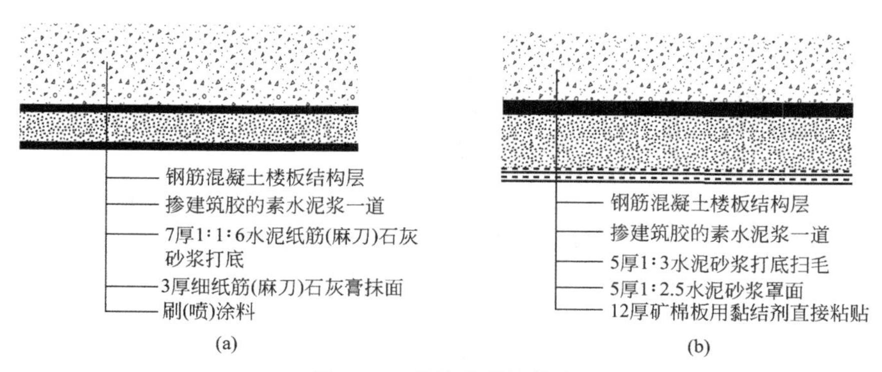

图 8-26 直接式顶棚构造

(a) 抹灰顶；(b) 贴面顶棚

8.4.2 吊顶棚

吊顶棚是指悬挂在屋顶或楼板下，由骨架或面板所组成的顶棚。吊顶构造复杂、施工麻烦、造价较高，适用于装修标准较高而楼板底部不平或楼板下面铺设管线的房间以及有特殊要求的房间。

(1) 吊顶的设计要求

① 吊顶应该有足够的净空高度，以便于各种设备管线的铺设。

② 合理安排灯具、通风口的位置，以符合照明、通风要求。

③ 选择合适的材料和构造做法，使吊顶的燃烧性能和耐火极限满足防火规范要求。

④ 便于制作、安装和维修。

⑤ 对特殊房间，吊顶棚应满足隔声、音质、保温等特殊要求。

⑥ 应满足美观和经济等方面的要求。

(2) 吊顶构造

骨架系统一般是由吊筋、主龙骨、次龙骨等组成的，吊筋将主龙骨固定在楼板上，次龙骨固定在主龙骨上，面板固定在次龙骨上。

龙骨按照所用材料不同分为金属龙骨和木龙骨。目前，常用的龙骨有薄钢带或铝合金制作的轻钢金属龙骨、木方龙骨。面板常用的有木质板、石膏板、铝合金板、PVC（聚氯乙烯）塑料扣板。

当需要设置吊顶的房间面积比较小或面板的面积比较小的时候，可以将吊顶的主龙骨直接固定在墙体上，如果吊顶的面积比较大，主龙骨的边缘可以固定在墙上，中间部分需要用吊筋固定在楼板上，如图 8-27 所示。

① 木龙骨吊顶　木龙骨吊顶的主龙骨截面一般为 50mm×70mm 方木，中距

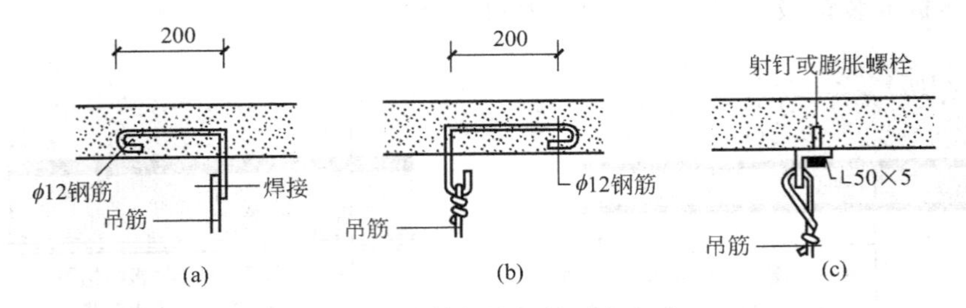

图 8-27　吊筋与楼板的固定方式

(a) 固定方式一；(b) 固定方式二；(c) 固定方式三

900～1200mm，一般是单向排列。次龙骨截面为 40mm×40mm 方木，间距一般 400～500mm，通过吊木吊在主龙骨下方，可单向布置，也可双向布置，如图 8-28 所示。

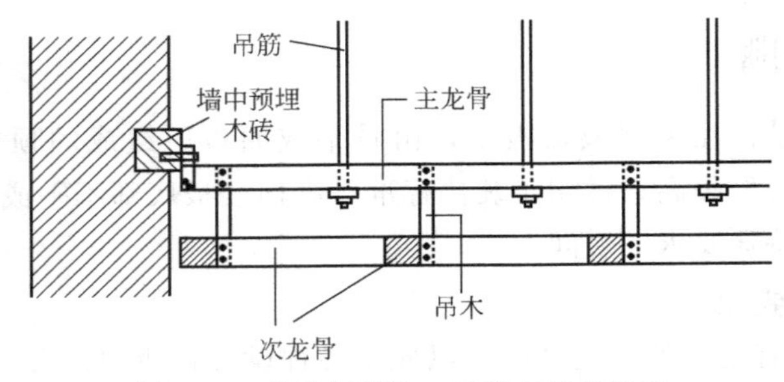

图 8-28　龙骨与墙体、吊筋之间的连接

过去木龙骨吊顶采用的面板常为抹灰面板，在次龙骨上钉木板条，然后抹灰，最后做表面装修，价格低廉，但是作业量大，随着近些年来建筑材料的发展，目前常用的面板为胶合板、纤维板、木丝板、刨花板、石膏板、PVC 扣板等。

吊顶的形式可为满堂形式的，也可以在四周做窄吊顶称为边沿式吊顶。

② 金属龙骨吊顶　金属龙骨吊顶材料一般以轻钢或铝合金型材为龙骨，其特点是自重轻、刚度大、防火性能好、施工安装快、无湿作业，应用较为广泛。骨架系统的构造方式为：主龙骨截面有 U 形、倒 T 形、凹形等，一般是单向布置，次龙骨呈双向固定在主龙骨的下方，面板再固定在次龙骨上，如图 8-29 所示。

铝合金面板最后固定在次龙骨上，面板主要有人造非金属和金属面板，如图 8-30 所示。

人造板有纸面石膏板、浇筑石膏板、水泥石棉板、铝塑板；金属板有铝板、铝合金板、不锈钢板等，面板的形状有条形、方形、长方形、折棱形、曲面形等，面板的固定方式有螺丝固定、直接搁置在龙骨上等。

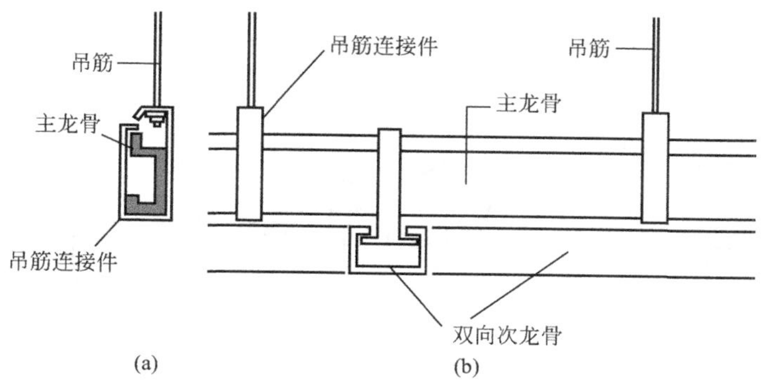

图 8-29　分主、次龙骨的金属龙骨系统

(a) 截面图；(b) 平面图

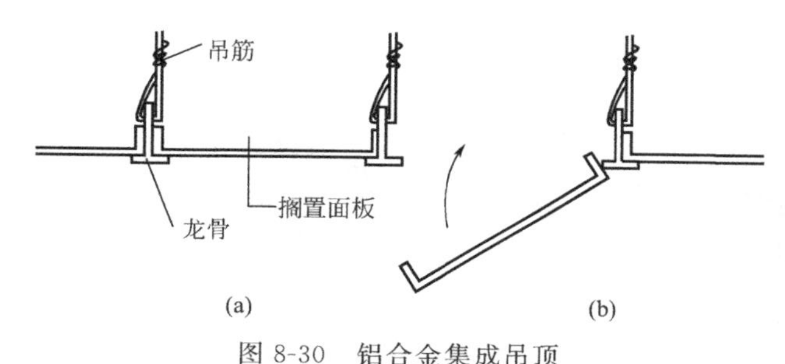

图 8-30　铝合金集成吊顶

(a) 面板搁置位置；(b) 面板搁置方法

8.5　阳台与雨篷构造图识读

8.5.1　阳台

阳台是多层及高层建筑中供人们室外活动的平台，有生活阳台和服务阳台两种。生活阳台设在阳面或主立面，主要供人们休息、活动、晾晒衣物；服务阳台多与厨房相连，主要供人们从事家庭服务操作与存放杂物。阳台的设置大大改善了楼房的居住条件，同时又可点缀和装饰建筑立面。

阳台按照其与外墙的相对位置分为凸阳台、凹阳台和半凸半凹阳台。凹阳台实为楼板层的一部分，构造与楼板层相同，而凸阳台的受力构件为悬挑构件，其挑出长度和构造做法一定要满足结构抗倾覆的要求。

(1) 凸阳台的承重构件

凸阳台的承重构件目前均采用钢筋混凝土结构，按照施工方式有现浇钢筋混凝土结构和预制钢筋混凝土结构。

① 现浇钢筋混凝土凸阳台　现浇钢筋混凝土凸阳台有三种结构类型，如图 8-31 所示，多用于阳台形状特殊及抗震设防要求较高的地区。

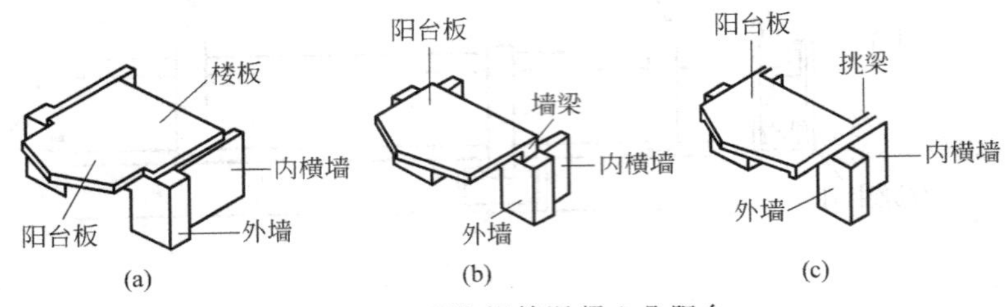

图 8-31　现浇钢筋混凝土凸阳台

(a) 挑板式；(b) 压梁式；(c) 挑梁式

② 预制钢筋混凝土凸阳台　预制钢筋混凝土凸阳台有四种结构类型，如图 8-32 所示。这种阳台施工速度快，但抗震性能较差，通常用于抗震设防要求不高的地区。

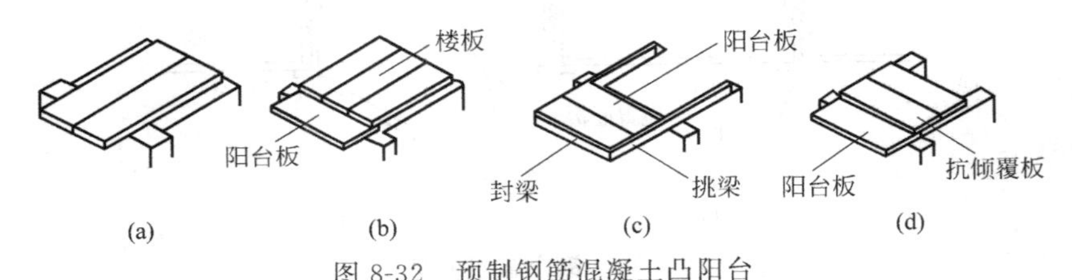

图 8-32　预制钢筋混凝土凸阳台

(a) 挑板外伸式；(b) 楼板压重式；(c) 挑梁式；(d) 抗倾覆板式

(2) 阳台的构造

① 栏杆（栏板）与扶手　栏杆（栏板）是为确保人们在阳台上活动安全而设置的竖向构件，要求坚固可靠，舒适美观。其净高应高于人体的重心，不宜小于 1.05m，也不得超过 1.2m。中高层、高层及严寒地区住宅的阳台最好采用实体栏板。

栏杆通常由金属杆或混凝土杆制作，其垂直杆件间净距不得大于 110mm。它应上与扶手、下与阳台板连接牢固。金属栏杆一般由圆钢、方钢、扁钢或钢管组成，它与阳台板的连接有两种方法：一种是直接插入阳台板的预留孔内，用砂浆灌注；另一种方法是与阳台板中预埋的通长扁钢焊牢。扶手与金属栏杆的连接，根据扶手材料的不同有焊接、螺栓连接等。预制钢筋混凝土栏杆可以直接插入扶手和边梁上的预留孔中，也可以通过预埋件焊接固定，如图 8-33 所示。

栏板有钢筋混凝土栏板和玻璃栏板等。钢筋混凝土栏板可以与阳台板整浇在一起，也可以在地面预制成（300～600mm）×1100mm 的预制板，借预埋铁件相互焊牢及与阳台板或边梁焊牢。玻璃栏板具有一定的通透性和装饰性，已逐渐应用于住宅建筑的阳台。

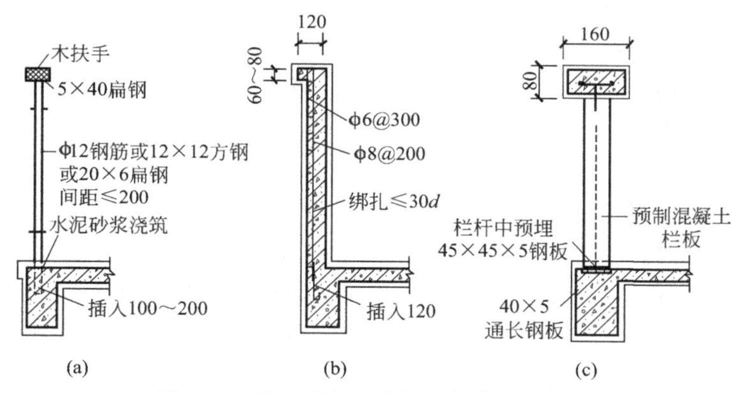

图 8-33 阳台栏杆（栏板）与扶手的构造

（a）金属栏杆；（b）现浇混凝土栏板；（c）预制钢筋混凝土栏板

② 阳台排水　为排除阳台上的雨水和积水，阳台必须采取必要的排水措施。阳台排水有两种：外排水和内排水。阳台外排水适用于低层和多层建筑，具体做法是在阳台一侧或两侧设排水口，阳台地面向排水口做成1%～2%的坡度，排水口内埋设 ϕ40～50mm 镀锌钢管或塑料管（称水舌），外挑长度不少于 80mm，以免雨水溅到下层阳台，如图 8-34(a) 所示。内排水适用于高层建筑和高标准建筑，具体做法是在阳台内设置排水立管和地漏，将雨水直接排入地下管网，确保建筑立面美观，如图 8-34(b) 所示。

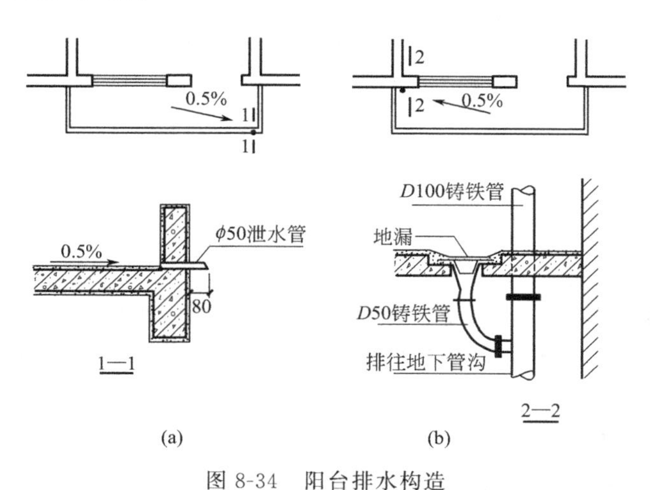

图 8-34 阳台排水构造

（a）水舌排水；（b）排水管排水

8.5.2 雨篷

雨篷是建筑入口处和顶层阳台上部用以遮挡雨雪、保护外门免受雨淋的构件。

建筑入口处的雨篷还具有标识引导作用，同时又代表着建筑物本身的规模、空间文化的理性精神。所以，主入口雨篷设计和施工尤为重要。当代建筑的雨篷形式多样，以材料和结构可以分为钢筋混凝土雨篷、钢结构悬挑雨篷、玻璃采光雨篷、软面折叠多用雨篷等。

(1) 钢筋混凝土雨篷

传统的钢筋混凝土雨篷，当挑出长度较大时，雨篷由梁、板、柱三部分组成，其构造与楼板相同；当挑出长度较小时，雨篷与凸阳台一样做成悬臂构件，通常由雨篷梁和雨篷板组成，如图 8-35 所示。雨篷梁可兼做门过梁，高度一般不小于 300mm，宽度同墙厚。雨篷板的悬挑长度一般为 900～1500mm，宽出门洞 500mm 以上，可形成变截面的板，但根部厚度应不小于洞口跨度的 1/8，且不小于 100mm，端部不小于 50mm。雨篷在构造上要解决好两个问题：一是抗倾覆，保证使用安全；二是立面美观和排水，一般在板边砌砖或现浇混凝土形成向上的翻口，并留出排水孔，同时板面应当用防水砂浆抹面，并向排水口做出 1%的坡度，防水砂浆顺墙上卷至少 300mm。

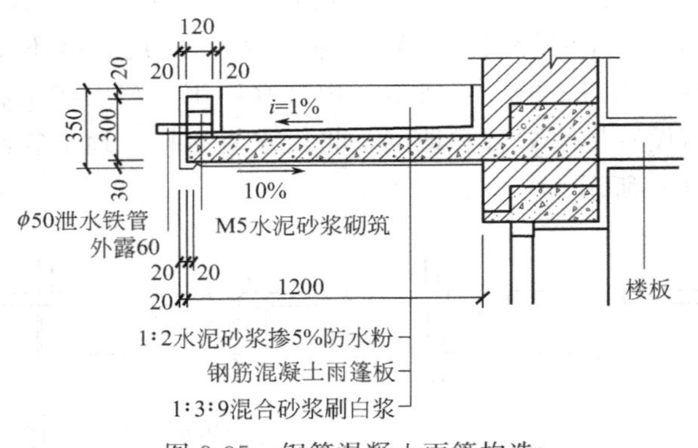

图 8-35 钢筋混凝土雨篷构造

(2) 钢结构悬挑雨篷

钢结构悬挑雨篷由支承系统、骨架系统和板面系统组成，这种雨篷具有结构与造型简单、轻巧，施工便捷、灵活的特点，并且富有现代感，在现代建筑中使用越来越广泛。

(3) 玻璃采光雨篷

玻璃采光雨篷是用阳光板、钢化玻璃作雨篷面板的新型透光雨篷。其具有结构轻巧、造型美观、透明新颖、富有现代感等特点，同时也是现代建筑中广泛采用的一种雨篷。

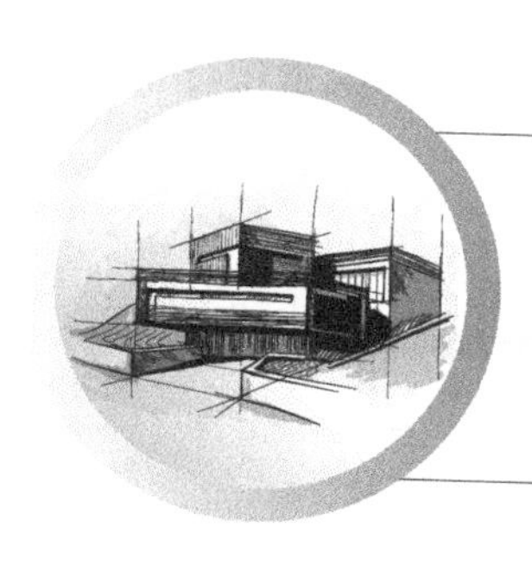

9 楼梯和电梯施工图识读技巧

9.1 楼梯类型及组成

9.1.1 楼梯的类型

① 按照楼梯的主要材料分：钢筋混凝土楼梯、钢楼梯、木楼梯等。

② 按照楼梯在建筑物中所处的位置分：室内楼梯和室外楼梯。

③ 按照楼梯的使用性质分：楼梯、辅助楼梯、疏散楼梯、消防楼梯等。

④ 按照楼梯的形式分：单跑楼梯、双跑折角楼梯、双跑平行楼梯、双跑直楼梯、三跑楼梯、四跑楼梯、双分式楼梯、双合式楼梯、八角形楼梯、圆形楼梯、螺旋形楼梯、弧形楼梯、剪刀式楼梯、交叉式楼梯等，如图 9-1 所示。

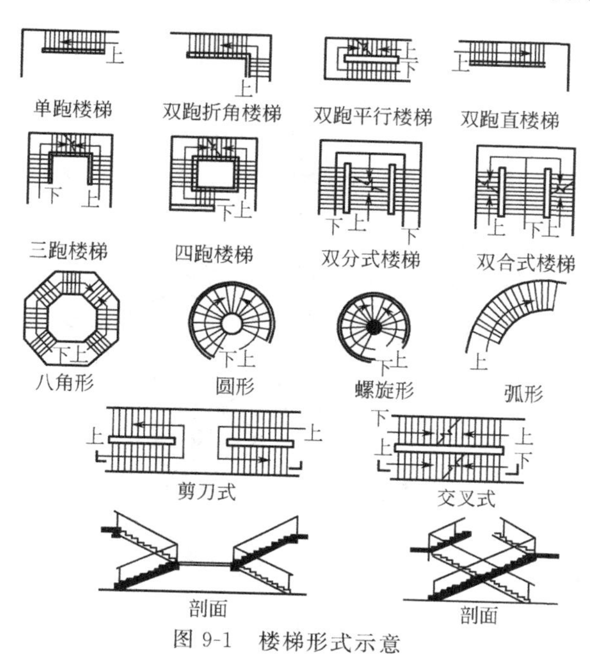

图 9-1　楼梯形式示意

⑤ 按照楼梯间的平面形式分：封闭式楼梯、非封闭式楼梯、防烟楼梯等，如图 9-2 所示。

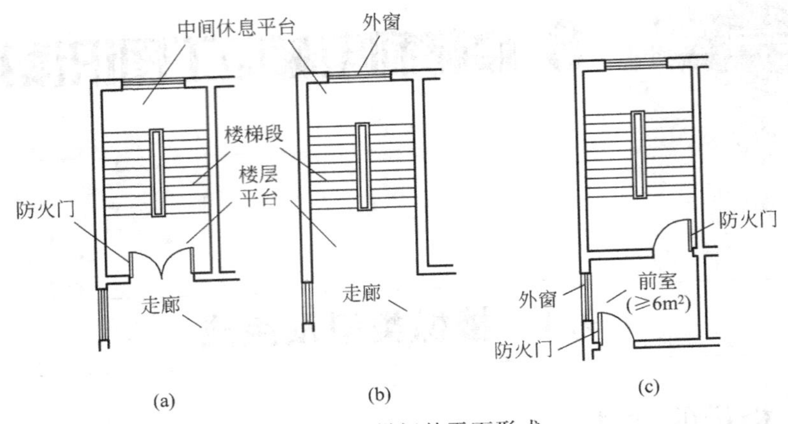

图 9-2　楼梯间的平面形式

(a) 封闭式楼梯间；(b) 非封闭式楼梯间；(c) 防烟楼梯间

9.1.2　楼梯的组成

楼梯的组成如图 9-3 所示。

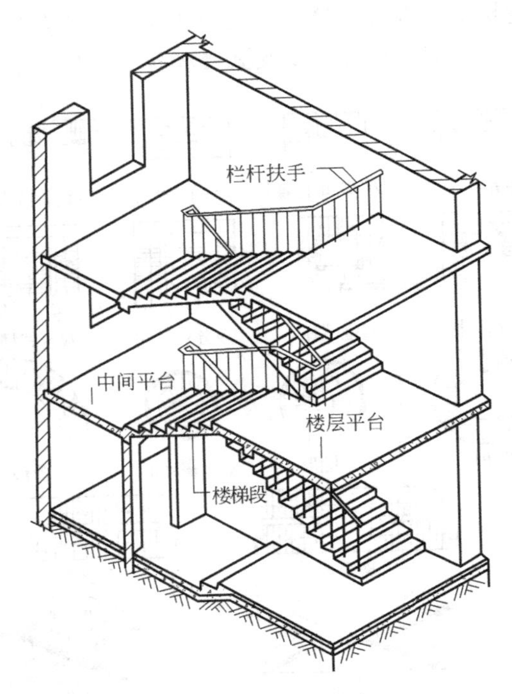

图 9-3　楼梯的组成

(1) 楼梯段

楼梯段是楼梯的主要使用和承重部分，它由若干个连续的踏步组成。每个踏步又由两个互相垂直的面构成，水平面叫踏面，垂直面叫踢面。为免人们行走楼梯段时太过疲劳，每个楼梯段上的踏步数目不得超过18级，照顾到人们在楼梯段上行走时的连续性，每个楼梯段上的踏步数目不得少于3级。

(2) 楼梯平台

楼梯平台是楼梯段两端的水平段，主要是用来解决楼梯段的转向问题，并使人们在上下楼层时能够缓冲休息。楼梯平台按照其所处的位置分为楼层平台和中间平台，与楼层相连的平台为楼层平台，处于上下楼地层之间的平台为中间平台。

相邻楼梯段和平台所围成的上下连通的空间称为楼梯井。楼梯井的尺寸根据楼梯施工时支模板的需要及满足楼梯间的空间尺寸来确定。

(3) 栏杆（栏板）和扶手

栏杆（栏板）是设置在楼梯段和平台临空侧的围护构件，应当有一定的强度和刚度，并应当在上部设置供人们手扶持用的扶手。在公共建筑中，当楼梯段较宽时，常在楼梯段和平台靠墙一侧设置靠墙扶手。

9.2 钢筋混凝土楼梯构造图识读

钢筋混凝土楼梯按施工方式可分为现浇式和预制装配式两类。

9.2.1 现浇钢筋混凝土楼梯

现浇钢筋混凝土楼梯是指在施工现场支模板、绑扎钢筋、浇筑混凝土而形成的整体楼梯。其具有整体性好、刚度好、坚固耐久等优点，但是耗用人工、模板较多，施工速度较慢，因此多用于楼梯形式复杂或抗震要求较高的房屋中。

现浇钢筋混凝土楼梯按梯段特点及结构形式的不同，可以分为板式楼梯和梁板式楼梯，如图9-4所示。

(1) 板式楼梯

板式楼梯是指将楼梯段做成一块板底平整，板面上带有踏步的板，与平台、平台梁现浇在一起。作用在楼梯段上和平台上的荷载同时传给平台梁，然后由平台梁传到承重横墙上或柱上。板式楼梯也可不设平台梁，把楼梯段板和平台板现浇为一体，楼梯段和平台上的荷载直接传给承重横墙。此种楼梯构造简单，施工方便，但自重大，材料消耗多，较适用于荷载较小，楼梯跨度不大的房屋。

(2) 梁板式楼梯

梁板式楼梯是指在板式楼梯的楼梯段板边缘处设有斜梁的楼梯。作用在楼梯段

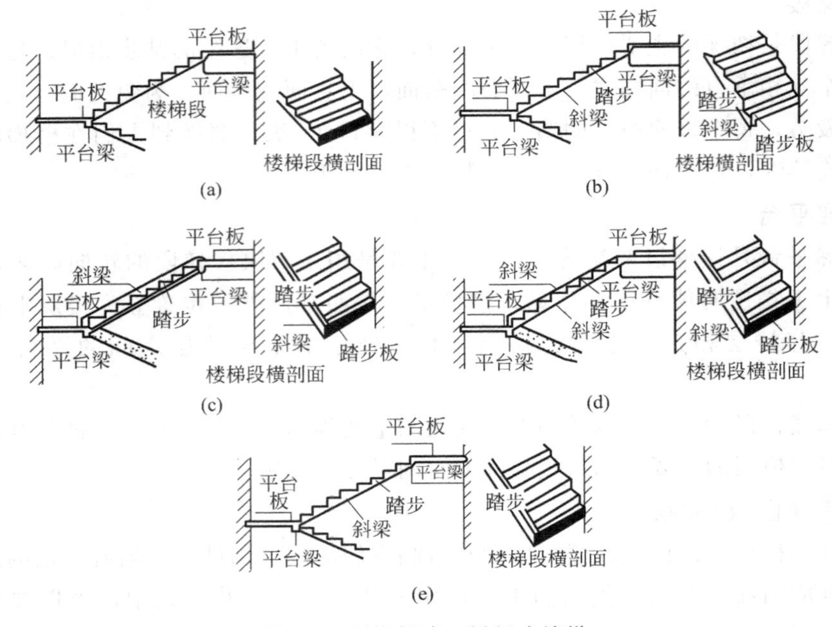

图 9-4 现浇板式、梁板式楼梯

(a) 板式楼梯；(b) 梁式楼梯（梁在板下）；(c) 梁式楼梯（梁在板中）；

(d) 梁式楼梯（梁在板上）；(e) 梁式楼梯（单斜梁式）

上的荷载通过楼梯段斜梁传至平台梁，然后传到墙或柱上。根据斜梁与楼梯段位置的不同，分为明步楼梯段和暗步楼梯段两种。明步楼梯段是将斜梁设在踏步板之下；暗步楼梯段是将斜梁设在踏步板的上面，踏步包在梁内。梁板式楼梯传力线路明确，受力合理，较适用于荷载较大、楼梯跨度较大的房屋。

9.2.2 预制装配式钢筋混凝土楼梯

预制装配式钢筋混凝土楼梯是指将组成楼梯的各个部分分成若干个小构件，在预制厂或施工现场进行预制的，施工时将预制构件进行焊接、装配。与现浇钢筋混凝土楼梯相比，其施工速度快，有利于节约模板，提高施工速度，减少现场湿作业，有利于建筑工业化，但刚度和稳定性较差，在抗震设防地区少用。

预制装配式钢筋混凝土楼梯按照构件尺寸的不同和施工现场吊装能力的不同，可分为小型构件装配式楼梯和中型及大型构件装配式楼梯。

(1) 小型构件装配式楼梯

小型构件装配式楼梯的构件小，便于制作、运输和安装，但施工速度较慢，适用于施工条件较差的地区。

小型构件包括踏步板、斜梁、平台梁、平台板四种单个构件。预制踏步板的断面形式通常有一字形、“Γ”形和三角形三种。楼梯段斜梁一般做成锯齿形和L形，平台梁的断面形式通常为L形和矩形。

小型构件按其构造方式可分为墙承式、梁承式和悬臂式。

① 墙承式　墙承式是指预制钢筋混凝土踏步板直接搁置在墙上的一种楼梯形式，这种楼梯由于在梯段之间有墙，搬运家具不方便，使得视线、光线受到阻挡，感到空间狭窄，整体刚度较差，对抗震不利，施工也较麻烦。

为了采光和扩大视野，可在中间墙上适当的部位留洞口，墙上最好装有扶手，如图9-5所示。

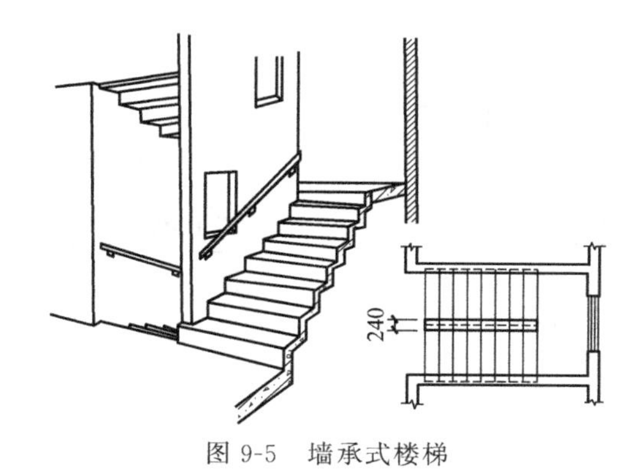

图9-5　墙承式楼梯

② 梁承式　梁承式是指梯段有平台梁支承的楼梯构造方式，在一般民用建筑中较为常用。安装时将平台梁搁置在两边的墙和柱上，斜梁搁在平台梁上，斜梁上搁置踏步。斜梁做成锯齿形和矩形截面两种，斜梁与平台用钢板焊接牢固，如图9-6所示。

③ 悬臂式　悬臂式是指预制钢筋混凝土踏步板一端嵌固于楼梯间侧墙上，另一端悬挑的楼梯形式，如图9-7所示。

悬臂式钢筋混凝土楼梯无平台梁和梯段斜梁，也无中间墙，楼梯间空间较空透，结构占空间少，但是楼梯间整体刚度较差，不能用于有抗震设防要求的地区。其施工较麻烦，现已很少采用。

(2) 中型、大型构件装配式楼梯

中型构件装配式楼梯，构件数量少，施工速度快。中型构件装配式楼梯一般由平台板和楼梯段两个构件组成。

① 平台板　平台板根据需要采用钢筋混凝土空心板、槽板和平板。在平台上有管道井处，不应布置空心板。平台板平行于平台梁布置，利于加强楼梯间的整体刚度；垂直布置时，常用小平板，如图9-8所示。

② 楼梯段　按构造形式不同，楼梯段分为板式和梁式两种，构造如图9-9所示。

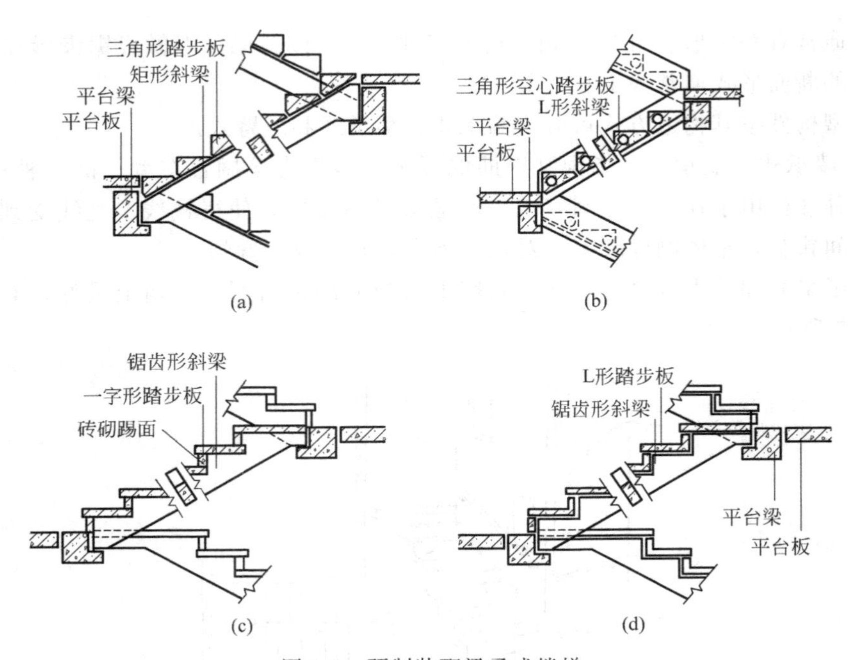

图 9-6　预制装配梁承式楼梯

(a) 三角形踏步板矩形斜梁；(b) 三角形踏步板 L 形斜梁；(c) 一字形踏步板锯齿形斜梁；(d) L 形踏步板锯齿形斜梁

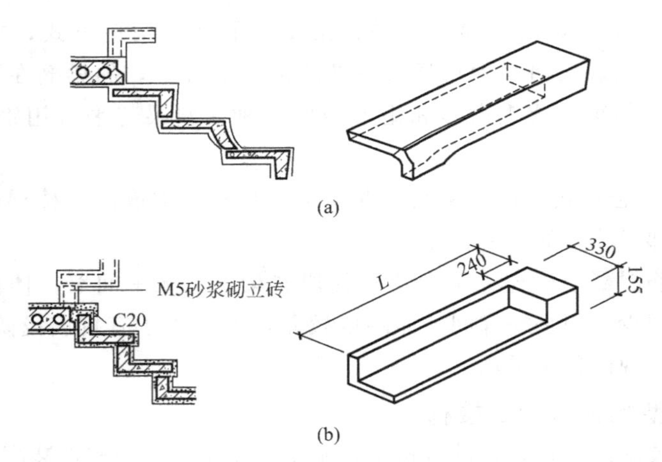

图 9-7　悬臂楼梯

(a) 正 L 形踏步板；(b) 反 L 形踏步板

L—踏步总长

板式梯段有空心和实心之分，实心楼梯加工简单，但是自重较大，空心梯段自重较小，多为横向留孔。板式梯段的底面平整，适用于住宅、宿舍建筑中使用。

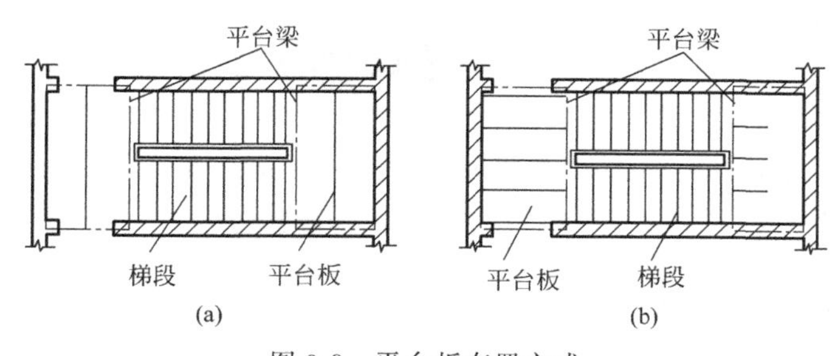

图 9-8　平台板布置方式

（a）平台板平行于平台梁；（b）平台板垂直于平台梁

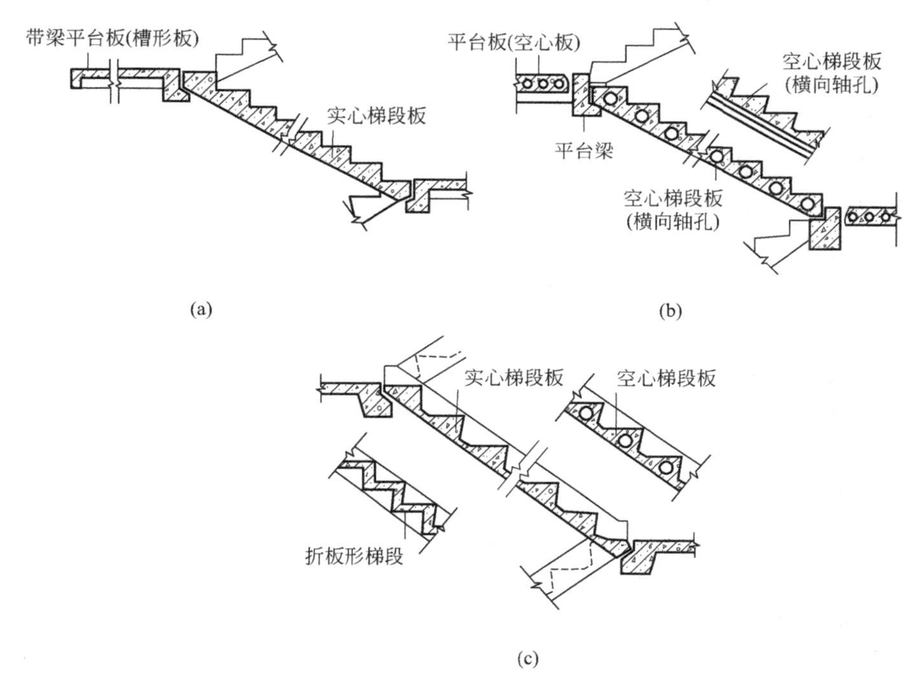

图 9-9　中型预制装配式楼梯

（a）板式楼梯（实心梯段与带梁平台板）；（b）板式楼梯（空心梯段与平台梯、平台板）；（c）梁式梯段

梁式梯段是把踏步板和边梁组合成一个构件，多为槽板式。为了节约材料、减轻其自重，对踏步截面进行改造，主要采取踏步板内留孔，把踏步板踏面和踢面相交处的凹角处理成小斜面，做成折板式踏步等措施。

大型构件装配式楼梯是将楼梯段和两个平台连在一起组成一个构件。每层楼梯由两个相同的构件组成。这种楼梯的装配化程度高，施工速度快，但是需要大型吊装设备，常用于预制装配式建筑。

9.3 楼梯详图识读

楼梯是建筑中构造比较复杂的部位，其详图一般包括楼梯平面图、楼梯剖面图和节点详图三部分内容。

9.3.1 楼梯平面图

(1) 楼梯平面图的形成

楼梯平面图中画一条与踢面线成30°的折断线（构成梯段的踏步中与楼地面平行的面称为踏面，与楼地面垂直的面称为踢面）。各层下行梯段不予剖切。楼梯间平面图为房屋各层水平剖切后的向下正投影，如同建筑平面图，中间几层构造一致时，也可以只画一个标准层平面图。所以楼梯平面详图常常只画出底层、中间层和顶层三个平面图。

(2) 楼梯平面图图示特点

各层楼梯平面图最好上下对齐（或左右对齐），这样既便于阅读，又便于尺寸标注和省略重复尺寸。平面图上应当标注该楼梯间的轴线编号、开间和进深尺寸，楼地面和中间平台的标高及梯段长、平台宽等细部尺寸。梯段长度尺寸标注为：踏面数×踏面宽＝梯段长。

(3) 读图实例（以图9-10为例说明）

① 图9-10为该住宅的楼梯平面图，各层楼梯平面图都应当标出该楼梯间的轴线。从楼梯平面图中所标注的尺寸，可了解楼梯间的开间和进深尺寸，还可以了解楼地面和平台面的标高以及楼梯各组成部分的详细尺寸。

从图9-10中还可以看出，中间层梯段的长度是8个踏步的宽度之和即2160mm（270mm×8），但中间层梯段的步级数是9（18/2），这是因为每一梯段最高一级的踏面与休息平台面或者楼面重合（即将最高一级踏面做平台面或楼面），所以平面图中每一梯段画出的踏面（格）数，总比踏步数少一，即：踏面数＝踏步数－1。

② 负一层平面图中只有一个被剖到的梯段。图中注有“上14”的箭头表示从储藏室层楼面向上走14步级可以达一层楼面，梯段长260mm×13＝3380mm，表明每一踏步宽260mm，共有13＋1＝14级踏步。在负一层平面图中，一定要注明楼梯剖面图的剖切符号等。

③ 一层平面图中注有“下14”的箭头，表示从一层楼面向下走14步级可以达储藏室层楼面；“上23”的箭头表示从一层楼面向上走23步级可以达二层楼面。

④ 标准层平面图表示了二、三、四层的楼梯平面，此图中没有再画出雨篷的投影，其标高的标注形式应当注意，括号内的数值为替换值，是上一层的标高标准

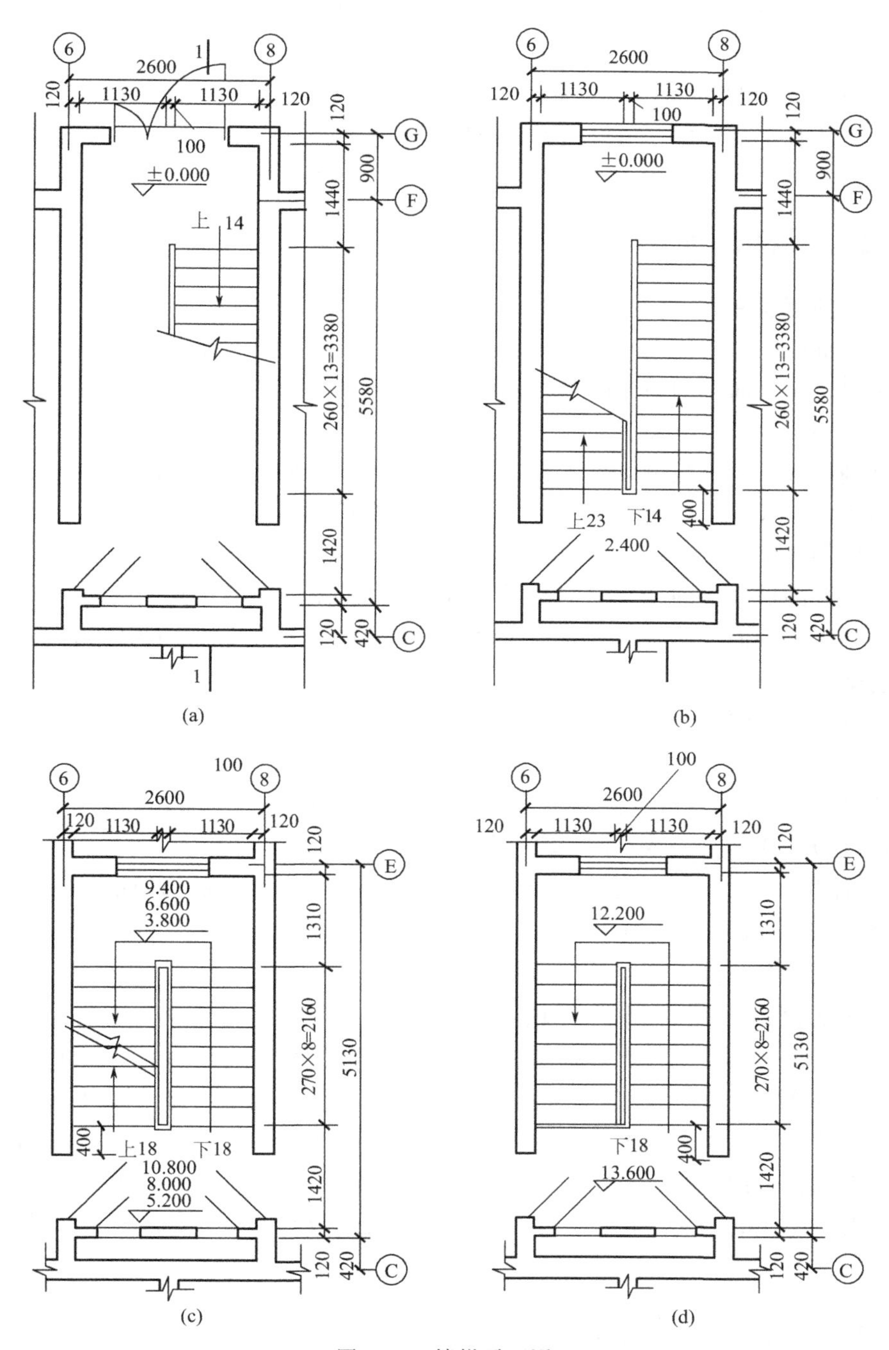

图 9-10　楼梯平面图

(a) 负一层楼梯平面图 (1∶50)；(b) 一层楼梯平面图 (1∶50)；
(c) 标准层楼梯平面图 (1∶50)；(d) 顶层楼梯平面图 (1∶50)

层平面图中的踏面，上下两梯段都画成完整的。上行梯段中间画有一与踢面线成30°的折断线。折断线两侧的上下指引线箭头是相对的。

⑤ 顶层平面图的踏面是完整的，只有下行，所以梯段上没有折断线。楼面临空的一侧装有水平栏杆。顶层平面图画出了屋顶檐沟的水平投影，楼梯的两个梯段均为完整的梯段，只注有“下 18”。

9.3.2 楼梯剖面图

(1) 楼梯剖面图的形成

楼梯剖面图常用 1∶50 的比例画出。其剖切位置应当选择在通过第一跑梯段及门窗洞口，并且向未剖切到的第二跑梯段方向投影。图 9-11 为按图 9-10 剖切位置绘制的剖面图。

剖到梯段的步级数可以直接看到，未剖到梯段的步级数因被栏板遮挡或者因梯段为暗步梁板式等原因而不可见时，可用虚线表示，也可以直接从其高度尺寸上看出该梯段的步级数。

多层或高层建筑的楼梯间剖面图，如果中间若干层构造一样，可用一层表示这相同的若干层剖面，此层的楼面和平台面的标高可以看出所代表的若干层情况。

(2) 楼梯剖面图示内容

① 水平方向应当标注被剖切墙的轴线编号、轴线尺寸及中间平台宽、梯段长等细部尺寸。

② 竖直方向应当标注剖到墙的墙段、门窗洞口尺寸及梯段高度、层高尺寸。梯段高度应标成：步级数×踢面高＝梯段高。

③ 标高及详图索引。楼梯间剖面图上应当标出各层楼面、地面、平台面及平台梁下口的标高。若需要画出踢步、扶手等的详图，则应当标出其详图索引符号和其他尺寸，例如栏杆（或栏板）高度。

(3) 读图实例（以图 9-11 为例说明）

楼梯剖面图中应当注出楼梯间的进深尺寸和轴线编号，地面、平台面、楼面等的标高，梯段、栏杆（或栏板）的高度尺寸（建筑设计规范规定：楼梯扶手高度应自踏步前缘量至扶手顶面的垂直距离，其高度不应小于 900mm），其中梯段的高度尺寸与踢面高和踏步数合并书写，例如 1400 均分 9 份，表示有 9 个踢面，每个踢面高度为 1400mm/9＝155.6mm。此外，还应注出楼梯间外墙上门、窗洞口、雨篷的尺寸与标高。

9.3.3 楼梯节点详图

楼梯节点详图主要指栏杆详图、扶手详图以及踏步详图。它们分别用索引符号与楼梯平面图或楼梯剖面图联系。图 9-12 所示为栏杆、扶手和踏步做法详图。

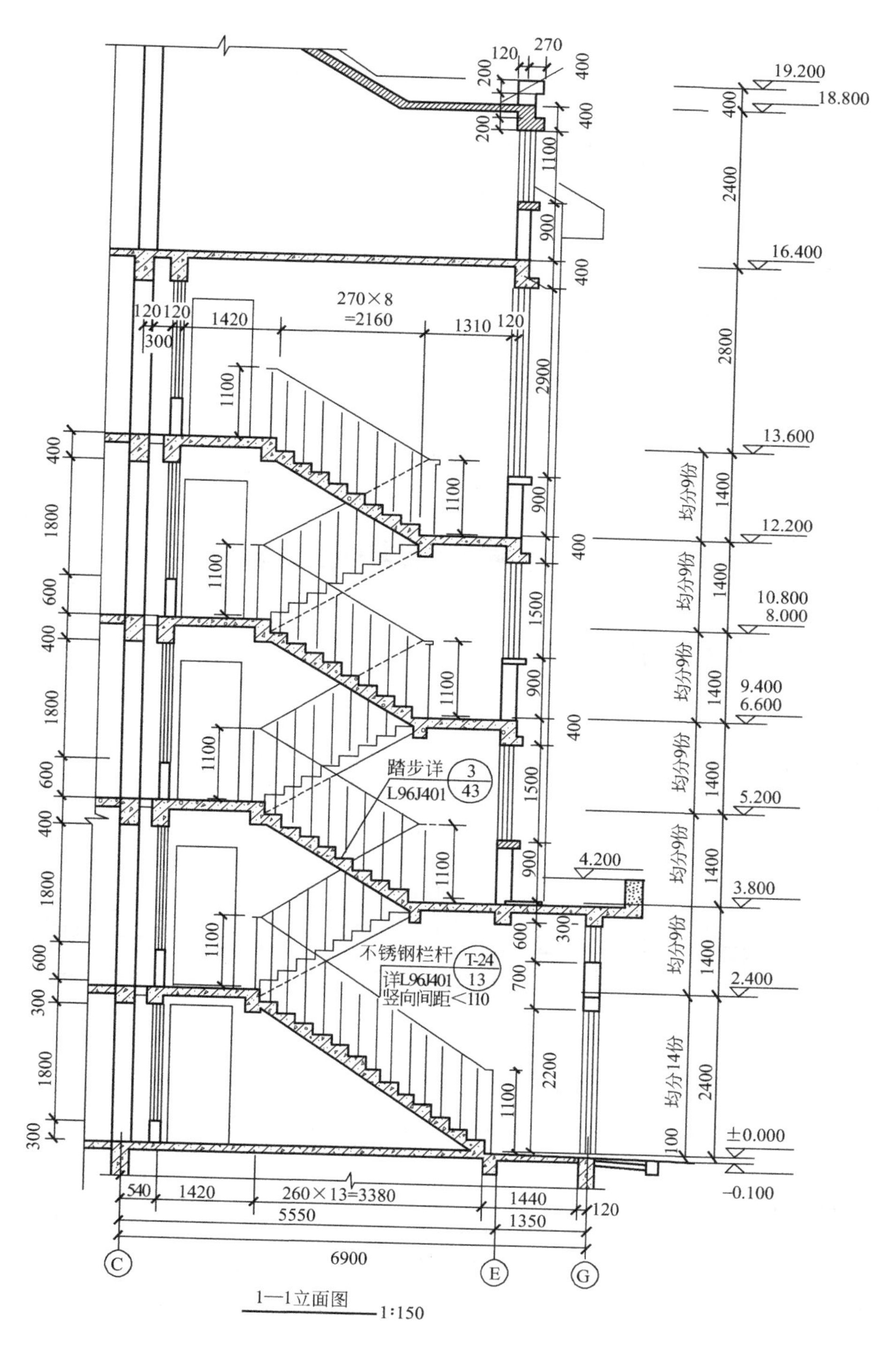

120
270
19.200
18.800
16.400
13.600
12.200
10.800
8.000
9.400
6.600
5.200
4.200
3.800
2.400
±0.000
-0.100
270×8
=2160
1420
1310
120
300
均分9份
均分14份
踏步详
3
43
L96J401
不锈钢栏杆
T-24
13
详L96J401
竖向间距<110
540
260×13=3380
1440
5550
1350
6900
C
E
G
1—1立面图
1:150

图 9-11 楼梯剖面图

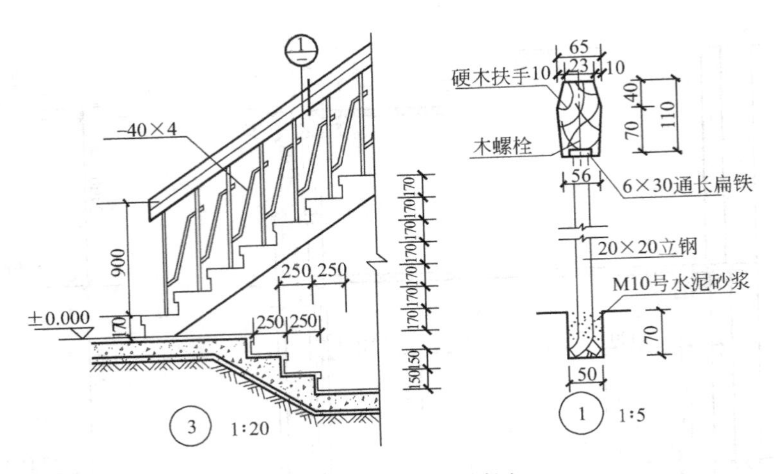

图 9-12 楼梯节点详图

9.4 楼梯细部构造识读

9.4.1 踏步面层及防滑构造

(1) 踏步面层

楼梯踏步要求面层耐磨、防滑、便于清洁，构造做法一般与地面相同，例如水泥砂浆面层、水磨石面层、缸砖贴面、大理石和花岗岩等石材贴面、塑料铺贴或地毯铺贴等，如图 9-13 所示。

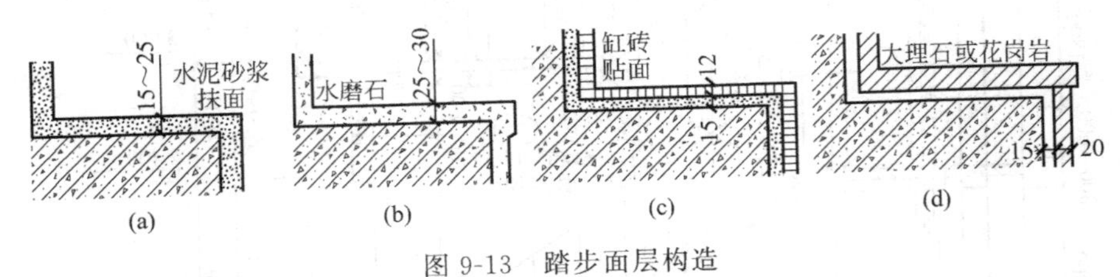

图 9-13 踏步面层构造

(a) 水泥砂浆踏步面层；(b) 水磨石踏步面层；(c) 缸砖踏步面层；

(d) 大理石或花岗岩踏步面层

(2) 防滑构造

在人流集中且拥挤的建筑中，为避免行走时滑跌，踏步表面应采取相应的防滑措施。通常是在踏步口留 2～3 道凹槽或设防滑条，防滑条长度一般按照踏步长度每边减去 150mm。常用的防滑材料有金刚砂、水泥铁屑、橡胶条、塑料条、金属条、马赛克、缸砖、铸铁和折角铁等，如图 9-14 所示。

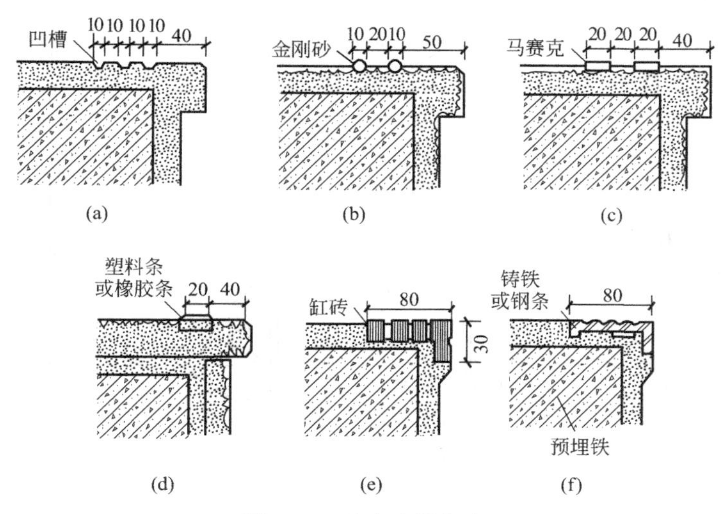

图 9-14　踏步防滑构造

(a) 防滑凹槽；(b) 金刚砂防滑条；(c) 贴马赛克防滑条；
(d) 嵌塑料或橡胶防滑条；(e) 缸砖包口；(f) 铸铁或钢条包口

9.4.2　栏杆、栏板和扶手构造

(1) 栏杆与扶手的类型

楼梯的栏杆、栏板和扶手是指梯段上所设的安全设施，根据梯段的宽度设于一侧或两侧或梯段的中间，应当满足安全坚固、美观舒适、构造简单、施工和维修方便等要求。

① 栏杆　栏杆按照其构造做法及材料的不同，可以分为空花栏杆、实心栏板和组合栏杆三种。

a. 空花栏杆通常采用圆钢、钢管、方钢、扁钢等组合制成，式样可结合美观要求设计，如图 9-15 所示。

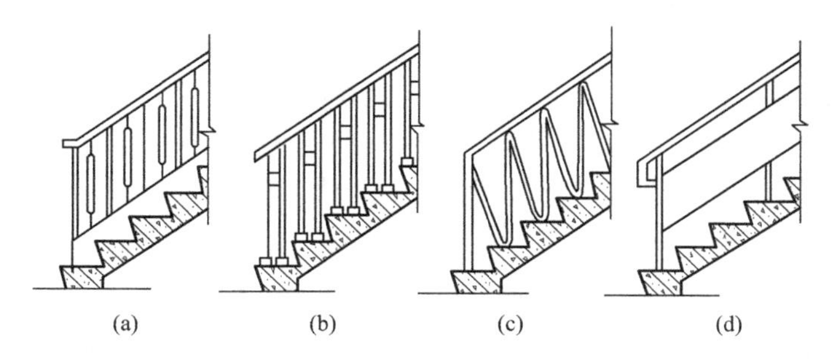

图 9-15　空花栏杆式样

(a) 式样一；(b) 式样二；(c) 式样三；(d) 式样四

b. 实心栏板的材料有混凝土、砌体、钢丝网水泥、有机玻璃、钢化玻璃、装饰板等，如图 9-16 所示。由于栏板为实体构件，所以减少了空花栏杆的不安全因素。

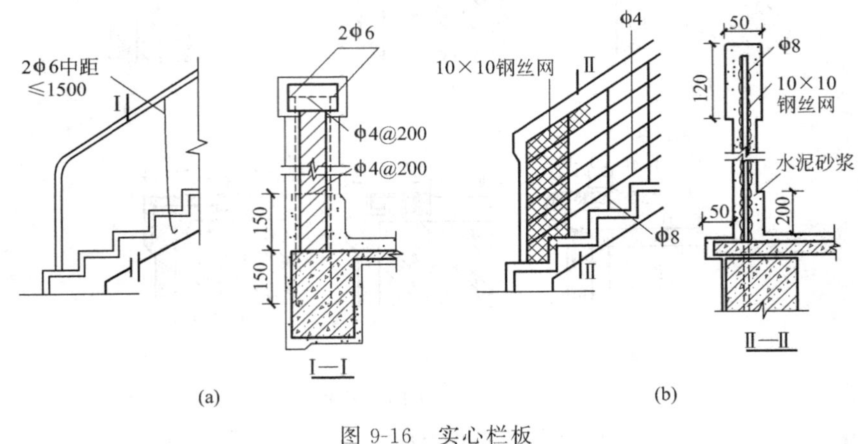

图 9-16　实心栏板

（a）1/4 砖砌板；（b）钢丝网水泥栏板

c. 空花栏杆和实心栏板可以结合在一起形成部分镂空、部分实心的组合栏杆，如图 9-17 所示。

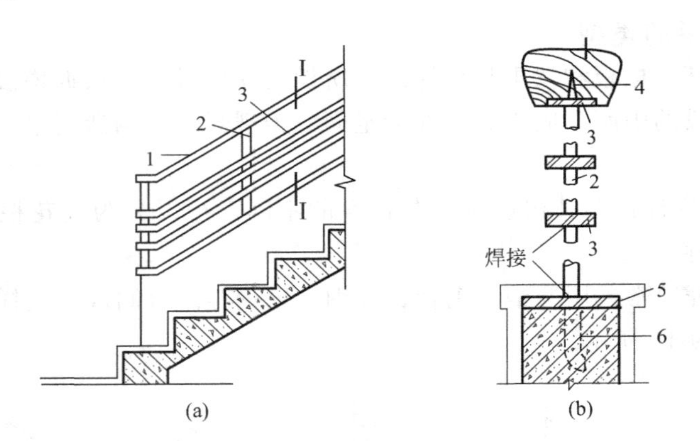

图 9-17　组合栏杆示例

（a）平面图；（b）Ⅰ—Ⅰ剖面图

1—木扶手；2—ϕ16mm 圆钢；3—30mm×4mm 扁钢；4—木螺钉（中心距 500mm）；5—60mm×50mm 钢板；6—ϕ8mm 铁脚（长 100mm）

② 扶手　扶手的断面大小应便于扶握，顶面宽度通常不宜大于 90mm。扶手的材料应手感舒适，通常用硬木、塑料、金属管材（钢管、铝合金管、不锈钢管）制作。栏板顶部的扶手多用水磨石或水泥砂浆抹面形成，也可用大理石、花岗石或人造石材贴面而成。

(2)栏杆扶手的连接构造

① 栏杆与梯段的连接 栏杆通常用以下三种方法安装在踏步侧面或踏步面上的边沿部分。

a. 在栏杆与梯段的对应位置预埋铁件焊接。

b. 预留孔洞用细石混凝土填实。

c. 钻孔用膨胀螺栓固定，如图 9-18 所示。

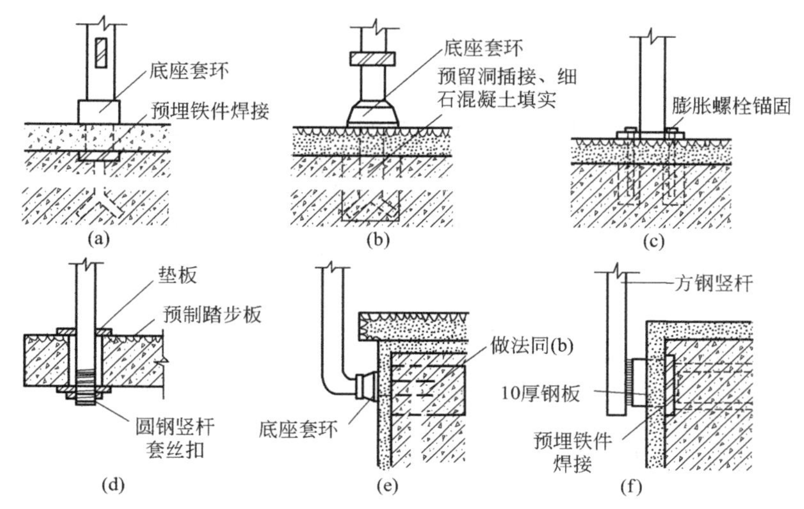

图 9-18 栏杆与梯段的连接

(a) 立杆与预埋钢板焊牢；(b) 立杆埋入踏步上面预留孔；(c) 立杆焊在底板上用膨胀螺栓锚固；(d) 圆钢立杆套丝扣拧固；(e) 立杆埋入踏步侧面预留孔；(f) 立杆与踏步侧面预埋件焊接

② 栏杆与扶手的连接 一般按照两者的材料种类采用相应的连接方法，例如木扶手与钢栏杆顶部的通长扁铁用螺钉连接，金属扶手与钢栏杆焊接，石材扶手与砌体或混凝土栏板用水泥砂浆黏结，如图 9-19 所示。

③ 扶手与墙体、柱的连接 楼梯顶层的水平扶手及靠墙扶手必须固定在墙或混凝土柱上。扶手与砖墙连接时，通常是在墙上预留孔洞，将扶手的连接扁钢插入孔洞内，用细石混凝土填实，如图 9-20(a)、(c) 所示；当扶手与混凝土墙、柱连接时，通常采用预埋钢板焊接，如图 9-20(b)、(d) 所示。靠墙扶手与墙面间的净距不得小于 40mm。

④ 栏杆扶手转折处理 楼梯扶手在梯段转折处，应当保持其高度一致。当上下行梯段齐步时，上下行扶手同时伸进平台半步，扶手为平顺连接，转折处的高度与其他部位一致，如图 9-21(a) 所示，此种方法在扶手转折处减小了平台宽度。当平台宽度较窄时，扶手不宜伸进平台，应当紧靠平台边缘设置，扶手为高低连接，在转折处形成向上弯曲的鹤颈扶手，如图 9-21(b) 所示。鹤颈扶手制作麻烦，可以改用斜接，如图 9-21(c) 所示，或将上下行梯段的扶手在转折处断开，但是栏杆

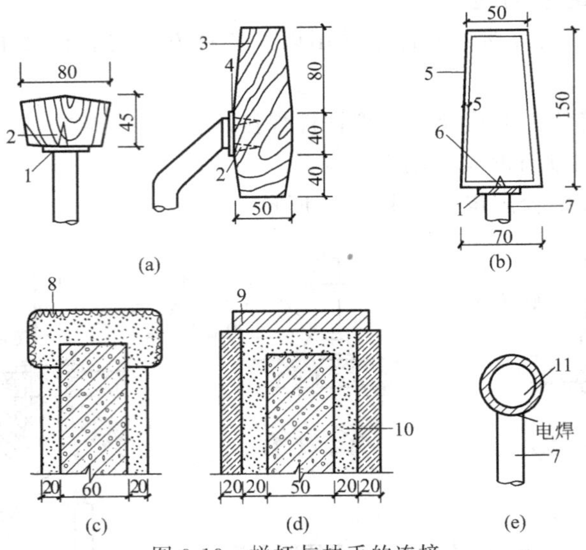

图 9-19　栏杆与扶手的连接

(a) 硬木扶手；(b) 塑料扶手；(c) 水泥砂浆或水磨石扶手；
(d) 大理石或人造大理石扶手；(e) 钢管扶手

1—通长扁铁；2—木螺丝钉；3—硬木扶手；4—ϕ40mm×3mm 垫圈；
5—塑料扶手；6—螺钉（间距 200mm）；7—立柱；8—水磨石；
9—大理石或人造大理石；10—水泥砂浆；11—ϕ40～50mm 镀锌钢管

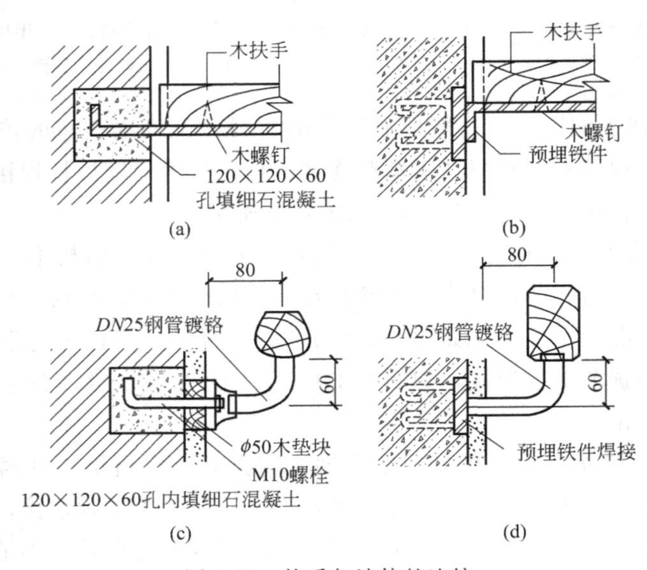

图 9-20　扶手与墙体的连接

(a) 木扶手与砖墙连接；(b) 木扶手与混凝土墙、柱连接；
(c) 靠墙扶手与砖墙连接；(d) 靠墙扶手与混凝土墙、柱连接

扶手的整体性减弱，使用上极不方便。当上下行梯段错步时，会形成一段水平扶手，如图 9-21(d) 所示。

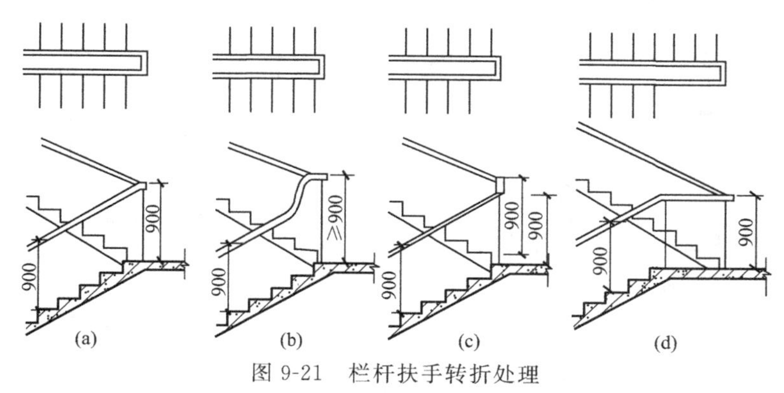

图 9-21 栏杆扶手转折处理

(a) 平顺扶手；(b) 鹤颈木扶手；(c) 斜接扶手；(d) 一段水平扶手

9.5 电梯及自动扶梯构造图识读

9.5.1 电梯

电梯是多层与高层建筑中常用的设备。部分高层及超高层建筑为了满足疏散和救火的需要，还要专门设置消防电梯。

(1) 电梯的分类

电梯根据动力拖动的方式可以分为交流拖动电梯、直流拖动电梯和液压电梯。电梯根据用途可以分为乘客电梯、病床电梯、载货电梯和小型杂物电梯等，如图 9-22 所示。

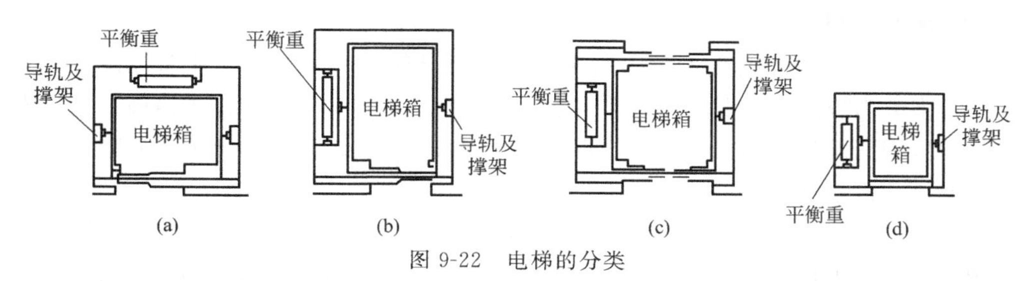

图 9-22 电梯的分类

(a) 客梯（双扇推拉门）；(b) 病床梯（双扇推拉门）；(c) 货梯（中分双扇推拉门）；(d) 小型杂物梯

(2) 电梯的规格

电梯的载重量是用来划分电梯规格的常用标准，例如 400kg、1000kg 和 2000kg 等。

电梯按运行速度的不同可分为低速电梯（$v \leqslant 1.0\text{m/s}$），快速电梯（$1.0\text{m/s} < v \leqslant 2\text{m/s}$），高速电梯（$2\text{m/s} < v \leqslant 5\text{m/s}$），超高速电梯（$v \leqslant 5\text{m/s}$）。

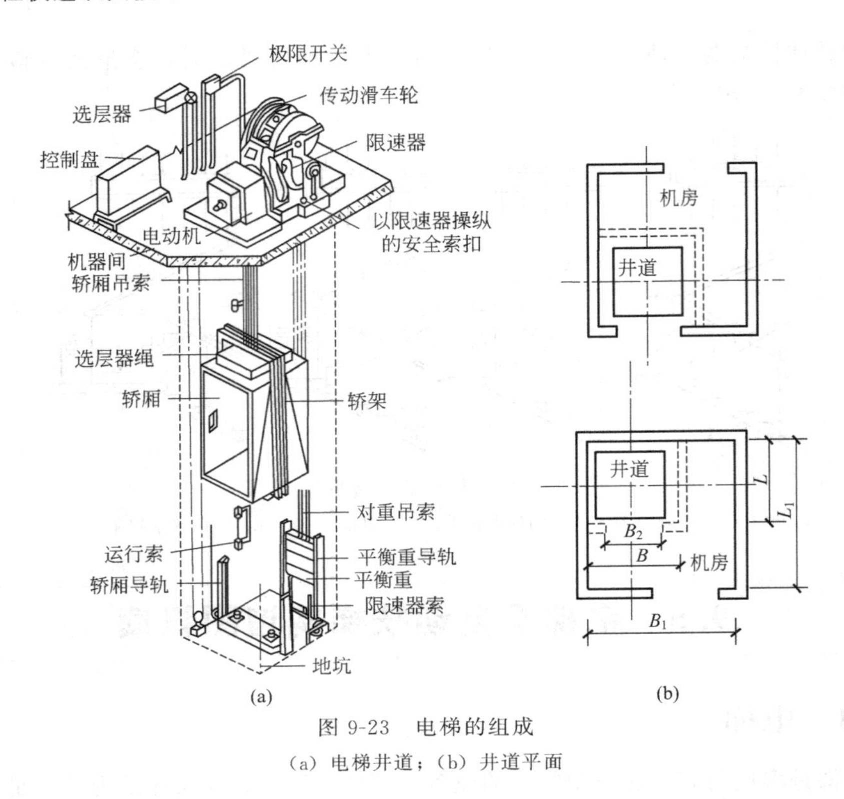

图 9-23 电梯的组成

（a）电梯井道；（b）井道平面

（3）电梯的组成

电梯由轿厢、电梯井道和运载设备组成，如图 9-23 所示。轿厢要求坚固、耐用和美观；电梯井道属土建工程内容，涉及井道、地坑和机房三部分，井道的尺寸由轿厢的尺寸确定；运载设备包括动力、传动和控制系统。

（4）电梯的设计要求

① 电梯井道是电梯轿厢的运行通道，包括导轨、平衡重、缓冲器等设备。电梯井道多数为现浇钢筋混凝土墙体，也可用砖砌筑，但应当采取加固措施，如每隔一段设置钢筋混凝土圈梁。电梯井道内不允许布置无关的管线，要解决好防火、隔声、通风和检修等问题。

a. 井道防火。井道犹如建筑物内的烟囱，能够迅速将火势向上蔓延。井道一般采用钢筋混凝土材料，电梯门应当采用甲级防火门，构成封闭的电梯井，隔断火势向楼层的传播。

b. 井道隔声。井道隔声主要是避免机房噪声沿井道传播。一般的构造措施是在机座下设置弹性垫层，隔断振动产生的固体传声途径；或者在紧邻机房的井道中设置 1.5～1.8m 高的夹层，隔绝井道中空气传播噪声的途径，如图 9-24 所示。

c. 井道通风。在地坑与井道中部和顶部，分别设置面积大于或等于 300mm×600mm 的通风孔，解决井道内的排烟和空气流通问题。

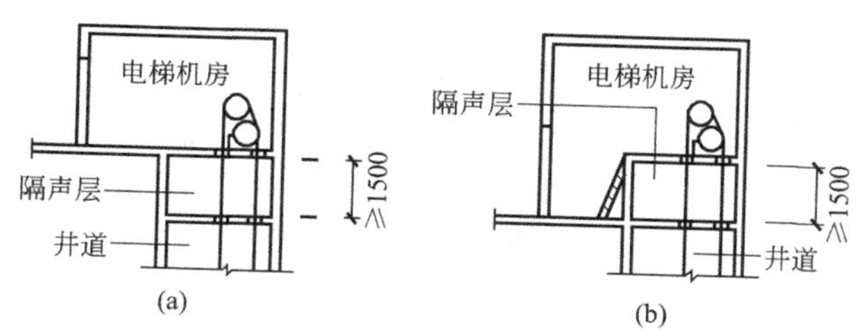

图 9-24 机房隔声层

d. 井道检修。为了设备安装和检修方便，井道的上下应留有必要的空间。空间的大小与轿厢运行速度等有关，可以参照电梯型号确定。

② 电梯机房。电梯机房一般设在电梯井道的顶部，也有少数电梯将机房设在井道底层的侧面，如液压电梯。电梯机房的高度在 2.5～3.5m 之间，面积应当大于井道面积。机房平面位置可向井道平面相邻两个方向伸出，如图 9-25 所示。

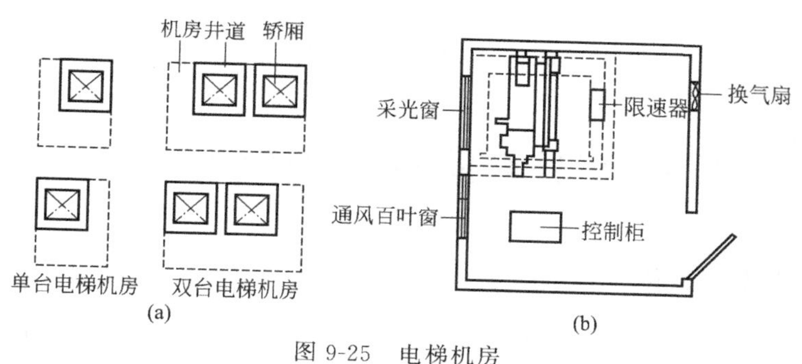

图 9-25 电梯机房

(a) 电梯机房与井道的关系；(b) 电梯机房平面图

9.5.2 自动扶梯

自动扶梯的连续运输效率高，多用于人流较大的场所，例如商场、火车站和机场等。自动扶梯的坡度平缓，通常为 30°左右，运行速度为 0.5～0.7m/s。自动扶梯的宽度有单人和双人两种，其规格见表 9-1。

表 9-1 自动扶梯型号规格

梯型	输送能力/(人/h)	提升高度/m	速度/(m/s)	扶梯宽度	
				净宽度 B/mm	外宽 B_1/mm
单人梯	5000	3～10	0.5	600	1350
双人梯	8000	3～8.8	0.5	1000	1750

自动扶梯有正反两个运行方向，它是由悬挂在楼板下面的电动机牵动踏步板与扶手同步运行。自动扶梯的组成如图 9-26 所示。

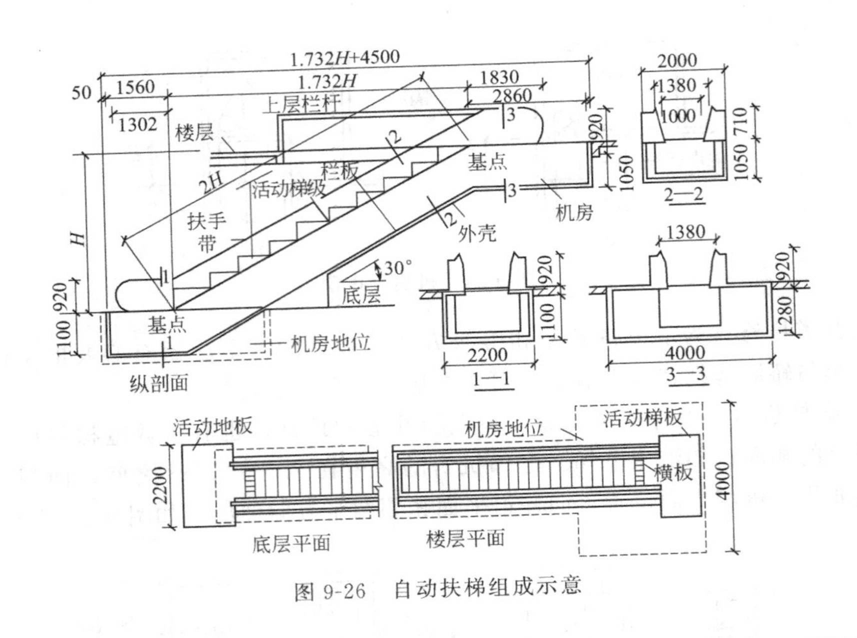

图 9-26　自动扶梯组成示意

9.6　室外台阶与坡道构造图识读

9.6.1　室外台阶

室外台阶是建筑物出入口处室内外高差之间的交通联系部分。因通行的人流量大，又处于室外，应当充分考虑环境条件，满足使用要求。

（1）台阶的尺度

台阶由踏步与平台两部分组成。因处在建筑物人流较集中的出入口处，其坡度应较缓。台阶踏步通常宽为 300～400mm，高不超过 150mm；坡道坡度一般取 1/12～1/6。

平台设于台阶与建筑物出入口大门之间，用以缓冲人流。作为室内外空间的过渡，其宽度一般不小于 1000mm，为方便排水，其标高低于室内地面 30～50mm，并做向外 3%左右的排水坡度。人流大的建筑，平台还应当设刮泥槽，如图 9-27 所示。

（2）台阶的构造做法

台阶易受雨水、日晒、霜冻侵蚀等因素影响，其面层考虑用防滑、抗风化、抗冻融强的材料制作，例如选用水泥砂浆、斩假石、地面砖、马赛克、天然石等。台阶垫层做法基本同地坪垫层做法，通常采用素土夯实或灰土夯实，采用 C10 素混凝土垫层即可。对大型台阶或地基土质较差的台阶，可以视情况将 C10 素混凝土改为 C15 钢筋混凝土或者架空做成钢筋混凝土台阶；对严寒地区的台阶需考虑地基土冻胀因素，可以改用含水率低的砂石垫层至冰冻线以下，如图 9-28 所示。

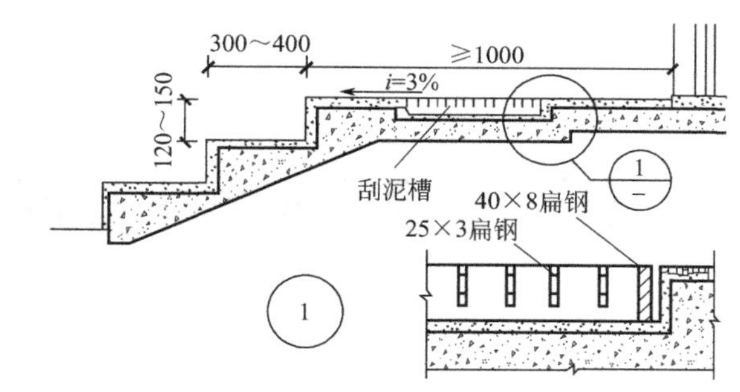

图 9-27 台阶的尺度

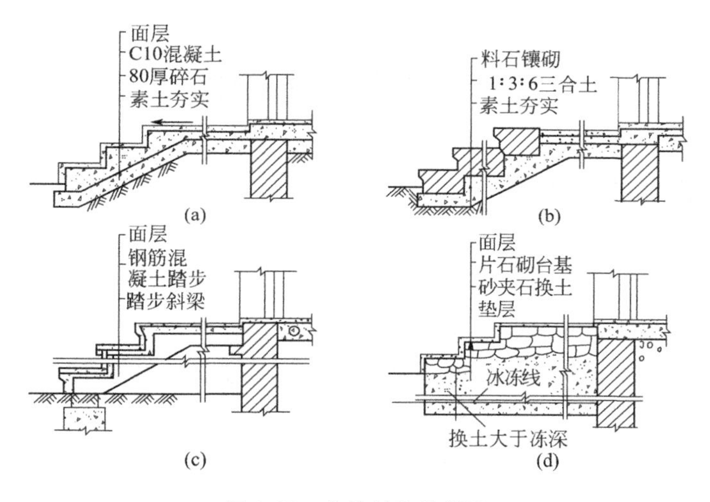

图 9-28 台阶的构造做法

9.6.2 室外坡道

坡道为了防滑，通常将其表面做成锯齿形或带防滑条状，如图 9-29 所示。坡度范围为 0°～15°，一般小于 20°，11°19′较合适，通常用于医院、车站和其他公共建筑入口处，以方便机动车辆通行和无障碍设计。其中无障碍设计的坡度要求为 1/12～1/8。

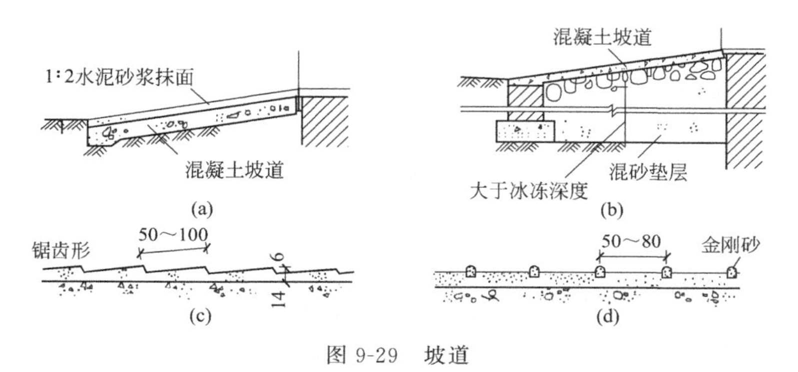

图 9-29 坡道

(a) 混凝土坡道；(b) 换土地基坡道；(c) 锯齿形防滑坡道；(d) 防滑条坡道

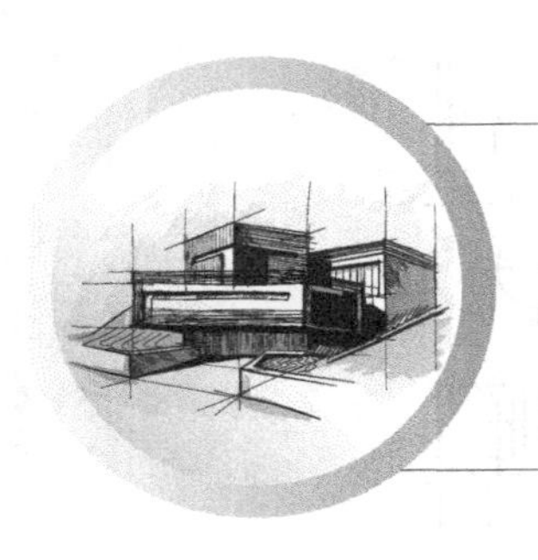

10 屋顶构造图识读技巧

10.1 屋顶的基础知识

10.1.1 屋顶的作用

屋顶也称屋盖，是建筑最上部的水平构件，是房屋的重要组成部分，主要有三方面的作用。

首先，屋顶作为承重构件，承受着自重和施加在屋顶上的各种活荷载，并将这些荷载通过墙体和柱传递给基础和地基。同时，对建筑的墙体和柱也起到水平支撑的作用，以保证房屋具有良好的刚度、强度和整体稳定性。

其次，作为建筑的重要围护构件，为确保室内的温度、湿度环境要求和光线要求，屋顶要隔绝风霜雨雪、太阳辐射、季节和气候变化等自然因素的影响，为室内空间创造良好的使用环境。

最后，屋顶的色彩、外形和细部构造也是建筑艺术造型的重要组成部分。

10.1.2 屋顶的类型

按照屋顶的排水坡度和构造形式，屋顶分为平屋顶、坡屋顶和曲面屋顶三种类型。

(1) 平屋顶

平屋顶是指屋面排水坡度小于或等于10%的屋顶，一般的坡度为2%～3%。平屋顶的主要特点是坡度平缓，上部可做成露台、屋顶花园等供人使用，同时平屋顶的体积小、构造简单、节约材料、造价经济，在建筑工程中应用最为广泛，其形式如图10-1所示。

(2) 坡屋顶

坡屋顶是指屋面排水坡度在10%以上的屋顶。随着建筑进深的加大，坡屋顶可为单坡、双坡、四坡，双坡屋顶的形式，在山墙处可为悬山或硬山，坡屋顶稍加处理可形成卷棚顶、庑殿顶、歇山顶、圆攒尖顶等，如图10-2所示。由于坡屋顶

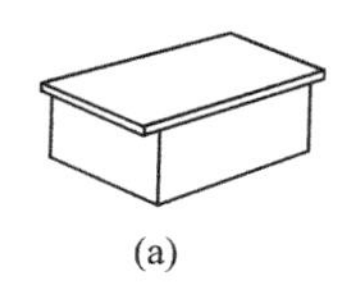
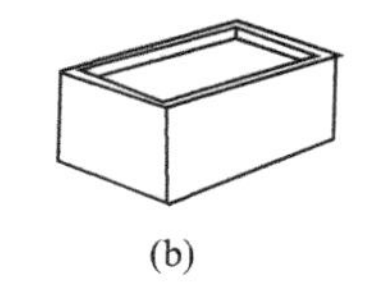
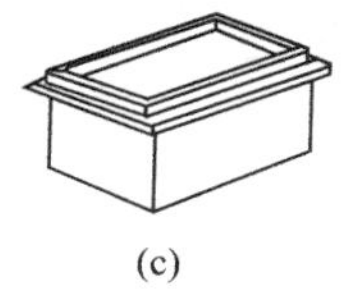
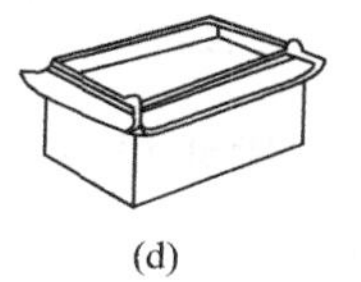

图 10-1 平屋顶的形式

(a) 挑檐平屋顶；(b) 女儿墙平屋顶；(c) 挑檐女儿墙平屋顶；(d) 盝顶平屋顶

造型丰富，能够满足人们的审美要求，所以在现代的城市建筑中，人们越来越重视对坡屋顶的运用。

(3) 曲面屋顶

曲面屋顶的承重结构多为空间结构，例如薄壳结构、悬索结构、张拉膜结构和网架结构等，这些空间结构具有受力合理，节约材料的特点，但施工复杂，造价高，一般适用于大跨度的公共建筑，曲面屋顶的形式如图 10-3 所示。

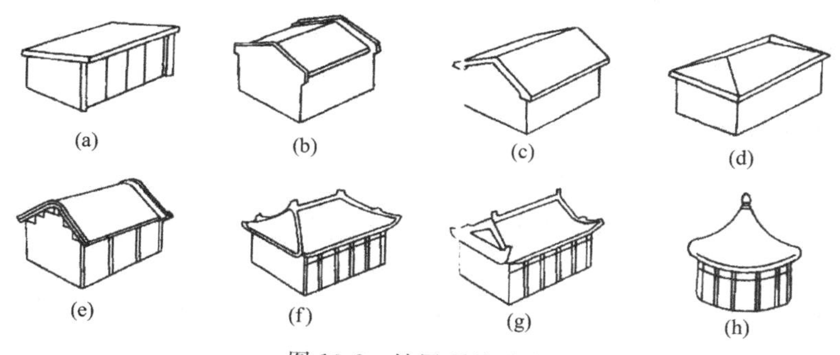

图 10-2 坡屋顶的形式

(a) 单坡顶；(b) 硬山两坡顶；(c) 悬山两坡顶；(d) 四坡顶；(e) 卷棚顶；(f) 庑殿顶；(g) 歇山顶；(h) 四攒尖顶

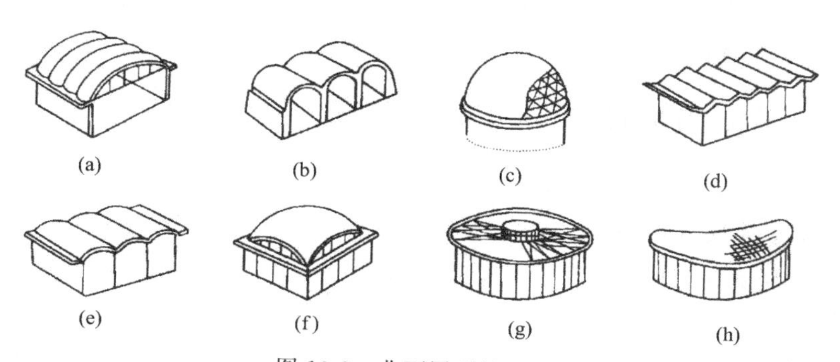

图 10-3 曲面屋顶的形式

(a) 双曲拱屋顶；(b) 砖石拱屋顶；(c) 球形网壳屋顶；(d) V 形折板屋顶；(e) 筒壳屋顶；(f) 扁壳屋顶；(g) 车轮形悬索屋顶；(h) 鞍形悬索屋顶

10.1.3 屋顶的构造要求

(1) 防水、排水要求

作为围护结构，屋顶最基本的功能要求是防止渗漏，因而屋顶的防水、排水设计就成为屋顶构造设计的核心。通常的做法是考虑防排结合，即要采用抗渗性好的防水材料和合理的构造处理来防渗，选用适当的排水坡度和排水方式，将屋面上的雨水迅速排除，以减少渗漏的可能。

(2) 保温隔热要求

作为围护结构的屋顶，它的另一个功能要求是保温隔热。因为良好的保温隔热性能不仅可以保证建筑物的室内气温稳定，还可以避免能源浪费和室内表面结露、受潮等。

(3) 结构要求

屋顶承重结构要具有足够的强度和刚度，以承受自重、风雪荷载及积灰荷载、屋面检修荷载等，同时不允许屋顶受力后产生较大的变形，否则会使防水层开裂，造成屋面渗漏。

(4) 建筑艺术要求

屋顶是建筑物外部形体的重要组成部分，其形式在较大程度上影响建筑造型和建筑物的特征。因此，在屋顶设计中还应注重建筑艺术效果。

(5) 其他要求

随着社会的进步和建筑科技的发展，对屋顶提出了更高的要求。例如为改善生态环境，利用屋顶开辟园林绿化空间的要求；再如现代超高层建筑出于消防扑救的需要，要求屋顶设置直升机停机坪等设施；某些有幕墙的建筑要求在屋顶设置擦窗机轨道；某些节能型建筑，利用屋顶安装太阳能集热器等。

总之，屋顶设计时应综合考虑上述各项要求，协调好它们之间的关系，期待最大限度地发挥屋顶的综合效益。

10.1.4 屋顶的坡度

建筑的屋顶由于排水和防水需要，都要有一定的坡度。

(1) 屋顶坡度的表示方法

① 单位高度和相应长度的比值，如 1/2、1/5、1/10 等。

② 屋面相对水平面所成的角度，如 30°、40°等。

③ 平屋顶常用百分比，如 2%、5%等。习惯上把坡度小于 10%的屋顶称为平屋顶，坡度大于 10%的屋顶称为坡屋顶。

(2) 影响屋顶坡度的主要因素

① 屋顶面层防水材料　一般情况下，屋面材料单块面积越小，所要求的屋面

排水坡度越大；屋面材料厚度越厚，所要求的屋面排水坡度越大，例如，陶土瓦的单块面积较小、材料较厚，而平屋顶的水泥砂浆保护面层面积较大，厚度较薄，如图 10-4 所示。

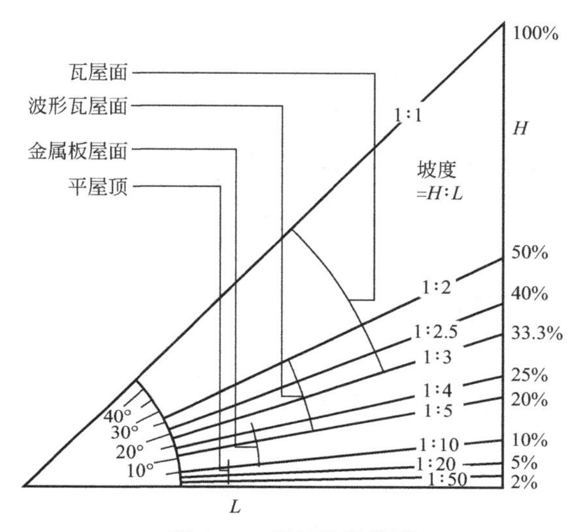

图 10-4　屋面坡度范围

② 屋顶结构形式和施工方法　钢筋混凝土梁板结构的屋顶一般坡度较平缓，屋架、悬索、折板和空间结构的屋顶坡度较大。在过去，由于技术条件的限制，现浇钢筋混凝土只在平屋顶的结构层中比较适用，当时坡屋顶的结构层大多采用屋架檩条体系或预制钢筋混凝土结构。近些年来，钢筋混凝土浇筑工艺和技术不断发展进步，加之对房屋结构的整体性和稳定性要求越来越高，现浇钢筋混凝土坡屋顶在建筑的设计和施工中得到了普遍的应用。但在高层建筑中，出于安全角度的考虑，一般采用平屋顶。

③ 地理气候条件　在南方多雨地区，一般坡度要求陡一些，并且要求尽量采用坡屋顶，以便雨水能够迅速地排除，减少雨水在屋面的停留时间；在北方雨水较少的地区，坡度要求可放缓一些。

④ 建筑造型要求　平屋顶的建筑在平面上可以设计成任意形状，坡屋顶在我国和近代的建筑造型较多，在现代的建筑造型上也多仿照古代建筑进行设计，除了以上两种屋顶以外，许多其他造型的曲面屋顶、球形屋顶、折板屋顶等也体现出了多姿多彩的艺术特色，如上海的东方明珠塔。

(3) 屋面坡度的形成方式

屋面坡度的形成方式主要有结构找坡和材料找坡。

① 结构找坡　是指利用屋面的承重结构构件使得屋面形成一定坡度的方式，在坡屋顶和曲面屋顶中应用较多。

② 材料找坡　是指利用屋面结构层以上各种散状轻质材料、面层抹灰材料构造层在不同位置上的厚度差异形成的排水坡度，此种找坡方式又称为构造找坡，目前在施工中通常用于平屋顶的排水找坡，如图 10-5 所示。

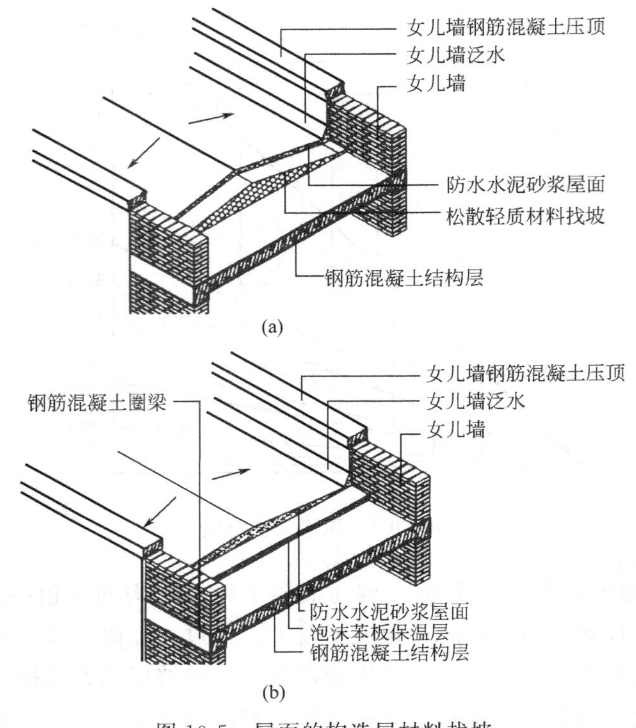

图 10-5　屋面的构造层材料找坡

(a) 松散轻质材料找坡；(b) 防水水泥砂浆面层找坡

10.2　平屋顶构造图识读

10.2.1　柔性防水平屋顶的构造

柔性防水平屋顶是指采用防水卷材用胶结材料粘贴铺设而成的整体封闭的防水覆盖层。它具有一定的延性和韧性，并且能适应一定程度的结构变化，保持其防水性能。柔性防水平屋顶的构造层次包括结构层、找平层、隔汽层、找坡层、保温层（隔热层）和保护层等，如图 10-6 所示。

(1) 找平层

为保证平屋顶防水层有一个坚固而平整的基层，避免防水层凹陷和断裂。一般在结构层和保温层上，先做找平层。找平层宜设分格缝，并嵌填密封材料。其纵横

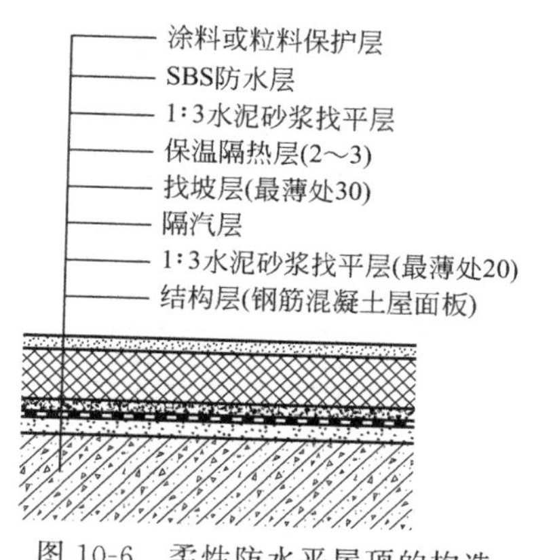

图 10-6 柔性防水平屋顶的构造

向最大间距：

① 水泥砂浆或细石混凝土找平层不宜大于 6m；

② 沥青砂浆找平层不宜大于 4m。

(2) 隔汽层

为防止室内水蒸气渗入保温层后，降低保温层的保温能力，对于北纬 40°以北，且室内空气湿度大于 75%或其他地区室内湿度大于 80%的建筑，经常处于饱和湿度状态的房间（例如公共浴室、厨房的主食蒸煮间），需在承重结构层上、保温层下设置隔汽层。隔汽层可采用气密性好的单层防水卷材或防水涂料。

(3) 找坡层

依据屋顶坡度选择合适的构造方式。

(4) 防水层

目前工程中卷材防水层主要有高聚物改性沥青卷材防水层和合成高分子卷材防水层，见表 10-1。

表 10-1 卷材防水层

卷材分类	卷材名称举例	卷材黏结剂
高聚物改性沥青防水卷材	SBS 改性沥青防水卷材	热熔、自粘、黏结均有
	APP 改性沥青防水卷材	
合成高分子防水卷材	三元乙丙丁基橡胶防水卷材	丁基橡胶为主体的双组分 A 与 B 液 1∶1 配比搅拌均匀
	三元乙丙橡胶防水卷材	
	氯磺化聚乙烯防水卷材	CX-401 胶
	再生胶防水卷材	氯丁胶黏合剂
	氯丁橡胶防水卷材	CY-409 液
	氯丁聚乙烯橡胶共混防水卷材	BX-12 及 BX-12 乙组分
	聚氯乙烯防水卷材	黏结剂配套供应

卷材防水层应按《屋面工程质量验收规范》(GB 50207—2012) 要求，根据项目性质和重要程度以及所在地区的具体降水条件确定其屋面防水等级和屋面防水构造。例如，雨量特别稀少干热的地区，可以适当减少防水道数，但应选用能耐较大温度变形的防水材料和能防止暴晒的保护层，以适应当地的特殊气候条件。不同的屋面防水等级对防水材料的要求有所不同，见表 10-2。

表 10-2　卷材厚度选用

屋面防水等级	设防道数	合成高分子防水卷材	高聚物改性沥青防水卷材
Ⅰ级	三道或三道以上	不应小于 1.5mm	不应小于 3mm
Ⅱ级	二道	不应小于 1.2mm	不应小于 3mm
Ⅲ级	一道	不应小于 1.2mm	不应小于 4mm
Ⅳ级	一道	—	—

卷材防水层应铺贴在坚固、平整、干燥的找平层上。卷材粘贴方法包括冷粘法、热熔法、自粘法。卷材搭接时，搭接宽度依据卷材种类和铺贴方法进行，见表 10-3。

表 10-3　卷材搭接宽度

搭接方向		短边搭接宽度/mm		长边搭接宽度/mm	
铺贴方法		满粘法	空铺法 点粘法 条粘法	满粘法	空铺法 点粘法 条粘法
沥青防水卷材		100	150	70	100
高聚物改性沥青防水卷材		80	100	80	100
合成高分子防水卷材	胶黏剂	80	100	80	100
	胶黏带	50	60	50	60
	单缝焊	60,有效焊接宽度不小于 25			
	双缝焊	80,有效焊接宽度 10×2+空腔宽			

(5) 保护层

保护层是屋顶最上面的构造层，其作用是减缓雨水对卷材防水层的冲刷力，降低太阳辐射热对卷材防水的影响，防止卷材防水层产生龟裂和渗漏现象，延长其使用寿命。保护层的做法应视屋面的使用情况和防水层所用材料而定，如图 10-7 所示。

① 不上人屋面

a. 沥青卷材防水屋面一般采用沥青胶粘直径 3～6mm 的绿豆砂做保护层。

b. 高聚物改性沥青防水卷材、合成高分子防水卷材防水层可采用与防水层材料配套的保护层或粘贴铝箔作为保护层。

② 上人屋面

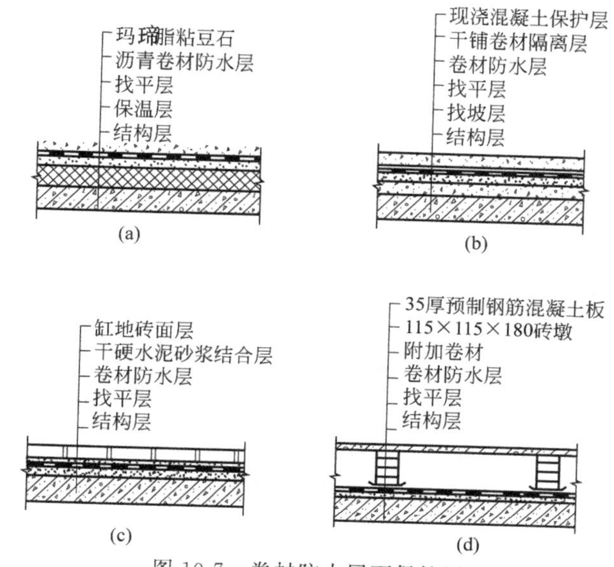

图 10-7 卷材防水屋面保护层

（a）豆石保护层；（b）现浇混凝土；（c）铺地砖；（d）架预制板

a. 防水层上做水泥砂浆保护层或细石混凝土保护层。

b. 防水层上用砂、沥青胶或水泥砂浆铺贴预制缸砖、地砖等。

c. 防水层上架设预制板。

10.2.2 刚性防水平屋顶的构造

刚性防水屋面是以防水砂浆抹面或密实混凝土浇捣而成的防水层，它构造简单，施工方便，造价较低，但其对温度变化和结构变形较敏感，易产生裂缝而漏水，一般适用于防水等级为Ⅰ～Ⅳ级的屋面防水，不适用于有保温层、有较大震动或冲击荷载作用的屋面和坡度大于15%的建筑屋面，在我国南方地区多采用。

刚性防水平屋顶的构造层次包括找平层、保温层（隔热层）、找坡层、隔离层、防水层和保护层等，如图 10-8 所示。

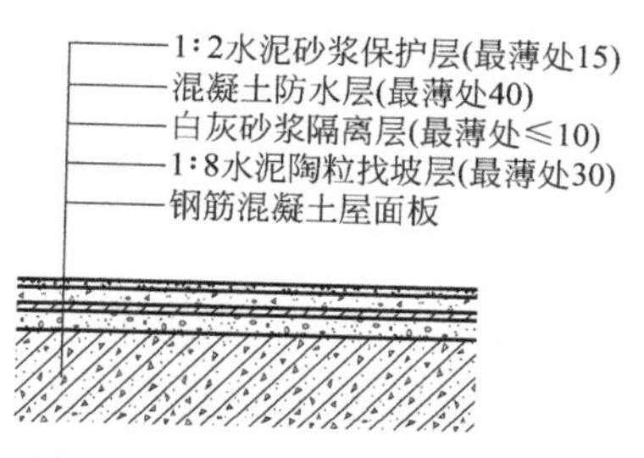

图 10-8 刚性防水平屋顶的构造

（1）隔离层

隔离层是在找平层上铺砂、铺低强度的砂浆或干铺一层卷材或刷废机油、沥青等。其作用是将刚性防水层与结构层上下分离，以适应各自的变形，减少温度变化和结构变形对刚性防水层的影响。

（2）防水层

细石混凝土刚性防水层采用40mm厚，强度等级为C20，水泥∶砂子∶石子的质量比为1∶(1.5～2.0)∶(3.5～4.0)密实细石混凝土。在混凝土中掺加膨胀剂、减水剂等外加剂，还宜掺入适量的合成短纤维，以提高和改善其防水性能。为防止细石混凝土的防水层裂缝，应采取以下措施。

① 配筋。为提高细石混凝土防水层的抗裂和应变能力，常配置双向钢筋网片，钢筋直径为4～6mm，间距100～200mm。由于裂缝易在面层出现，钢筋安装位置居中偏上，其上面保护层厚度不小于10mm。

② 设置分仓缝。分仓缝又称分格缝，是防止细石混凝土防水层不规则裂缝、适应结构变形而设置的人工缝，如图10-9所示。

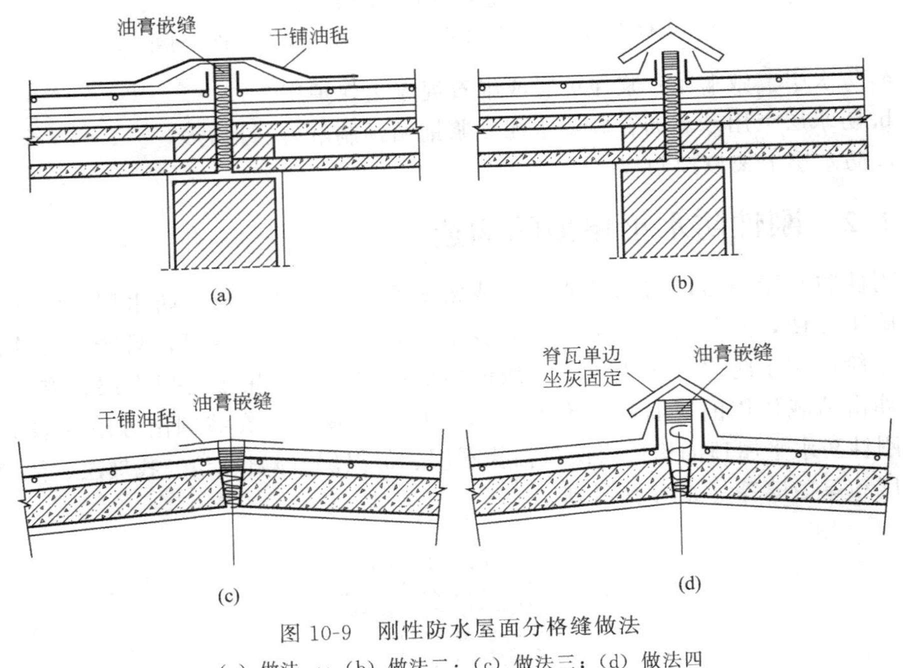

图10-9　刚性防水屋面分格缝做法

（a）做法一；（b）做法二；（c）做法三；（d）做法四

屋面转折处、防水层与突出屋面结构的交接处，分仓缝宽度为20mm左右，纵横向间距不宜大于6m。分仓缝有平缝和凸缝两种形式，分仓缝内嵌密封材料，缝口用卷材铺贴盖缝，如图10-10所示。

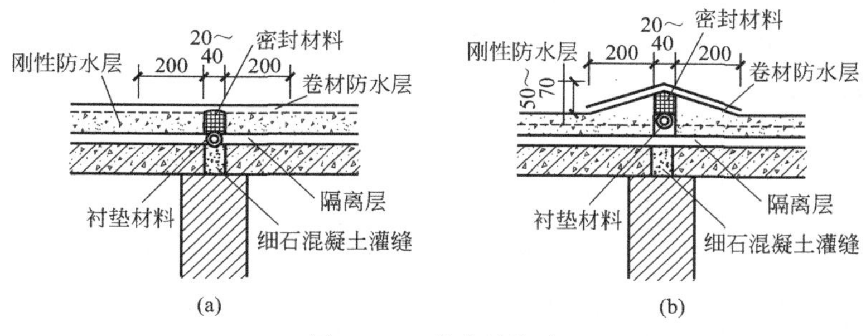

图 10-10　分仓缝构造

(a) 平缝；(b) 凸缝

10. 2. 3　涂膜防水平屋顶的构造

涂膜防水层是采用可塑性和黏结力较强的高分子防水涂料，直接涂刷在屋面找平层上，形成一层不透水薄膜的防水层。一般有乳化沥青类、氯丁橡胶类、丙烯酸树脂类、聚氨酯类和焦油酸性类等。涂膜防水层具有防水性好、黏结力强、延伸性大、耐腐蚀、耐老化、冷作业、易施工等特点。但是涂膜防水层成膜后要加以保护，以防硬杂物碰坏。

涂膜防水平屋顶的构造层次及做法与卷材防水平屋顶基本相同，都是由结构层、找平层、找坡层、结合层、防水层和保护层等组成，如图 10-11 所示。

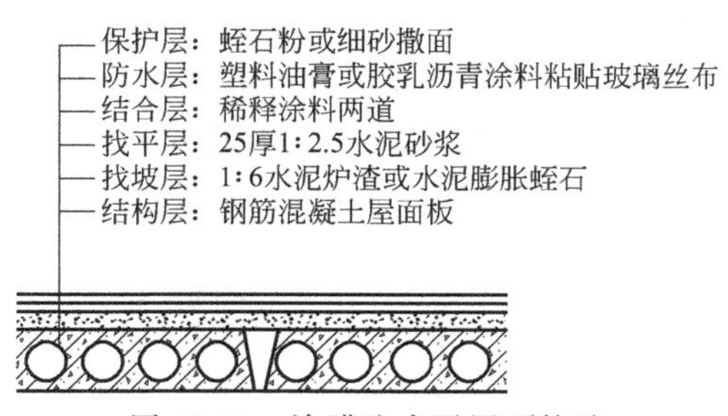

图 10-11　涂膜防水平屋顶构造

涂膜防水层的构造做法是在平整干燥的找平层上，分多次涂刷。乳化型防水涂料，涂 3 遍，厚 1. 2mm；溶剂型防水涂料，涂 4～5 遍，厚度大于 1. 2mm。涂膜表面采用细砂、浅色涂料、水泥砂浆等做保护层。

10. 2. 4　平屋顶的细部构造

平屋顶的构造主要包括泛水构造、檐口构造、雨水口构造等。

(1) 泛水构造

① 卷材防水屋面　将屋面的卷材防水层继续铺至垂直面上，形成卷材泛水，

泛水高度不得小于250mm；在屋面与垂直面的交接处再加铺一层附加卷材，为防止卷材断裂，转角处应用水泥砂浆抹成圆弧形或45°斜面；泛水上口的卷材应做收头固定，如图10-12所示。

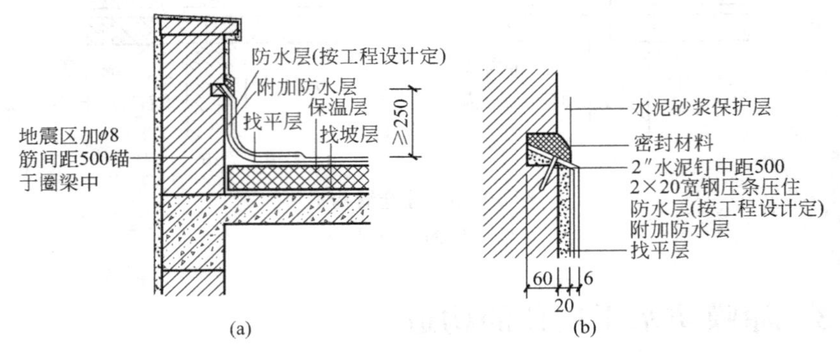

图10-12　卷材防水屋面女儿墙泛水构造

（a）剖面图；（b）截面图

卷材防水屋面泛水的构造主要包括下列四个要点。

a. 泛水与屋面相交处的基层需用水泥砂浆或混凝土做成 $R=50\sim150$mm 的圆弧或钝角，防止卷材粘贴时因直角转弯而折断或不能铺实。

b. 卷材在竖直面的粘贴高度不应小于250mm。

c. 泛水处的卷材与屋面卷材相连接，并在底层加铺一层。

d. 泛水上端应固定在墙上，并有挡雨措施，以免卷材的下滑剥落。

② 刚性防水屋面　泛水的构造要点与卷材防水屋面相同。不同之处是女儿墙与刚性防水层间应留分格缝，缝内用油膏嵌缝，缝外用附加卷材铺贴至泛水所需高度并做好压缝收头处理，避免雨水渗透进缝内，如图10-13所示。

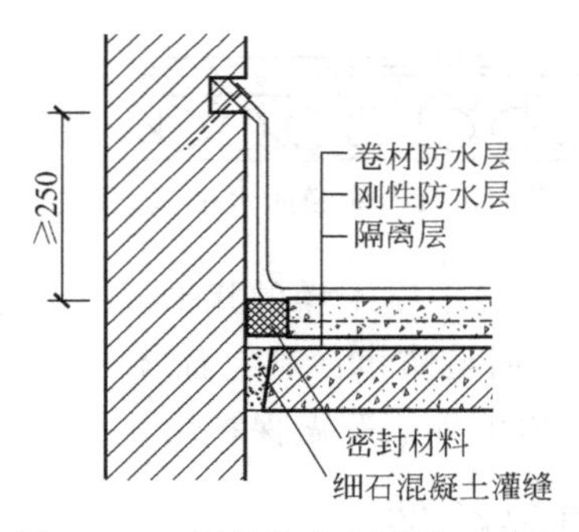

图10-13　刚性防水屋面檐口构造

（2）檐口构造

檐口构造是指屋顶与墙身交接处的构造做法，包括挑檐檐口、女儿墙檐口、女儿墙带挑檐檐口等。

① 挑檐檐口

a. 无组织排水挑檐檐口。即自由落水檐口，当平屋顶采用无组织排水时，为了雨水下落时不至于淋湿墙面，从平屋顶悬挑出不小于 400mm 宽的板。

ⅰ. 卷材防水屋面。防止卷材翘起，从屋顶四周漏水，檐口 800mm 范围内卷材应采取满粘法，将卷材收头压入凹槽，采用金属压条钉压，并用密封材料封口，檐口下端应抹出鹰嘴和滴水槽，如图 10-14 所示。

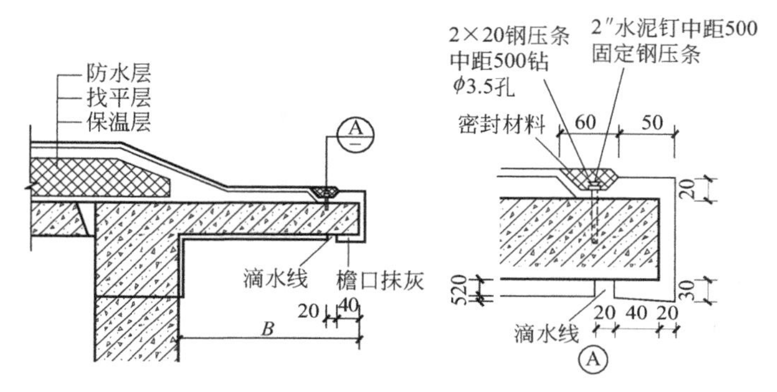

图 10-14 卷材防水屋面无组织排水挑檐檐口构造

ⅱ. 刚性防水屋面。当挑檐较短时，可将混凝土防水层直接悬挑出去形成挑檐口；当所需挑檐较长时，为了保证悬挑结构的强度，应采用与屋顶圈梁连为一体的悬臂板形成挑檐，如图 10-15 所示。

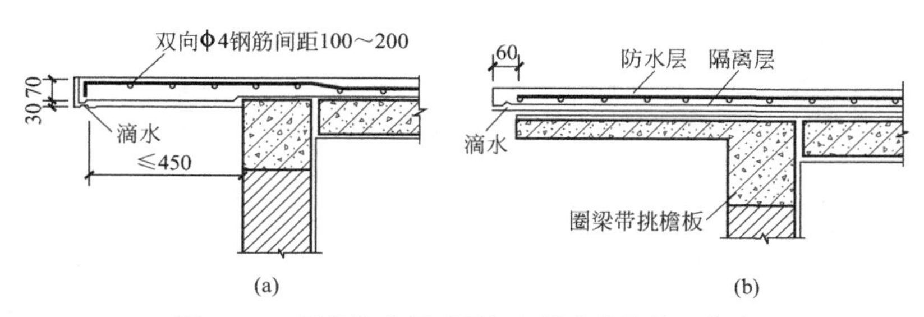

图 10-15 刚性防水屋面无组织排水挑檐檐口构造

(a) 混凝土防水层悬挑檐口；(b) 挑檐板檐口

b. 有组织排水挑檐檐口。即檐沟外排水檐口，也称为檐沟挑檐。

ⅰ. 卷材防水屋面。有组织排水挑檐檐口在檐沟沟内应加铺一层卷材以增强防水能力，当采用高聚物改性沥青防水卷材或高分子防水卷材时宜采用防水涂膜增强层；卷材防水层应由沟底翻上至沟外檐顶部，在檐沟边缘，应用水泥钉固定压条，将卷材压住，再用密封材料封严；为防卷材在转角处断裂，檐沟内转角处应用水泥砂浆抹成圆弧形；檐口下端应抹出鹰嘴和滴水槽，如图 10-16 所示。

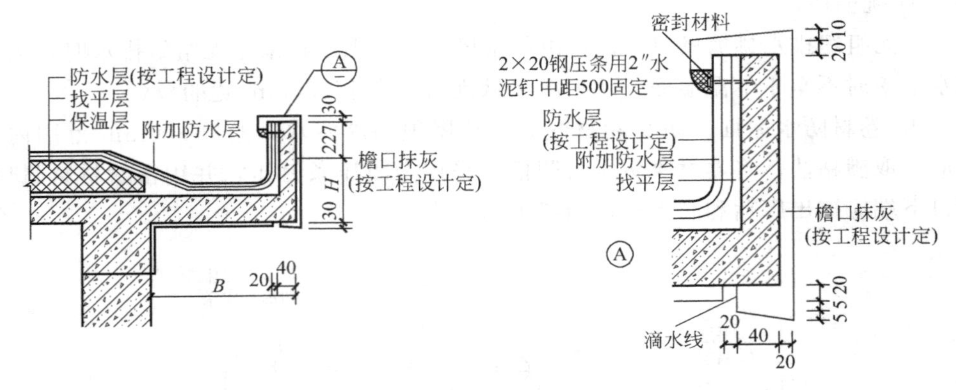

图 10-16 卷材防水屋面有组织排水挑檐檐口构造

B—挑檐宽度

ⅱ.刚性防水屋面。刚性防水层应挑出 50mm 左右滴水线或直接做到檐沟内，设构造钢筋，以防止爬水，如图 10-17 所示。

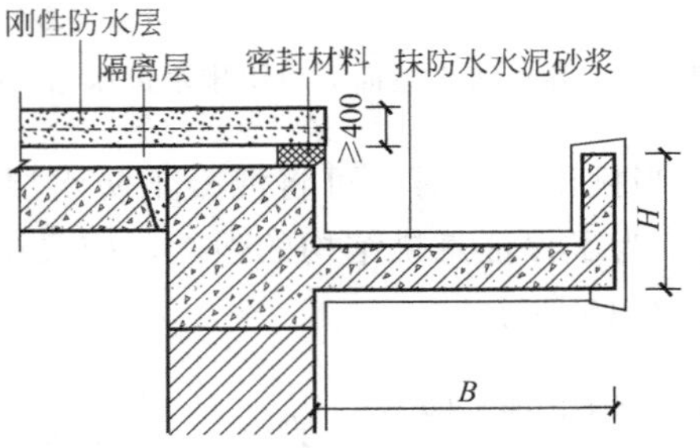

图 10-17 刚性防水屋面有组织排水挑檐檐口构造

B—挑檐宽度

② 女儿墙檐口 上人平屋顶女儿墙用以保护人员安全，对于其高度，低层、多层建筑不应小于 1.05m；高层建筑应为 1.1～1.2m。不上人屋顶女儿墙，抗震设防烈度为 6～8 度地区无锚固女儿墙的高度，不应超过 0.5m，超过时应加设构造柱及钢筋混凝土压顶圈梁，构造柱间距不应大于 3.9m。位于出入口上方的女儿墙，应加强抗震措施。

砌块女儿墙厚度不宜小于 200mm，其顶部应设大于或等于 60mm 厚的钢筋混凝土压顶，实心砖女儿墙厚度不应小于 240mm。

女儿墙檐口包括女儿墙内檐沟檐口和女儿墙外檐沟檐口，如图 10-18 所示。

③ 女儿墙带挑檐檐口 女儿墙带挑檐檐口是将前面两种檐口相结合的构造处理。女儿墙与挑檐之间用盖板（混凝土薄板或其他轻质材料）遮挡，形成平屋顶的坡檐口，如图 10-19 所示。由于挑檐的端部加大了荷载，结构和构造设计都应特别注意处理悬挑构件的抗倾覆问题。

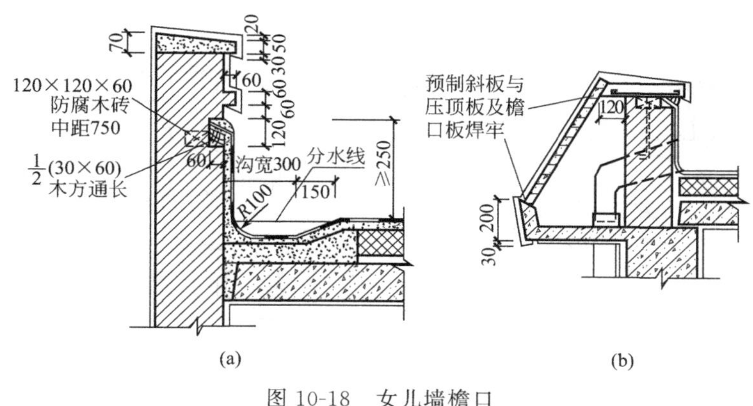

图 10-18　女儿墙檐口

(a) 女儿墙内檐沟檐口；(b) 女儿墙外檐沟檐口

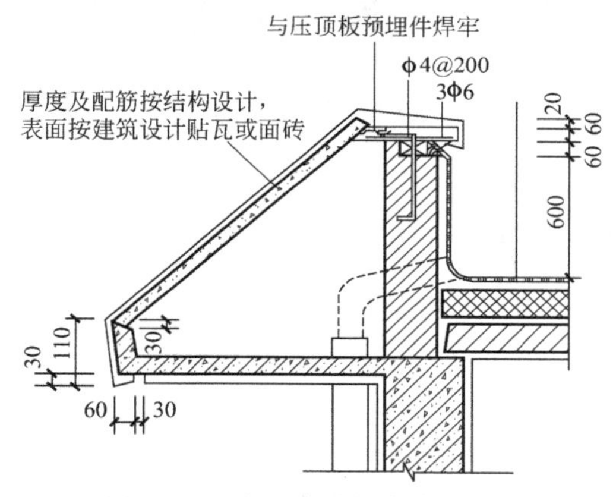

图 10-19　女儿墙带挑檐檐口构造

(3) 雨水口构造

雨水口是屋面雨水汇集并排至雨水管的关键部位，满足排水通畅、防止渗漏和堵塞的要求。雨水口包括水平雨水口和垂直雨水口两种形式。

① 水平雨水口　采用直管式铸铁或 PVC 漏斗形的定型件，用水泥砂浆埋嵌牢固，雨水口四周需加铺一层卷材，并铺到漏斗口内，用沥青胶贴牢。缺口及交接处等薄弱环节可用油膏嵌缝，再用带箅铁罩压盖，如图 10-20(a) 所示。雨水口埋设标高应考虑雨水口设防时增加的附加层和柔性密封层的厚度及排水坡度加大的尺寸。雨水口周围直径 500mm 范围内坡度不应小于 5%，并用防水涂料或密封材料涂封，其厚度不小于 2mm。

② 垂直雨水口　垂直雨水口是穿过女儿墙的雨水口。采用侧向铸铁雨水口或 PVC 雨水口放入女儿墙所开洞口，并加铺一层卷材铺入雨水口 50mm 以上，用沥青胶贴牢，再加盖铁箅，如图 10-20(b) 所示。雨水口埋设标高要求同水平雨水口。

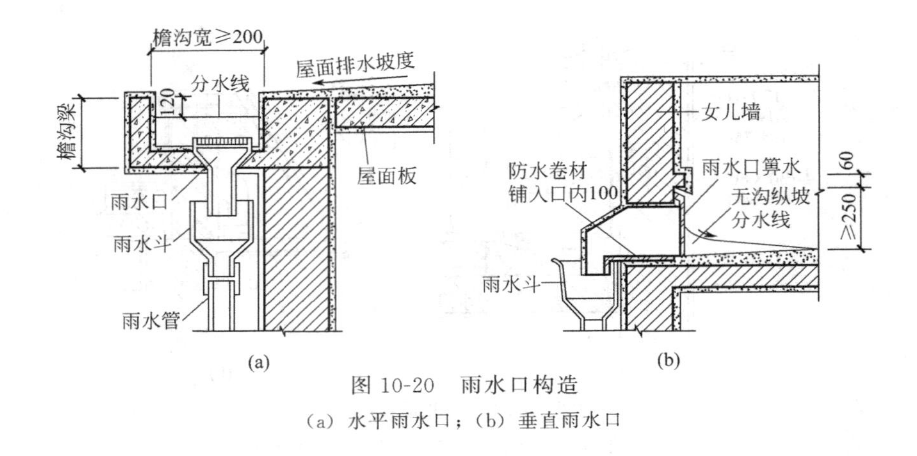

图 10-20 雨水口构造

(a) 水平雨水口；(b) 垂直雨水口

10.3 坡屋顶构造图识读

坡屋顶一般是由承重结构、屋面和顶棚等基本部分组成，必要时可以设保温（隔热）层等。

10.3.1 坡屋顶的承重结构

坡屋顶的承重结构用来承受屋面传来的荷载，并且把荷载传给墙或柱。其结构类型包括横墙承重、屋架承重等。

（1）横墙承重

横墙承重是将横墙顶部按屋面坡度大小砌成三角形，在墙上直接搁置檩条或钢筋混凝土屋面板支承屋面传来的荷载，这种承重方式称为横墙承重，又叫硬山搁檩，如图 10-21 所示。横墙承重拥有构造简单、施工方便、节约木材，有利于防火和隔声等优点，但是房屋开间尺寸受限制，适用于住宅、办公楼、旅馆等开间较小的建筑。

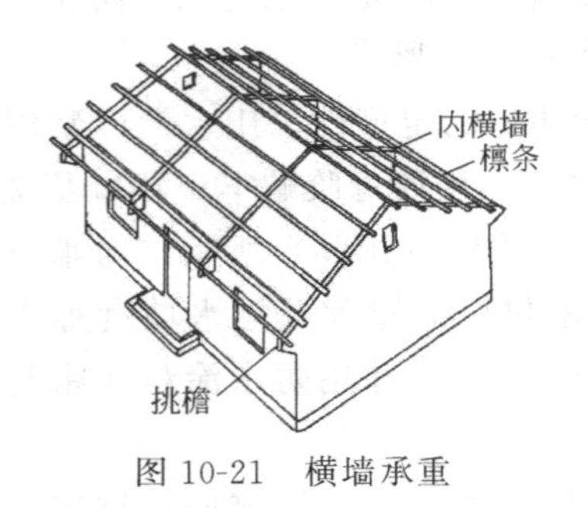

图 10-21 横墙承重

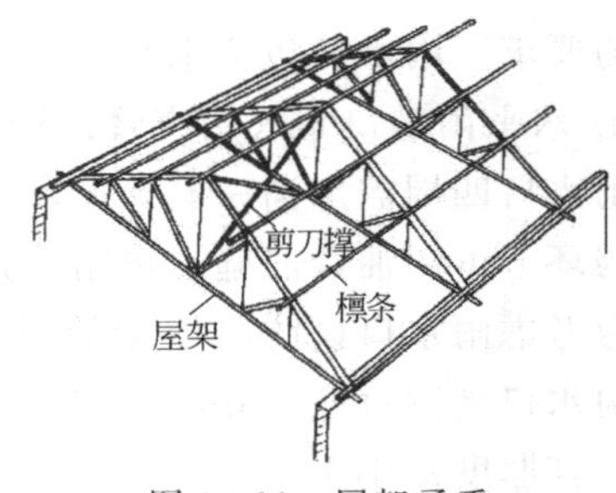

图 10-22 屋架承重

（2）屋架承重

屋架是由多个杆件组合而成的承重桁架，可以用木材、钢材、钢筋混凝土制作，形状有三角形、梯形、拱形、折线形等。屋架支承在纵向外墙或者柱上，上面搁置檩条或钢筋混凝土屋面板承受屋面传来的荷载。屋架承重与横墙承重相比，可省去横墙，使房屋内部有较大的空间，增加了划分内部空间的灵活性，如图 10-22 所示。

10.3.2 坡屋顶的屋面构造

坡屋顶的屋面坡度较大，可以采用各种小尺寸的瓦材相互搭盖来防水。由于瓦材尺寸小，强度低，不可以直接搁置在承重结构上，需在瓦材下面设置基层将瓦材连接起来，构成屋面，因此，坡屋顶屋面一般由基层和面层组成。工程中常用的面层材料有平瓦、油毡瓦、压型钢板等，屋面基层因面层不同而有不同的构造形式，通常由檩条、椽条、木望板、挂瓦条等组成。

(1) 平瓦屋面

平瓦又称机平瓦，有黏土瓦、水泥瓦、琉璃瓦等，通常长 380～420mm、宽 240mm，净厚 20mm，适宜的排水坡度为 20%～50%。根据基层的不同做法，平瓦屋面有下列不同的构造类型。

① 木望板平瓦屋面 木望板平瓦屋面是在檩条或者椽条上钉木望板，木望板上干铺一层油毡，用顺水条固定以后，再钉挂瓦条挂瓦所形成的屋面，如图 10-23 所示。这种屋面构造层次多，屋顶的防水、保温效果好，应用最广泛。

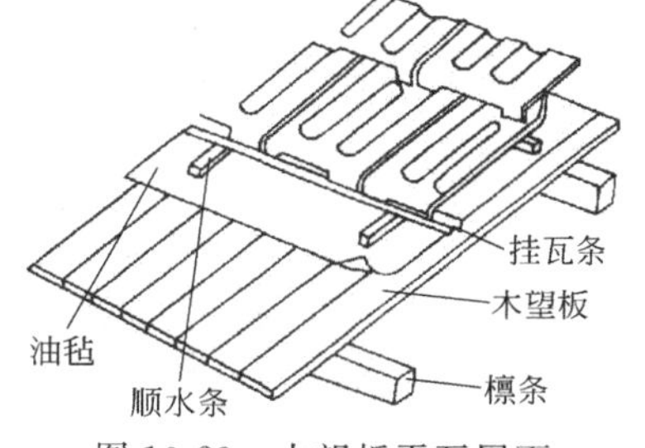

图 10-23 木望板平瓦屋面

② 钢筋混凝土板平瓦屋面 钢筋混凝土板平瓦屋面是以钢筋混凝土板为屋面基层的平瓦屋面。这种屋面的构造有以下两种。

a. 将断面形状呈倒 T 形或 F 形的预制钢筋混凝土挂瓦板，固定在横墙或者屋架上，然后在挂瓦板的板肋上直接挂瓦，如图 10-24 所示。此种屋面中，挂瓦板即为屋面基层，具有构造层次少、节省木材的优点。

b. 采用现浇钢筋混凝土屋面板作为屋顶的结构层，上面固定挂瓦条挂瓦，或者用水泥砂浆等固定平瓦，如图 10-25 所示。

(2) 油毡瓦屋面

油毡瓦是以玻璃纤维为胎基，经浸涂石油沥青之后，面层热压各色彩砂，背面撒以隔离材料而制成的瓦状材料，形状有方形和半圆形两种。它具有柔性好、耐酸碱、不褪色、质量轻的优点，适用于坡屋面的防水层或多层防水层的面层。

油毡瓦适用于排水坡度大于 20% 的坡屋面，可以铺设在木板基层和混凝土基层的水泥砂浆找平层上，如图 10-26 所示。

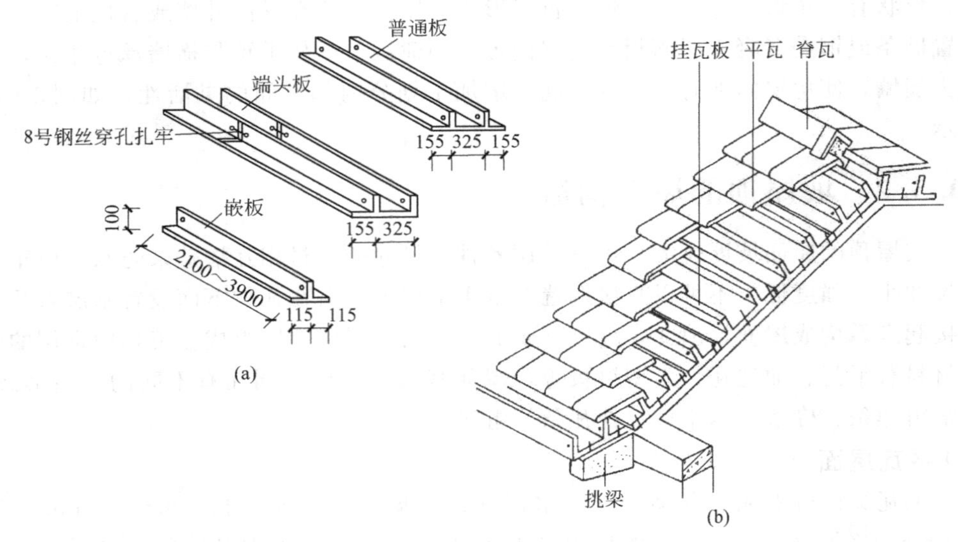

图 10-24 钢筋混凝土挂瓦板平瓦屋面

(a) 倒 T 形或 F 形的预制钢筋混凝土挂瓦板；(b) 屋面平面图

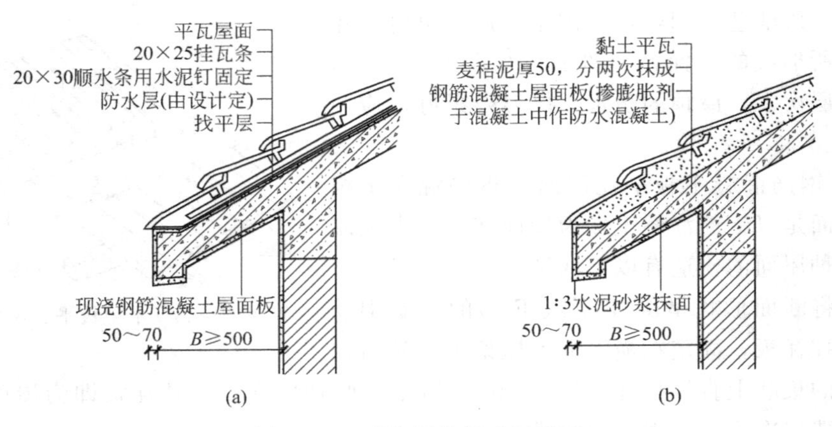

图 10-25 现浇板基层平瓦屋面

(a) 固定挂瓦条挂瓦；(b) 用水泥砂浆固定平瓦

B—挑檐宽度

(3) 压型钢板屋面

压型钢板是将镀锌钢板轧制成型，表面涂刷防腐涂层或者彩色烤漆而成的屋面材料，具有多种规格，有的中间填充了保温材料，成为夹芯板，可以提高屋顶的保温效果。这种屋面具有自重轻、施工方便、装饰性与耐久性强的优点，通常用于对屋顶的装饰性要求较高的建筑中。

压型钢板屋面一般与钢屋架相配合。首先在钢屋架上固定工字形或槽形檩

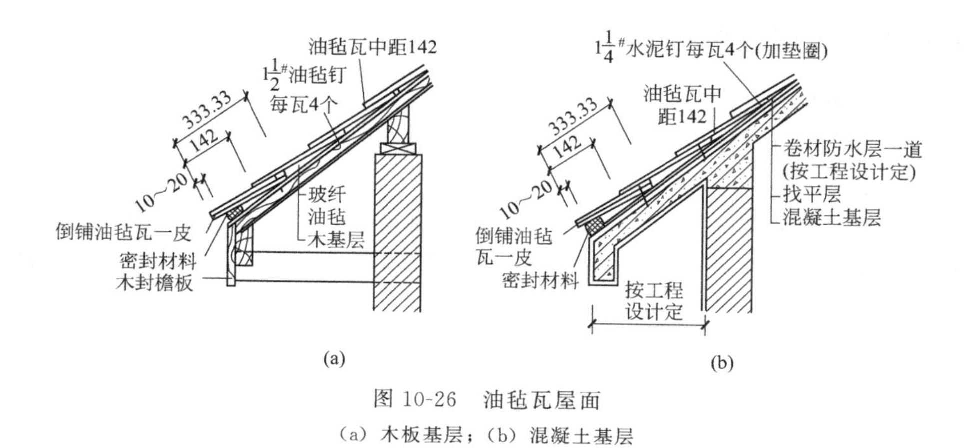

图 10-26 油毡瓦屋面

（a）木板基层；（b）混凝土基层

条，然后在檩条上固定钢板支架，最后将彩色压型钢板与支架用钩头螺栓连接，如图 10-27 所示。

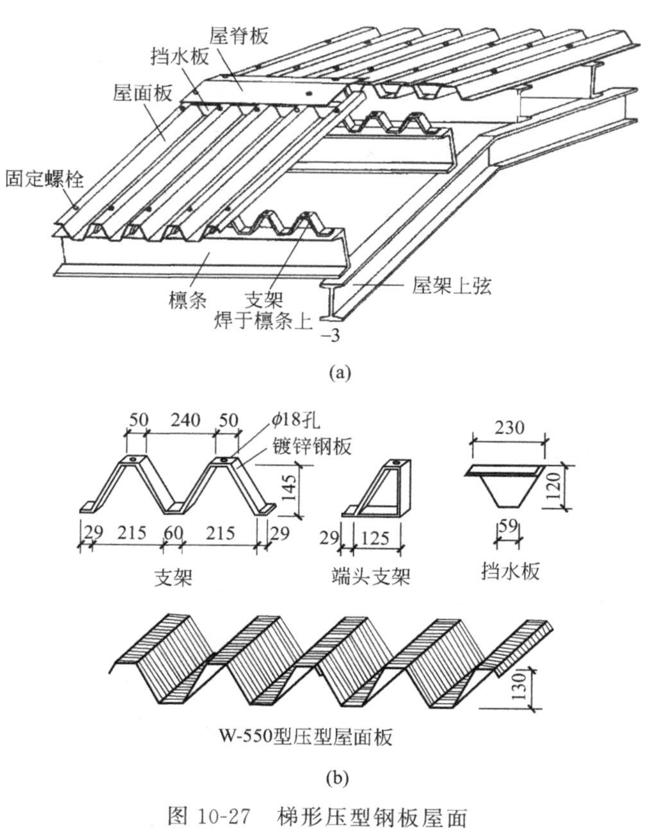

图 10-27 梯形压型钢板屋面

（a）屋面平面图；（b）各结构尺寸

10.3.3 坡屋顶的细部构造

(1) 平瓦屋面的细部构造

平瓦屋面应做好檐口、天沟等部位的细部处理。

① 纵墙檐口

a. 无组织排水檐口。当坡屋顶采用无组织排水时，应当将屋面伸出外纵墙形成挑檐，挑檐的构造做法包括砖挑檐、椽条挑檐、挑梁挑檐和钢筋混凝土挑板挑檐等，如图 10-28 所示。

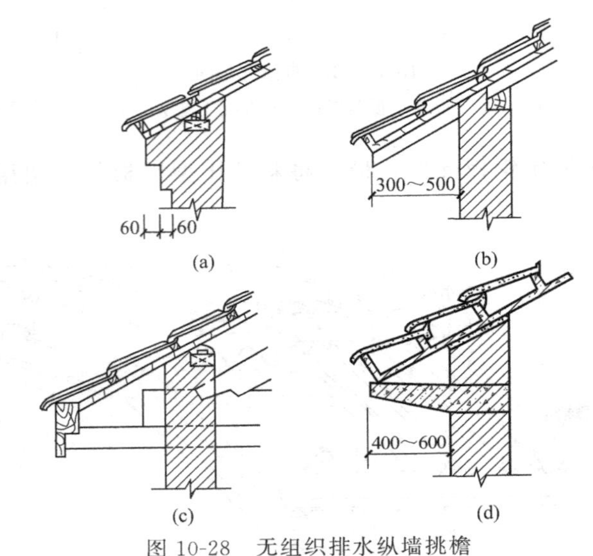

图 10-28 无组织排水纵墙挑檐

(a) 砖挑檐；(b) 椽条挑檐；(c) 挑梁挑檐；(d) 钢筋混凝土挑板挑檐

b. 有组织排水檐口。当坡屋顶采用有组织排水时，通常多采用外排水，需在檐口处设置檐沟，檐沟的构造形式一般包括钢筋混凝土挑檐沟和女儿墙内檐沟，如图 10-29 所示。挑檐沟多采用钢筋混凝土槽形天沟板，其排水和沟底防水构造与平

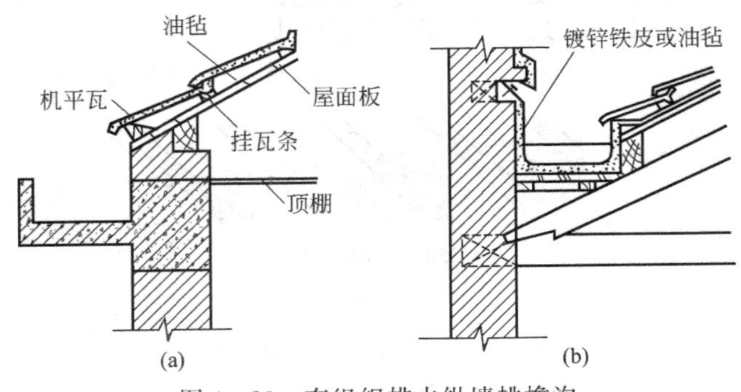

图 10-29 有组织排水纵墙挑檐沟

(a) 钢筋混凝土挑檐沟；(b) 女儿墙内檐沟

屋顶相似。

② 山墙檐口　双坡屋顶山墙檐口的构造有硬山和悬山两种。

a. 硬山是将山墙升起包住檐口，女儿墙与屋面交接处应做泛水，通常用砂浆黏结小青瓦或者抹水泥石灰麻刀砂浆泛水，如图 10-30 所示。

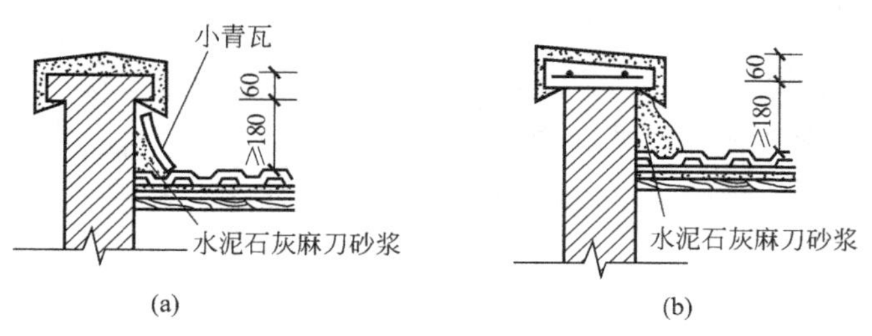

图 10-30　硬山檐口构造

(a) 小青瓦泛水；(b) 砂浆泛水

b. 悬山是指将钢筋混凝土屋面板伸出山墙挑出，上部的瓦片用水泥砂浆抹出披水线，进行封固，如图 10-31 所示。如果屋面为木基层时，将檩条挑出山墙，檩条的端部设封檐板（又叫博风板），下部可以做顶棚处理。

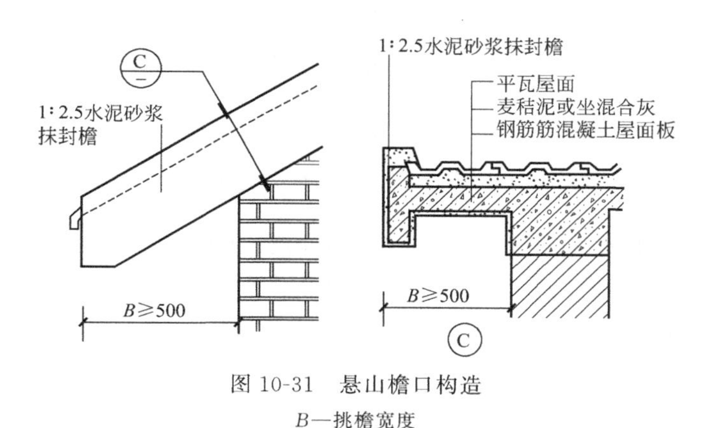

图 10-31　悬山檐口构造

B—挑檐宽度

③ 屋脊、天沟和斜沟　互为相反的坡面在高处相交形成屋脊，屋脊处应当用 V 形脊瓦盖缝，如图 10-32(a) 所示。在等高跨和高低跨屋面互为平行的坡面相交处形成天沟；两个互相垂直的屋面相交处，会形成斜沟。天沟和斜沟应当保证有一定的断面尺寸，上口宽度不宜小于 500mm，沟底应用整体性好的材料（例如防水卷材、镀锌薄钢板等）作防水层，并压入屋面瓦材或油毡下面，如图 10-32(b) 所示。

(2) 压型钢板屋面的细部构造

① 无组织排水檐口　当压型钢板屋面采用无组织排水时，挑檐板与墙板之间应当用封檐板密封，以提高屋面的围护效果，如图 10-33 所示。

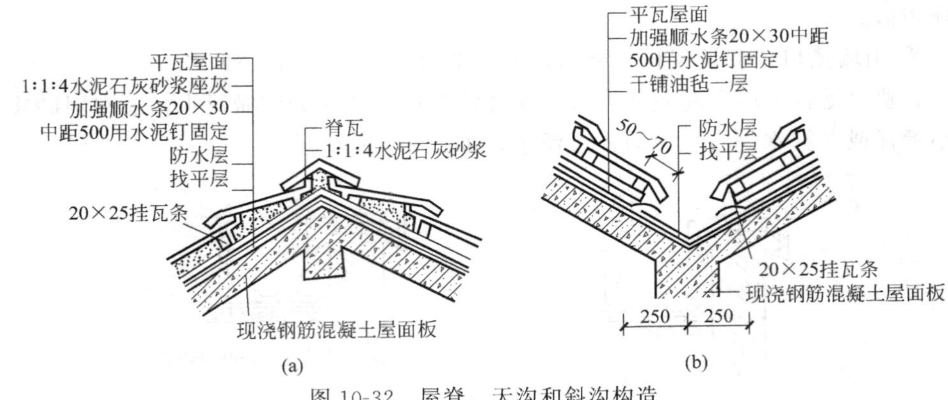

图 10-32 屋脊、天沟和斜沟构造

(a) 屋脊；(b) 天沟和斜沟

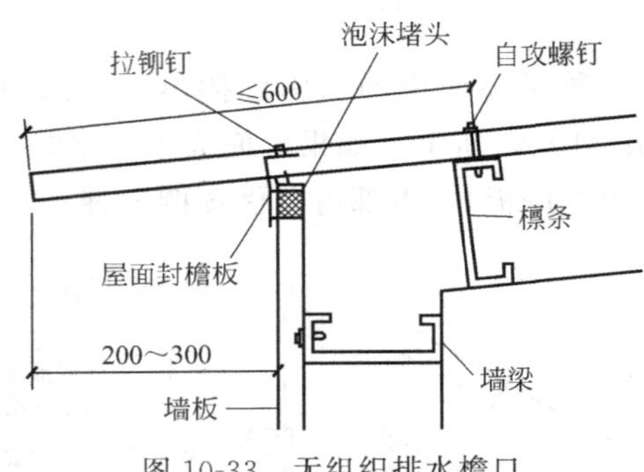

图 10-33 无组织排水檐口

② 有组织排水檐口 当压型钢板屋面采用有组织排水时，应当在檐口处设置檐沟。檐沟可采用彩板檐沟或钢板檐沟，当用彩板檐沟时，压型钢板应当伸入檐沟内，其长度一般为 150mm，如图 10-34 所示。

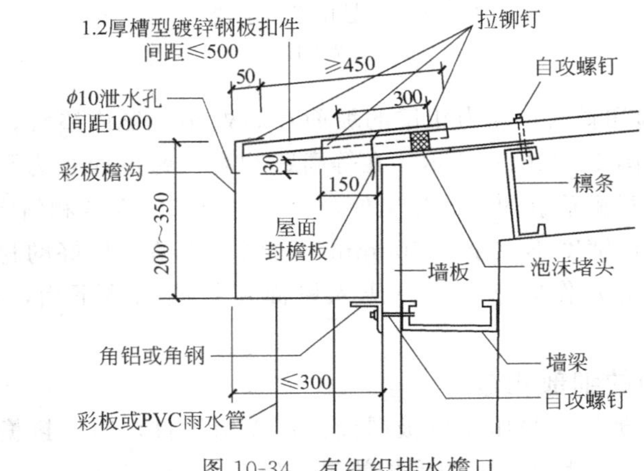

图 10-34 有组织排水檐口

③ 屋脊构造　压型钢板屋面屋脊构造分为双坡屋脊和单坡屋脊两种，双坡屋脊处盖 A 型屋脊盖板，单坡屋脊处用彩色泛水板包裹，如图 10-35 所示。

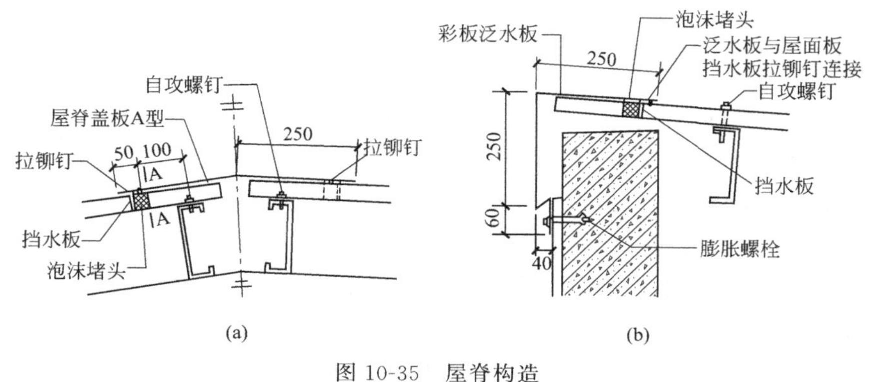

图 10-35　屋脊构造

(a) 双坡屋脊；(b) 单坡屋脊

④ 山墙构造　压型钢板屋面与山墙之间一般用山墙包角板整体包裹，包角板与压型钢板屋面之间用通长密封胶带密封，如图 10-36 所示。

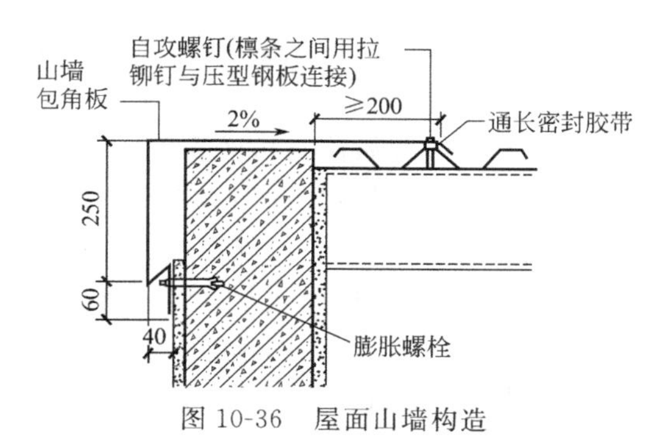

图 10-36　屋面山墙构造

⑤ 压型钢板屋面高低跨构造　压型钢板屋面高低跨交接处，加铺泛水板进行处理，泛水板上部与高侧外墙连接，其高度不小于 250mm，下部与压型钢板屋面连接，其宽度不小于 200mm，如图 10-37 所示。

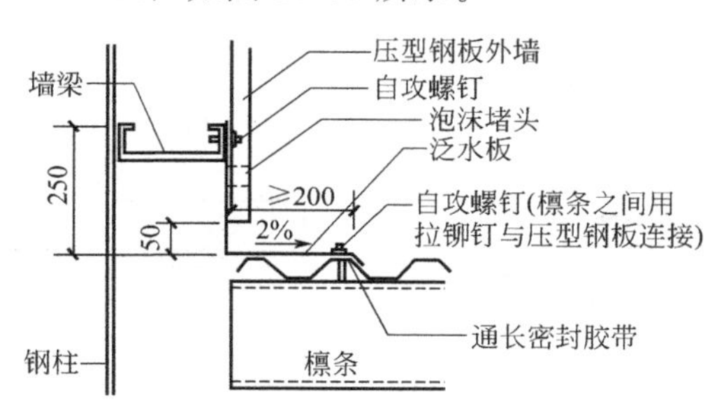

图 10-37　屋面高低跨构造

10.4 屋顶的保温与隔热

10.4.1 屋顶的保温

屋面保温材料应具有吸水率低、表观密度和导热系数较小并有一定强度的性能。保温材料按物理特性分为下列三大类。

① 散料类保温材料，例如膨胀珍珠岩、膨胀蛭石、炉渣、矿渣等。

② 整浇类保温材料，例如水泥膨胀珍珠岩、水泥膨胀蛭石等。

③ 板块类保温材料，例如用加气混凝土、泡沫混凝土、膨胀珍珠岩混凝土、膨胀蛭石混凝土等加工成的保温块材或板材，或者采用聚苯乙烯泡沫塑料保温板。

在实际工程中，应根据工程实际来选择保温材料的类型，通过热工计算来确定保温层的厚度。

(1) 平屋顶的保温构造

① 保温层位于结构层与防水层之间　这种做法符合热工学原理，保温层位于低温一侧，而且符合保温层搁置在结构层上的力学要求，同时上面的防水层避免了雨水向保温层渗透，有利于维持保温层的保温效果，构造简单、施工方便。所以，在工程中应用最为广泛，如图 10-38 所示。

② 保温层位于防水层之上　这种做法与传统保温层的铺设顺序相反，所以又称倒铺保温层。倒铺保温层时，保温材料要选择不吸水、耐气候性强的材料，例如聚氨酯或者聚苯乙烯泡沫塑料保温板等有机保温材料。有机保温材料质量轻，直接铺在屋顶最上部时，容易受雨水冲刷，被风吹起，因此，有机保温材料上部应当用混凝土、卵石、砖等较重的覆盖层压住，如图 10-39 所示。

倒铺保温层屋顶的防水层不会受到外界影响，保证了防水层的耐久性，但保温材料受限制。

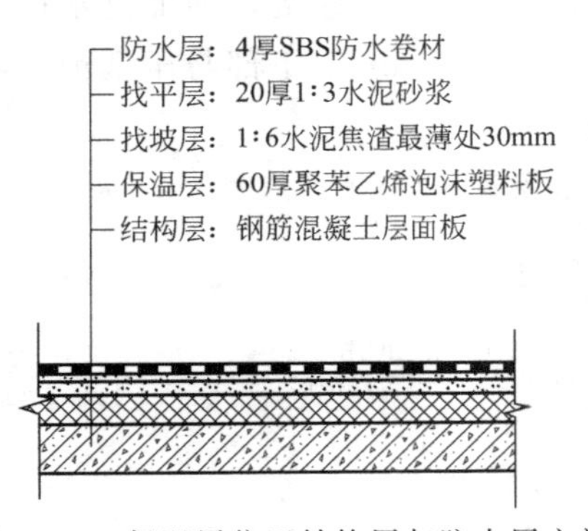

图 10-38　保温层位于结构层与防水层之间

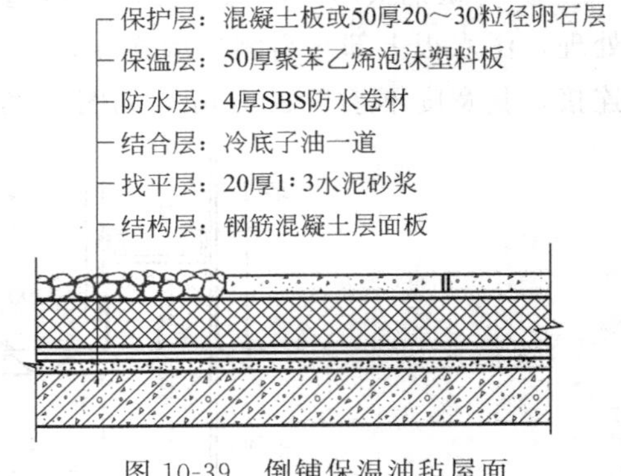

图 10-39　倒铺保温油毡屋面

③ 保温层与结构层结合　保温层与结构层结合的做法有以下三种。

a. 保温层设在槽形板的下面，如图 10-40(a) 所示，此种做法，室内的水汽会进入保温层中降低保温效果。

b. 保温层放在槽形板朝上的槽口内，如图 10-40(b) 所示。

c. 将保温层与结构层融为一体，例如配筋的加气混凝土屋面板，这种构件既能承重，又有保温效果，简化了屋顶构造层次，施工方便，但屋面板的强度低、耐久性差，如图 10-40(c) 所示。

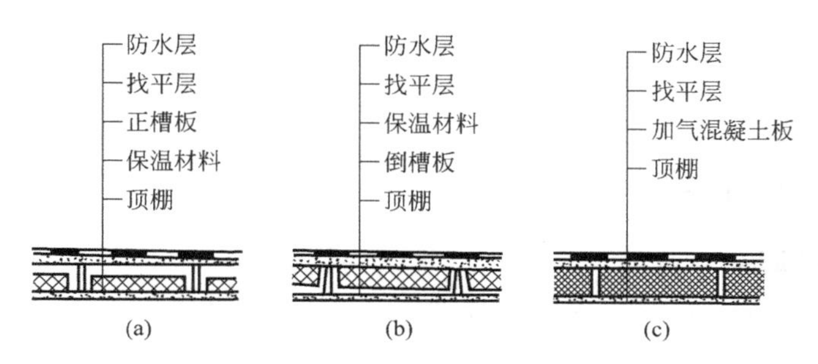

图 10-40　保温层与结构层结合

(a) 保温层设在槽形板下；(b) 保温层设在反槽板上；

(c) 保温层与结构层合为一体

(2) 坡屋顶的保温构造

坡屋顶的保温包括顶棚保温和屋面保温两种。

① 顶棚保温　顶棚保温是在坡屋顶的悬吊顶棚上加铺木板，上面干铺一层油毡做隔汽层，再在油毡上面铺设轻质保温材料，例如聚苯乙烯泡沫塑料保温板、木屑、膨胀珍珠岩、膨胀蛭石、矿棉等，如图 10-41 所示。

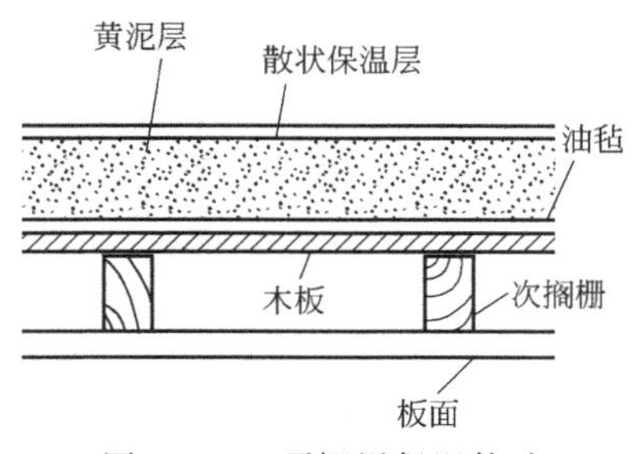

图 10-41　顶棚层保温构造

② 屋面保温　传统的屋面保温是在屋面铺草秸、将屋面做成麦秸泥青灰顶或将保温材料设在檩条之间，如图 10-42 所示。这些做法工艺落后，目前已基本不使用。现在工程中，通常是在屋面压型钢板下铺钉聚苯乙烯泡沫塑料保温板，或直接采用带有保温层的夹芯板。

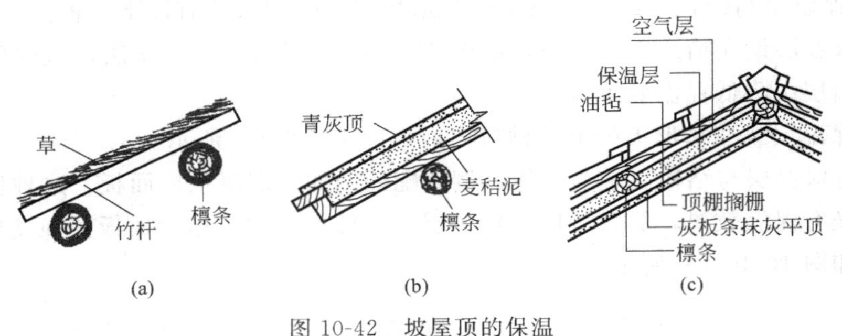

图 10-42 坡屋顶的保温

(a)、(b) 保温层在屋面层中；(c) 保温层在檩条之间

10.4.2 屋顶的隔热

(1) 平屋顶的隔热

平屋顶隔热的构造做法主要包括通风隔热、蓄水隔热、植被隔热、反射降温等。

① 通风隔热

通风隔热是在屋顶设置通风间层，利用空气的流动带走大部分的热量，达到隔热降温的目的。通风隔热屋面有以下两种做法。

a. 在结构层与悬吊顶棚之间设置通风间层，在外墙上设进气口与排气口，如图 10-43(a) 所示。

b. 设架空屋面，如图 10-43(b) 所示。

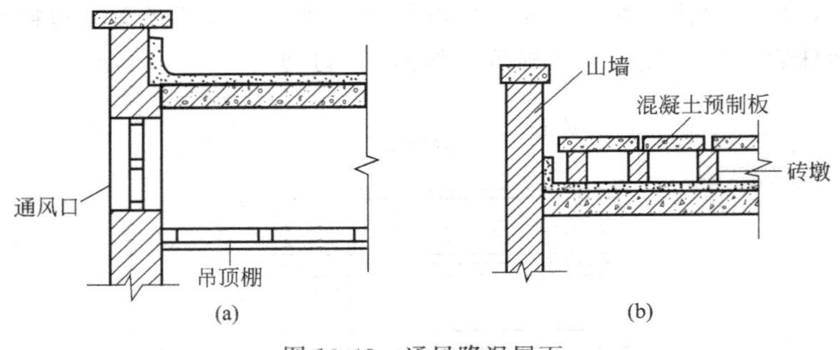

图 10-43 通风降温屋面

(a) 顶棚通风；(b) 架空大阶砖或预制板通风

② 蓄水隔热 蓄水隔热就是在平屋顶上面设置蓄水池，利用水的蒸发带走大量的热量，从而起到降温隔热的作用。蓄水隔热屋面的构造与刚性防水屋面基本相同，仅增设了分仓壁、泄水孔、过水孔和溢水孔，如图 10-44 所示。这种屋面有一定的隔热效果，但是使用中的维护费用较高。

③ 植被隔热 在平屋顶上种植植物，利用植物光合作用时所吸收热量和植物

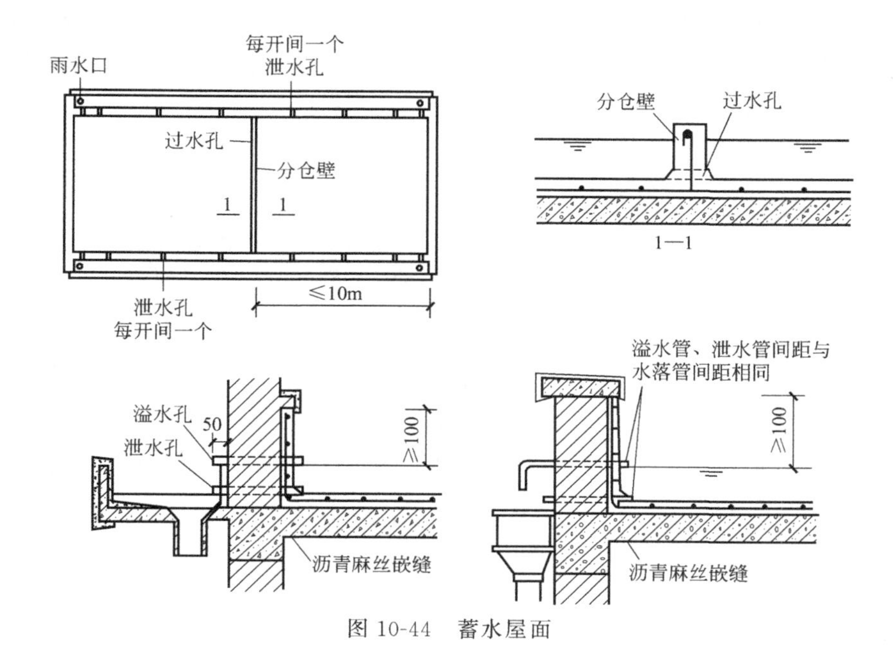

图 10-44 蓄水屋面

对阳光的遮挡功能来达到隔热的目的。此种屋面在满足隔热要求时，还能够提高绿化面积，对于净化空气，改善城市整体空间景观都很有意义，因此在现在的中高层以下建筑中应用越来越多。

④ 反射降温 反射降温是在屋面铺浅色的砾石或刷浅色涂料等，利用浅色材料的颜色和光滑度对热辐射的反射作用，将屋面的太阳辐射热反射出去，从而达到降温隔热的作用。现在，卷材防水屋面采用的新型防水卷材，例如高聚物改性沥青防水卷材和合成高分子防水卷材的正面覆盖的铝箔，即利用反射降温的原理来保护防水卷材的。

（2）坡屋顶的隔热

坡屋顶一般利用屋顶通风来隔热，有屋面通风和吊顶棚通风两种做法。

① 屋面通风 在屋顶檐口设进风口，屋脊设出风口，利用空气流动带走间层的热量，从而降低屋顶的温度，如图 10-45 所示。

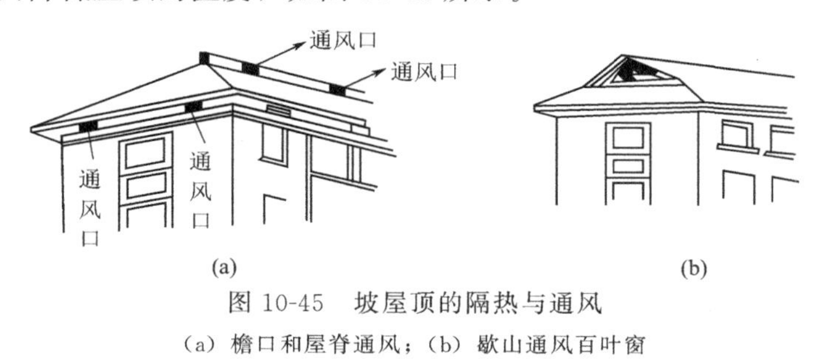

图 10-45 坡屋顶的隔热与通风

（a）檐口和屋脊通风；（b）歇山通风百叶窗

② 吊顶棚通风　利用吊顶棚和坡屋面之间的空间作为通风层，在坡屋顶的歇山、山墙或屋面等位置设进风口。它的隔热效果显著，是坡屋顶最常用的隔热形式，如图 10-46 所示。

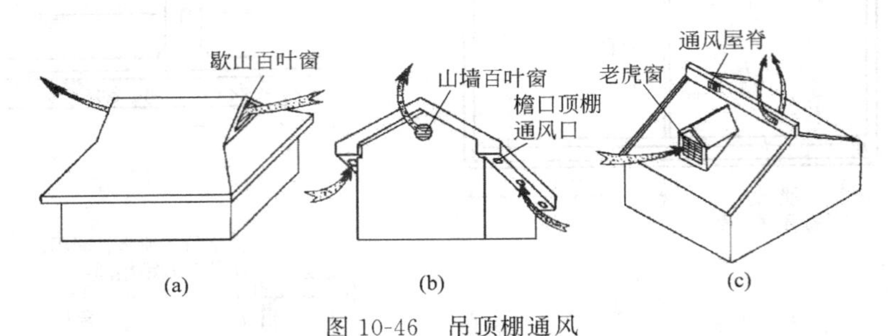

图 10-46　吊顶棚通风

(a) 歇山百叶窗；(b) 山墙百叶窗和檐口通风口；(c) 老虎窗与通风屋脊

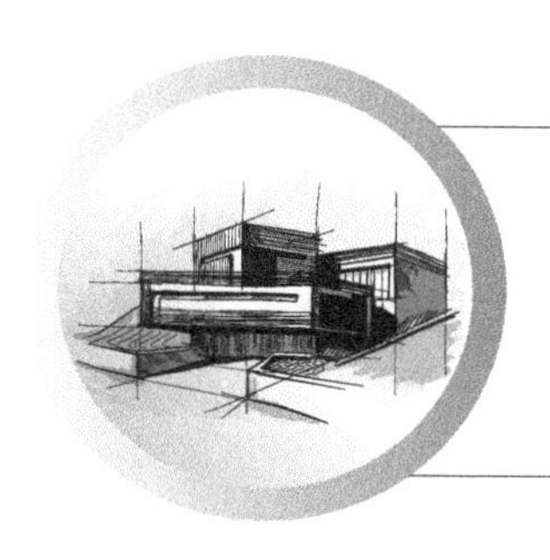

11 门窗构造图识读技巧

11.1 门

11.1.1 门的分类

按门在建筑物中所处的位置分：内门和外门。内门位于内墙上，应满足分隔要求，例如隔声、隔视线等；外门位于外墙上，应满足围护要求，例如保温、隔热、防风沙、耐腐蚀等。

按控制方式分：手动门、传感控制自动门等。

按功能分：一般门和特殊门。特殊门具有特殊的功能，构造复杂，通常用于对门有特别的使用要求时，例如保温隔声门、防火门、防盗门、人防门、防爆门等。

按门的框料材质分：木门、铝合金门、塑钢门、彩板门、玻璃钢门、钢门等。木门拥有自重轻、开启方便、隔声效果好、外观精美、加工方便等优点，目前在民用建筑中大量采用。

按开启方式分：平开门、弹簧门、推拉门、折叠门、转门等，如图 11-1 所示。

① 平开门　平开门是水平开启的门。铰链安在侧边，有单扇、双扇，内开、外开之分。平开门构造简单、开启灵活、制作安装、维修方便，是应用最广泛的门。

② 弹簧门　其开启方式同平开门，只是侧边用弹簧铰链或下面用地弹簧与门框相连，开启后能自动关闭。有单扇和双扇之分。一般多用于人流出入较频繁或有自动关闭要求的场所。

③ 推拉门　门扇沿上或下轨道左右滑行，分上挂式和下滑式，也有单扇和双扇之分。推拉门占用空间小，不易变形，但构造复杂。可采用光电管或触动设施使其自动启闭。

④ 折叠门　开启后门扇可折叠到洞口的一侧或两侧。其五金件制作复杂，安装要求较高。

⑤ 转门　一般是两到四扇门连成风车形，在两个固定弧形门套内转动。加工

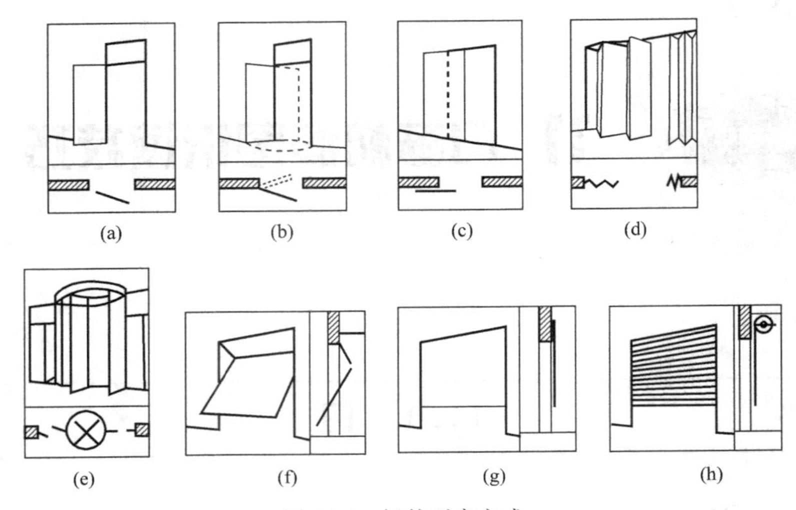

图 11-1 门的开启方式

(a) 平开门；(b) 弹簧门；(c) 推拉门；(d) 折叠门；
(e) 转门；(f) 上翻门；(g) 升降门；(h) 卷帘门

制作复杂，造价高。转门疏散人流能力较弱，所以必须同时在转门两旁设平开门作人流疏散之用。

此外，还有上翻门、升降门、卷帘门等形式，一般适用于门洞口较大或有特殊要求的房间。

11.1.2 门的构造

(1) 平开木门的构造

平开木门一般由门框、门扇、亮子和五金零件组成，有的还有贴脸板、筒子板等部分，如图 11-2 所示。

① 门框

a. 门框的构成。门框又称门樘，由上框和两根边框组成，有亮子的门还有中横框，多扇门还有中竖框，有保温、防风、防水和隔声要求的门应设下槛。

b. 门框的断面、形状和尺寸。常见门框的断面形式和尺寸如图 11-3 所示。

c. 门框的安装。门框的安装根据施工方法的不同可分为立口法和塞口法两种。安装方式不同，门框与墙的连接构造也不同。成品门多采用塞口法。塞口法是在墙砌好后再安装门框，而立口法是在砌墙前先用支撑将门框原位立好，然后砌墙。

d. 门框与墙的关系。门框与墙的相对位置有内平、外平和居中几种情况，如图 11-4 所示。门框靠墙一边为防止受潮变形多设置背槽，门框外侧的内外角做灰口，缝内填弹性密封材料。

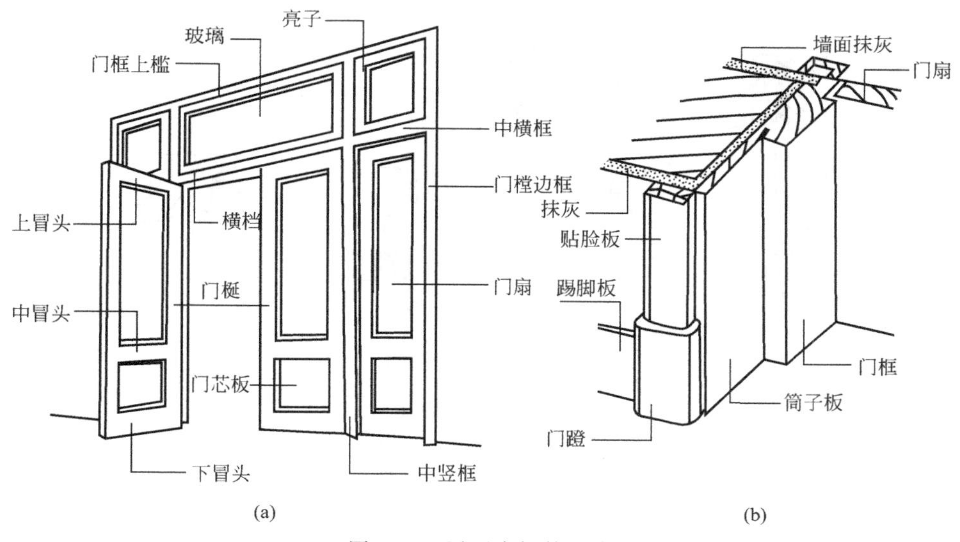

图 11-2 平开木门的组成

(a) 结构一；(b) 结构二

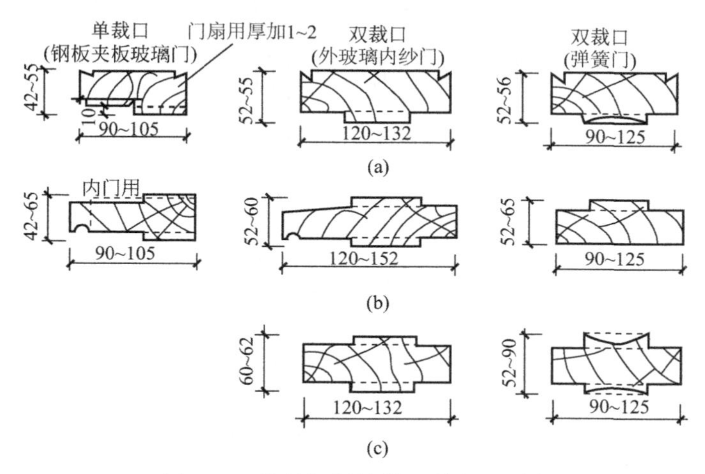

图 11-3 常见门框的断面形式和尺寸

(a) 边框的断面形式和尺寸；(b) 中横框的断面形式和尺寸；(c) 中竖框的断面形式和尺寸

② 门扇 门扇一般由上、中、下冒头、边梃、门芯板、玻璃等组成，如图 11-2 所示。

平开木门常用的门扇有镶板门、夹板门等几种。

a. 镶板门。镶板门以冒头、边框用全榫组成骨架，中镶木板（门芯板）或玻璃，如图 11-5 所示。常见门扇骨架的厚度为 40～50mm。镶板门上冒头尺寸为 (45～50)mm×(100～120)mm，中冒头、下冒头为了装锁和坚固的要求，宜用

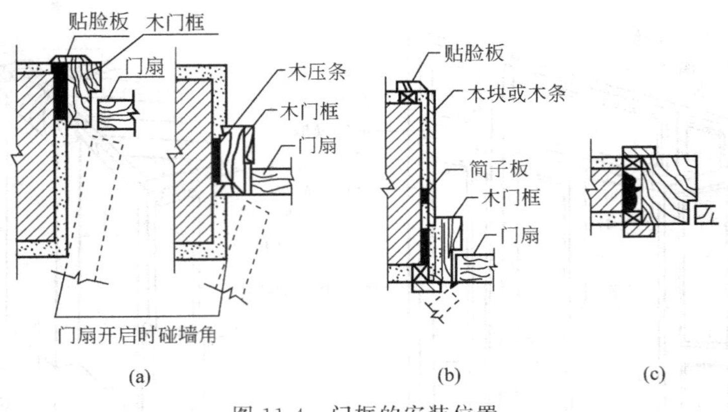

图 11-4　门框的安装位置

（a）立中；（b）内平；（c）内外平

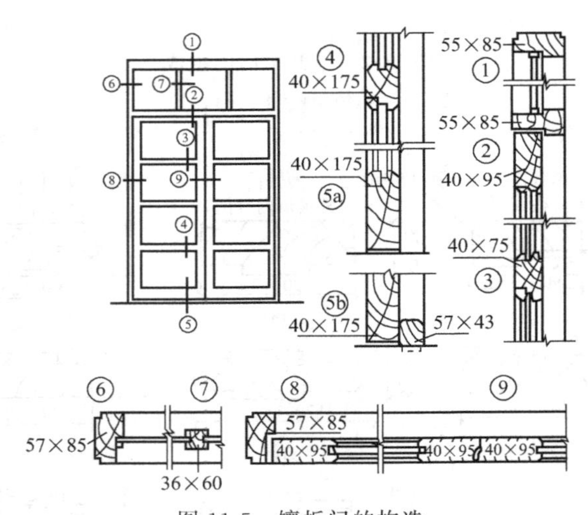

图 11-5　镶板门的构造

(45～50)mm×150mm，边框至少 50～150mm。另外，根据习惯，下冒头的宽度同踢脚高度，一般为 120～200mm 左右。

门芯板可用 10～15mm 厚木板拼装成整块，镶入边框和冒头中，或用多层胶合板、硬质纤维板及塑料板等代替。门芯板若换成玻璃，则称为玻璃门。

b. 夹板门。夹板门一般是胶合成的木框格表面再胶贴或钉盖胶合板或其他人工合成板材，骨架如图 11-6 所示。夹板门的内框一般边框用料 35mm×(50～70)mm，内芯用料 33mm×(25～35)mm，中距 100～300mm。面板可整张或拼花粘贴。应当注意在装门锁和铰链的部位，框料需加宽。为保持门扇外观效果及保护夹板层，常在夹板门四周钉 10～15mm 厚木条收口。

c. 纱门、百叶门。在门扇骨架内镶入窗纱或百叶，即为纱门或百叶门。

d. 镶玻璃门和半截玻璃门。如将镶板门中的全部门芯板换成玻璃，即为镶玻璃门。如将镶板门中的部分门芯板换成玻璃，即为半截玻璃门。

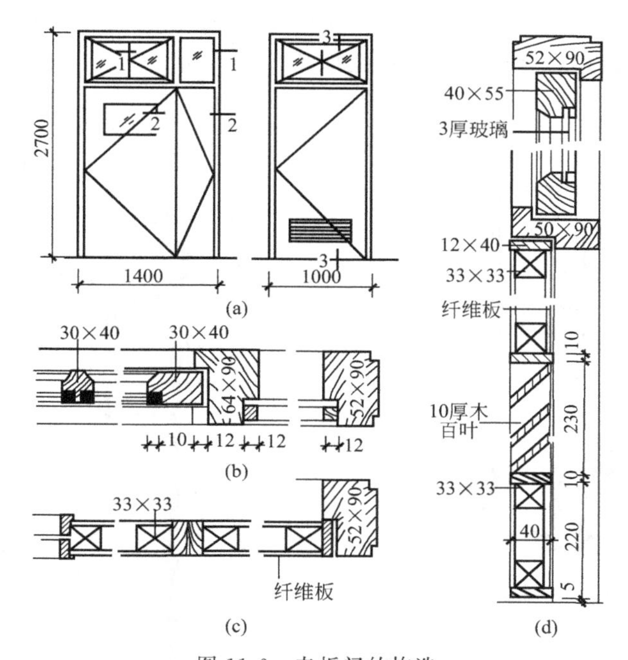

图 11-6　夹板门的构造

（a）夹板门平面图；（b）1—1 剖面图；（c）2—2 剖面图；（d）3—3 剖面图

③ 门的五金　门的五金主要有把手、门锁、铰链、闭门器和定门器等，如图 11-7 所示。其中，铰链连接门窗扇与门窗框，供平开门和平开窗开启时转动使用。

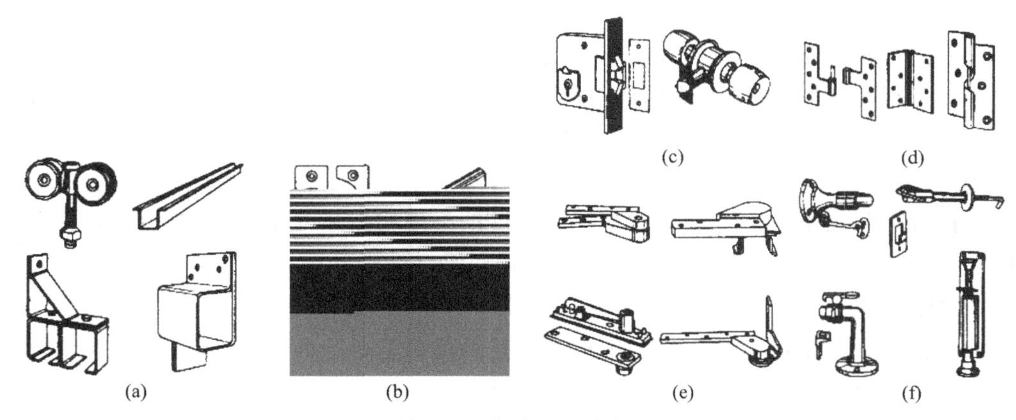

图 11-7　门窗五金实物

（a）吊门五金；（b）推拉门窗及悬窗五金；（c）锁；（d）普通铰链；（e）特种铰链；（f）定门器

(2)铝合金门的构造

铝合金是在铝中加入镁、锰、铜、锌、硅等元素形成的合金材料。其型材用料系薄壁结构，型材断面中留有不同形状的槽口和孔。它们分别具有空气对流、排水、密封等作用。铝合金平开门的构造如图 11-8 所示。

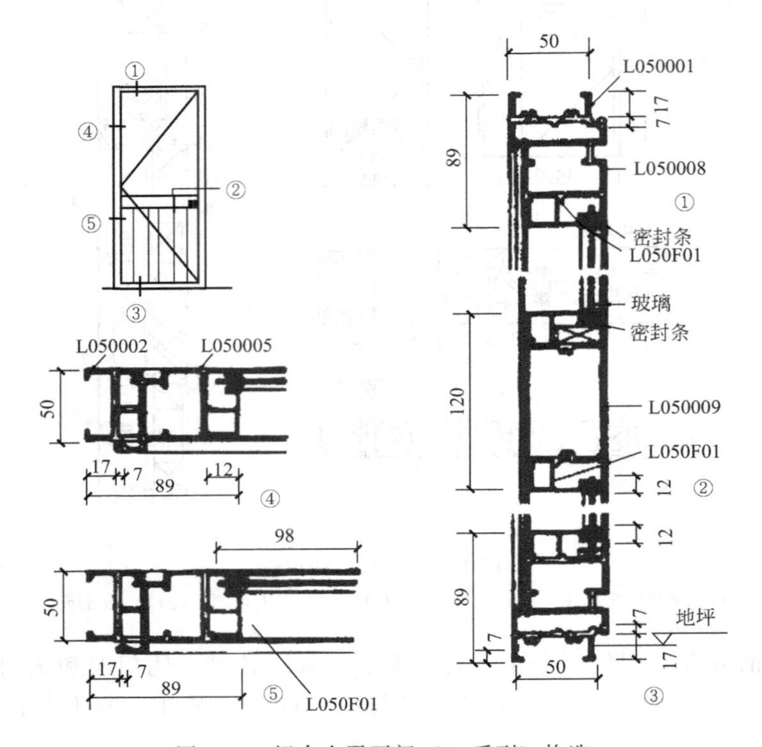

图 11-8 铝合金平开门（50 系列）构造

不同部位、不同开启方式的铝合金门窗，其壁厚均有规定。普通铝合金门窗型材壁厚不得小于 0.8mm；地弹簧门型材壁厚不得小于 2mm；用于多层建筑室外的铝合金门窗型材壁厚一般在 1.0～1.2mm；高层建筑室外的铝合金门窗型材壁厚不应小于 1.2mm。

铝合金门窗框料的系列名称是以门窗框的厚度构造尺寸来区分的。如门框厚度构造尺寸为 50mm 的平开门，就称为 50 系列铝合金平开门。

(3)玻璃自动门

无框玻璃门是用整块安全平板玻璃直接做成门扇，立面简洁。玻璃门扇有弧形门和直线门之分，门扇能够由光感设备自动启闭，常见的有脚踏感应和探头感应两种方式，如图 11-9 所示。若为非自动启闭时，应有醒目的拉手或其他识别标志，以防止发生安全问题。

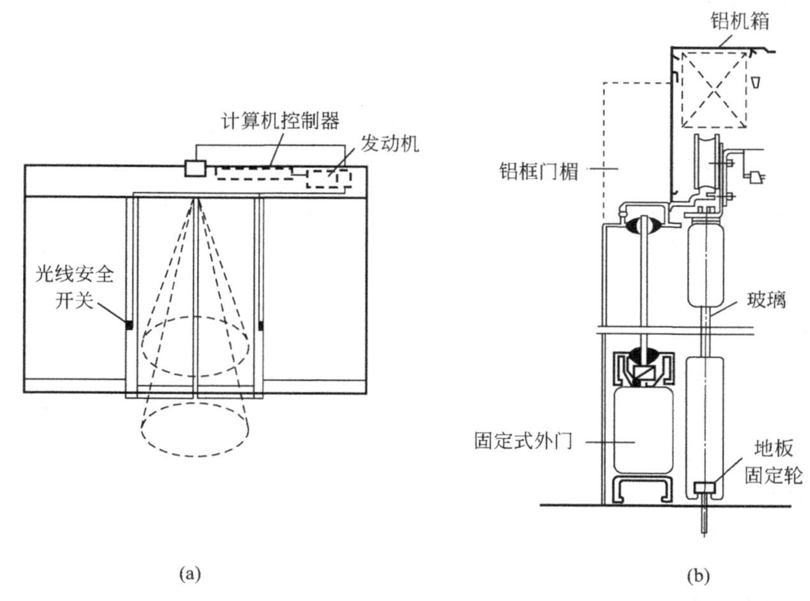

图 11-9 玻璃自动门
(a) 平面图；(b) 截面图

11.2 窗

11.2.1 窗的分类

(1) 按所使用材料分类

窗按所使用材料可以分为以下几类。

① 木窗 用松、杉木制作而成，具有制作简单，经济，密封性能、保温性能好等优点，但是相对透光面积小，防火性能差，耗用木材，耐久性低，易变形、损坏等。目前已基本上不再采用。

② 钢窗 由型钢经焊接而成。钢窗与木窗相比具有坚固、不易变形、透光率大的优点，但是易生锈，维修费用高，目前采用越来越少。

③ 铝合金窗 由铝合金型材用拼接件装配而成的，其成本较高，但具有轻质高强、美观耐久、耐腐蚀、刚度大、变形小、开启方便等优点，目前应用较多。

④ 塑钢窗 由塑钢型材装配而成，其成本较高，但密闭性好，保温、隔热、隔声，表面光洁，便于开启。该窗与铝合金窗同样是目前应用较多的窗。

⑤ 玻璃钢窗 由玻璃钢型材装配而成的，具有耐腐蚀性强、重量轻等优点，但是表面粗糙度较大，通常用于化工类工业建筑。

(2) 按开启方式分类

窗按开启方式可以分为以下几类（图 11-10）。

① 平开窗　有内开和外开之分，构造简单，制作、安装、维修、开启等都比较方便，是现在常见的一种开启方式。但是平开窗有易变形的缺点。

② 悬窗　根据水平旋转轴的位置不同分为上悬窗、中悬窗和下悬窗三种。为了避免雨水进入室内，上悬窗必须向外开启；中悬窗上半部向内开、下半部向外开，此种窗有利于通风，开启方便，多用于高窗和门亮子；下悬窗一般内开，不防雨，不能用于外窗。

③ 立转窗　窗扇可以绕竖向轴转动，竖轴可设在窗扇中心，也可以略偏于窗扇一侧，通风效果较好。

④ 推拉窗　窗扇沿着导轨槽可以左右推拉，也可以上下推拉，这种窗不占用空间，但通风面积小，目前铝合金窗和塑钢窗均采用这种开启方式。

⑤ 固定窗　固定窗不需窗扇，玻璃直接镶嵌于窗框上，不能开启，不能通风，通常用于外门的亮子和楼梯间等处，供采光、观察和围护所用。

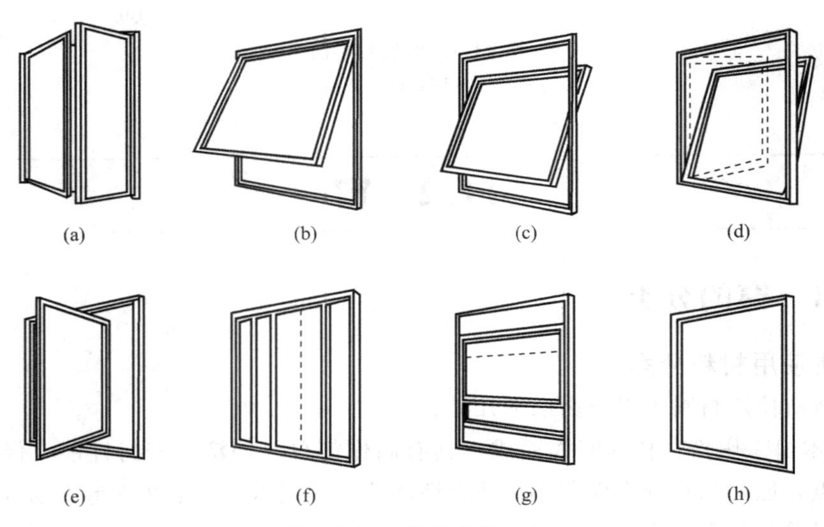

图 11-10　窗的开启方式

(a) 平开窗；(b) 上悬窗；(c) 中悬窗；(d) 下悬窗；(e) 立转窗；(f) 水平推拉窗；(g) 垂直推拉窗；(h) 固定窗

11.2.2　窗的构造

(1) 平开木窗的构造

平开木窗主要由窗框、窗扇和五金零件组成，如图 11-11 所示，其构造如图 11-12 所示。

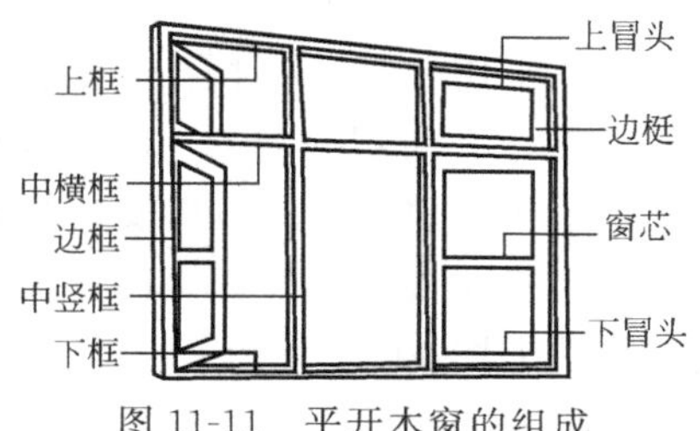

图 11-11 平开木窗的组成

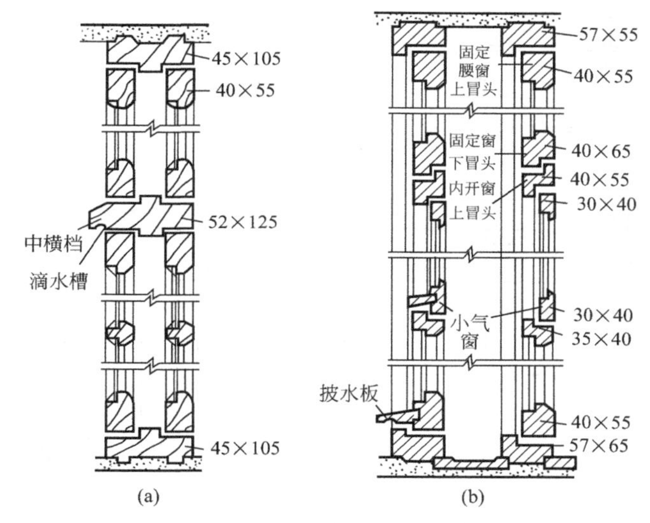

图 11-12 双层平开木窗构造

(a) 单框内外开双层窗；(b) 分框内开双层窗

① 窗框　窗框是用来悬挂窗扇的，它由上框、下框、中横框、中竖框等榫接而成。

窗框断面尺寸主要依材料强度、接榫需要和窗扇层数（单层、双层）来确定。窗框相对外墙位置可分为三种情况：内平、居中、外平。窗框与墙间缝隙用水泥砂浆或油膏嵌缝。为防腐耐久、防蛀、防潮变形，一般木窗框靠近墙面一侧开槽做防腐处理。为使窗扇开启方便，又要关闭严密，一般在窗框上做深度为 10～12mm 的裁口，在与窗框接触的窗扇侧面做斜面。

② 窗扇　扇料断面与窗扇的规格尺寸和玻璃厚度有关。为安装玻璃且保证严密，在窗扇外侧做深度为 8～12mm，并且不超过窗扇厚度 1/3 为宜的铲口，将玻璃用小铁钉固定在窗扇上，再用玻璃密封膏镶嵌成斜三角。

(2) 推拉式铝合金窗

铝合金窗的开启方式有很多种，目前较多采用水平推拉式。铝合金窗主要由窗框、窗扇和五金零件组成。

推拉式铝合金窗的型材有55系列、60系列、70系列、90系列等，其中70系列是目前广泛采用的窗用型材，采用90°开榫对合，螺钉连接成形。玻璃根据面积大小、隔声、保温、隔热等的要求，可以选择3～8mm厚的普通平板玻璃、热反射玻璃、钢化玻璃、夹层玻璃或中空玻璃等。玻璃安装时采用橡胶压条或硅硐密封胶密封。窗框与窗扇的中梃和边梃相接处，设置塑料垫块或密封毛条，以使窗扇受力均匀，开关灵活，其具体构造如图11-13所示。

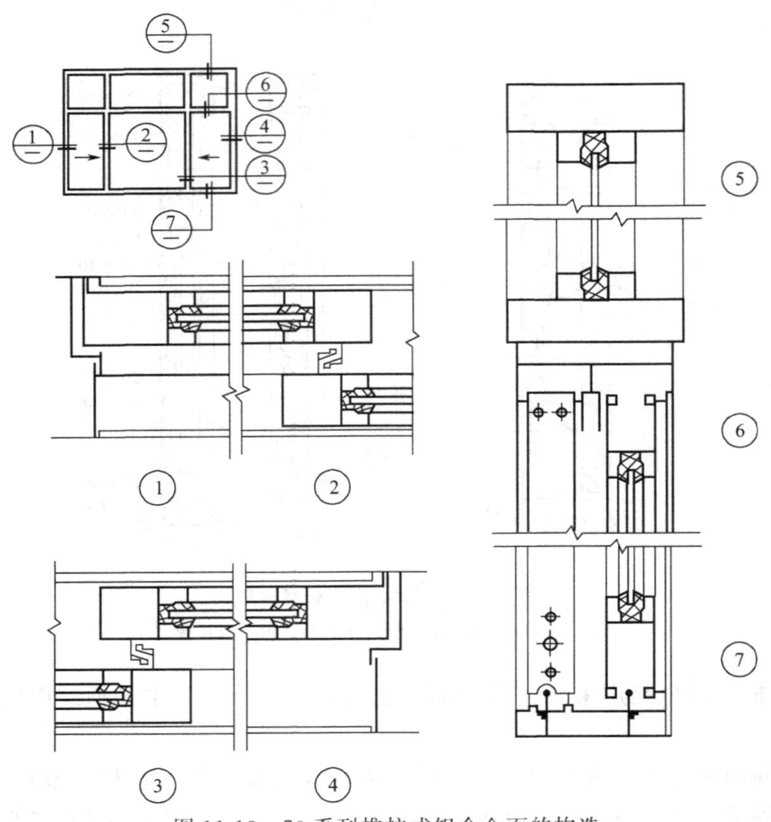

图11-13　70系列推拉式铝合金面的构造

(3) 塑钢窗

塑钢窗是以PVC为主要原料制成空腹多腔异型材，中间设置薄壁加强型钢(简称加强筋)，经加热焊接而成窗框料。具有传热系数低、耐弱酸碱、无需油漆并有良好的气密性、水密性、隔声性等优点，是国家建设部推荐的节能产品，目前在建筑中被广泛推广采用，其构造如图11-14所示。

塑钢共挤窗为新型产品，其窗体采用塑钢共挤的技术，使内部的钢管与窗体紧密地结合在一起，具有强度高、刚度好、抗风压变形能力强等优点，目前在一些建筑中投入使用。

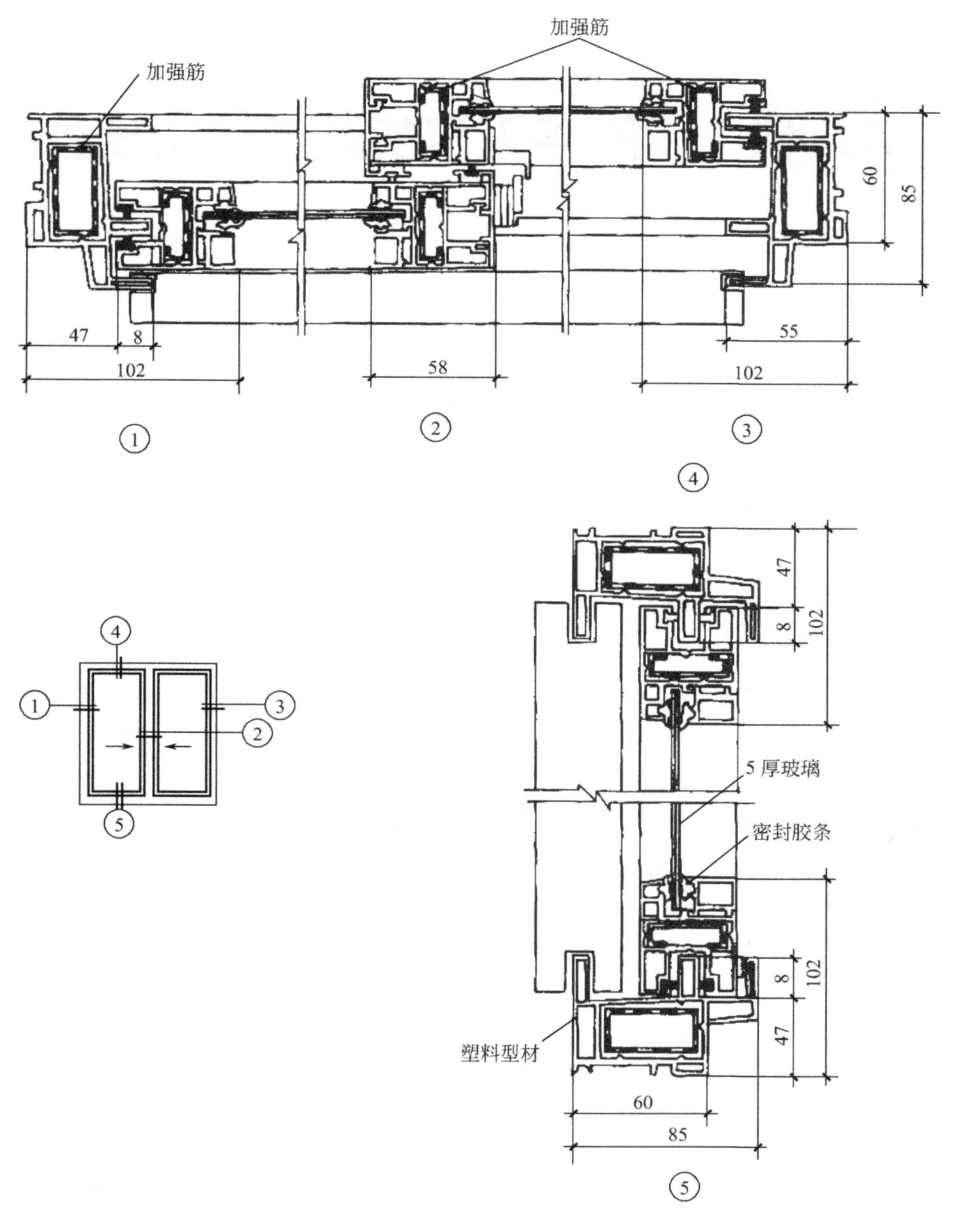

图 11-14 塑钢窗的构造

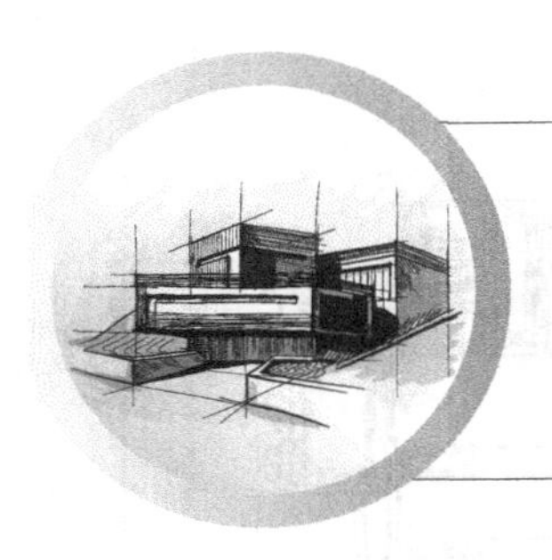

12 变形缝构造图识读技巧

12.1 变形缝的设置原则

变形缝是为避免建筑物在外界因素（温度变化、地基不均匀沉降及地震）作用下产生变形，导致开裂甚至破坏而人为设置的适当宽度的缝隙。变形缝包括伸缩缝、沉降缝和防震缝。

12.1.1 伸缩缝

为防止建筑构件由于温度变化而产生热胀冷缩，使房屋出现裂缝，甚至破坏，沿建筑物长度方向每隔一定距离设置的垂直缝隙称为伸缩缝，也叫温度缝。

(1)位置和间距

伸缩缝的位置和间距与建筑物的材料、结构形式、使用情况、施工条件及当地温度变化情况有关。《砌体结构设计规范》(GB 50003—2011) 对彻体房屋伸缩缝的最大间距所做的规定见表 12-1，《混凝土结构设计规范》(GB 50010—2010) 对钢筋混凝土结构伸缩缝最大间距所做的规定见表 12-2。

(2)宽度

伸缩缝要求从基础顶面开始，将墙体、楼板、屋顶等构件全部断开，基础因埋在土中，受气温影响小，不必断开。伸缩缝的宽度按照实际施工情况而定。

12.1.2 沉降缝

为了防止建筑物各部分因为地基不均匀沉降引起房屋破坏所设置的垂直缝隙称为沉降缝。沉降缝将房屋从基础到屋顶的全部构件断开，使两侧各为独立的单元，可以自由沉降。

(1)沉降缝的设置情况

凡符合下列情况之一者，容易引起地基不均匀沉降，所以应设置沉降缝。

① 房屋相邻部分的高度相差较大、荷载大小相差悬殊或结构变化较大。

表 12-1　砌体房屋温度伸缩缝的最大间距

屋盖或楼盖类别		间距/m
整体式或装配整体式钢筋混凝土结构	有保温层或隔热层的屋盖、楼盖	50
	无保温层或隔热层的屋盖	40
装配式无檩体系钢筋混凝土结构	有保温层或隔热层的屋盖、楼盖	60
	无保温层或隔热层的屋盖	50
装配式有檩体系钢筋混凝土结构	有保温层或隔热层的屋盖	75
	无保温层或隔热层的屋盖	60
瓦材屋盖、木屋盖、轻钢屋盖		100

注：1. 对烧结普通砖、烧结多孔砖、配筋砌块砌体房屋取表中数值；对石砌体、蒸压灰砂普通砖、蒸压粉煤灰普通砖、混凝土砌块、混凝土普通砖和混凝土多孔砖房屋，取表中数值乘以 0.8 的系数；当有实践经验并采取有效措施时，可不遵守本表规定。

2. 在钢筋混凝土屋面上挂瓦的屋盖应按钢筋混凝土屋盖采用。

3. 层高大于 5m 的烧结普通砖、烧结多孔砖、配筋砌块砌体结构单层房屋，其伸缩缝间距可按表中数值乘以 1.3。

4. 温差较大且变化频繁地区和严寒地区不采暖的房屋及构筑物墙体的伸缩缝的最大间距，应按表中数值予以适当减小。

5. 墙体的伸缩缝应与结构的其他变形缝相重合，缝宽度应满足各种变形缝的变形要求；在进行立面处理时，必须保证缝隙的变形作用。

表 12-2　钢筋混凝土结构伸缩缝最大间距　　单位：m

结构类型		室内或土中	露天
排架结构	装配式	100	70
框架结构	装配式	75	50
	现浇式	55	35
剪力墙结构	装配式	65	40
	现浇式	45	30
挡土墙、地下室墙壁等类结构	装配式	40	30
	现浇式	30	20

注：1. 装配整体式结构的伸缩缝间距，可根据结构的具体情况取表中装配或结构与现浇结构之间的数值。

2. 框架-剪力墙结构或框架-核心筒体结构房屋的伸缩缝间距可根据结构的具体布置情况取表中框架结构与剪力墙结构之间的数值。

3. 当屋面无保温或隔热措施时，框架结构、剪力墙结构的伸缩缝间距宜按表中露天栏的数值取用。

4. 现浇挑檐、雨罩等外露结构的伸缩缝间距不宜大于 12m。

② 房屋相邻部分的基础形式、埋置深度相差较大。

③ 房屋体型比较复杂。

④ 房屋建造在不同地基上。

⑤ 新旧房屋相毗连。

(2) 沉降缝的设置部位

① 建筑平面转折部位。

② 高度差异或荷载差异处。

③ 长高比过大的砌体承重结构或钢筋混凝土框架结构的适当部位。

④ 地基土压缩性有显著差异处。

⑤ 建筑结构（或基础）类型不同处。

⑥ 分期建造房屋的交接处。

沉降缝的设置是为满足房屋各部分在垂直方向上的自由变形，因此应将房屋从基础到屋顶全部断开。沉降缝的宽度随地基情况和房屋高度的不同而确定，见表 12-3。

表 12-3 沉降缝的宽度

地基性质	建筑物高度或层数	缝宽/mm
一般地基	$H<5$m $H=5\sim8$m $H=10\sim15$m	30 50 70
软弱地基	2～3 层 4～5 层 6 层以上	50～80 80～120 >120
湿陷性黄土地基	—	30～70

注：沉降缝两侧结构单元层数不同时，由于高层部分的影响，低层结构的倾斜往往很大，因此，沉降缝的宽度应按高层部分的高度确定。

12.1.3 防震缝

建造在抗震设防烈度为 6～9 度地区的房屋，为了避免破坏，按抗震要求设置的垂直缝隙即防震缝。防震缝通常设在结构变形敏感的部位，沿房屋基础顶面全高设置。缝的两侧均应当设置墙体，使建筑物分为若干形体简单、结构刚度均匀的独立单元。

防震缝的设置原则依抗震设防烈度、房屋结构类型和高度不同而异。对于多层砌体房屋来说，遇下列几种情况时宜设置防震缝。

① 房屋立面高差在 6m 以上。

② 房屋有错层，且楼板高差较大。

③ 房屋相邻各部分结构刚度、质量截然不同。

防震缝的宽度应当根据抗震设防烈度、结构材料种类、结构类型、结构单元的高度和高差确定，通常多层砖混结构为 50～70mm，多层和高层框架结构则按不同的建筑高度为 70～200mm。地震设防区房屋的伸缩缝和沉降缝应符合防震缝的要求。

多层和高层钢筋混凝土房屋选用合理的建筑结构方案为宜，不设防震缝。当需要设置防震缝时，其防震缝最小宽度应当符合下列规定。

① 框架结构房屋，当高度不超过15m时，可以采用70mm；超过15m时，6度、7度、8度和9度相应每增加高度5m、4m、3m和2m，宜加宽20mm。

② 框架-抗震墙结构房屋的防震缝宽度，可以采用第①项规定数值的70%，抗震墙结构房屋的防震缝宽度，可以采用第①项规定数值的50%，且均不宜小于70mm。

③ 防震缝两侧结构类型不同时，宜按照需要较宽防震缝的结构类型和较低房屋高度确定缝宽。

一般情况防震缝应与伸缩缝、沉降缝协调布置，做到一缝多用。沉降缝可兼起伸缩缝的作用，但伸缩缝却不能代替沉降缝。当防震缝与沉降缝结合设置时，基础也应断开。

12.2　变形缝的构造图识读

12.2.1　墙体变形缝

墙体变形缝的构造处理不仅要保证变形缝两侧的墙体自由伸缩、沉降或摆动，还要密封严实，以满足防风、防雨、保温、隔热和外形美观的要求。所以，在构造上对变形缝须给予覆盖和装修。

(1) 伸缩缝

根据墙体的材料、厚度及施工条件，伸缩缝可以做成平缝、错口缝、企口缝等形式，如图12-1所示。

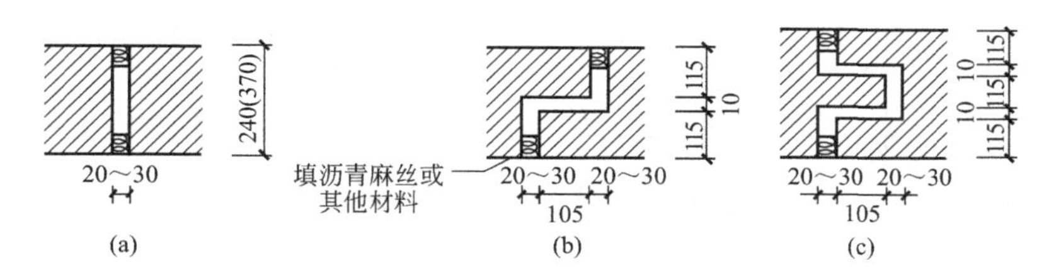

图12-1　墙体伸缩缝的形式

(a) 平缝；(b) 错口缝；(c) 企口缝

为防止外界自然条件对墙体及室内环境的侵袭，外墙伸缩缝内应当填塞具有防水、保温和防腐性能的弹性材料，例如沥青麻丝、泡沫塑料条、橡胶条、油膏等。当缝口较宽时，外侧缝口还应当用镀锌铁皮或铝片等金属调节片覆盖，如图12-2

(a) 所示。内侧缝口通常使用具有一定装饰效果的木质盖缝条、金属片或塑料片遮盖，仅一边固定在墙上，如图 12-2(b) 所示。内墙伸缩缝缝内通常不填塞保温材料，缝口处理与外墙内侧缝口相同。

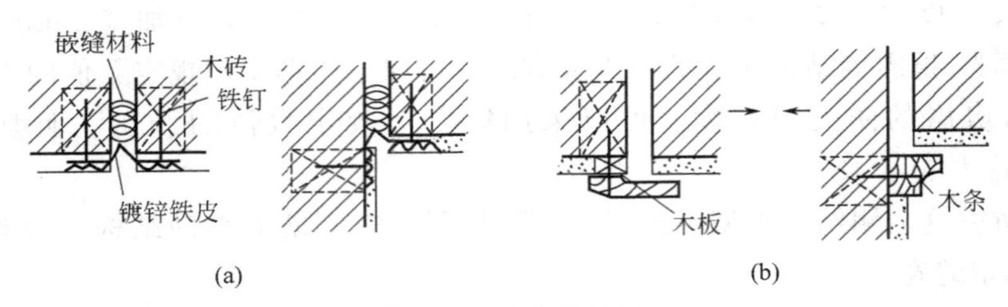

图 12-2　墙身伸缩缝

(a) 外侧缝口；(b) 内侧缝口

(2) 沉降缝

沉降缝往往兼起伸缩缝的作用，其构造与伸缩缝构造基本相同，只是调节片或者盖缝板在构造上应保证两侧墙体在水平方向和垂直方向均能自由变形。一般外侧缝口宜根据缝的宽度不同，使用两种形式的金属调节片盖缝，如图 12-3 所示，内墙沉降缝和外墙内侧缝口的盖缝同伸缩缝。

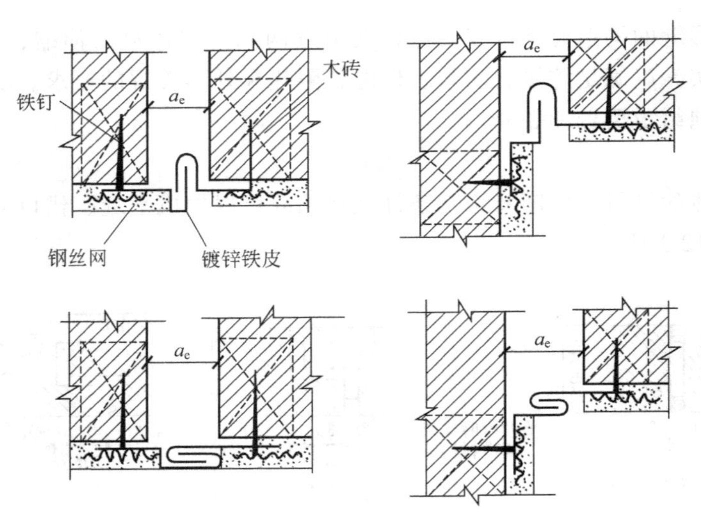

图 12-3　外墙沉降缝构造

a_e—沉降缝宽度

(3) 防震缝

防震缝构造与伸缩缝、沉降缝构造相似。考虑防震缝宽度较大，构造上更应当注意盖缝的牢固、防风、防雨等，寒冷地区的外缝口还需用具有弹性的软质聚氯乙烯泡沫塑料、聚苯乙烯泡沫塑料等保温材料填实，如图 12-4 所示。

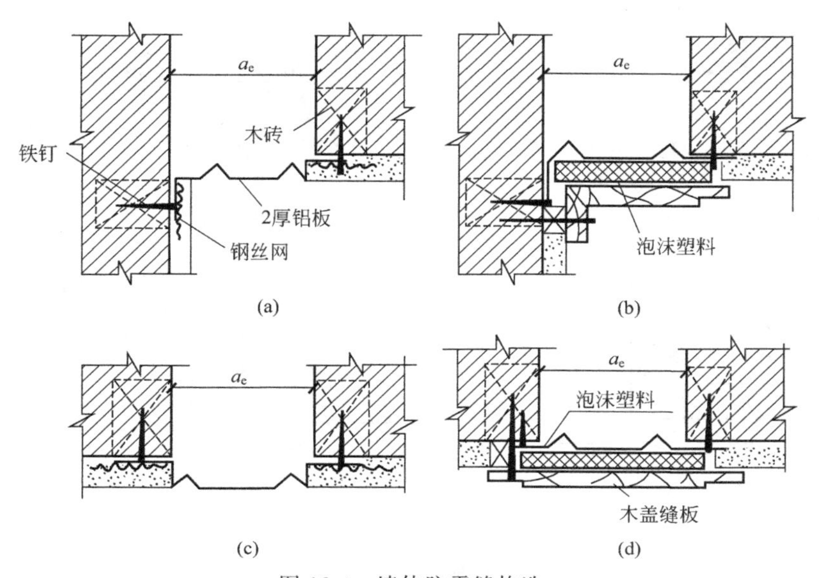

图 12-4　墙体防震缝构造

(a) 外墙转角；(b) 外墙平缝；(c) 内墙转角；(d) 内墙平缝；

a_e—防震缝宽度

12.2.2　楼地面变形缝

楼地面变形缝的位置和宽度应当与墙体变形缝一致。变形缝一般贯通楼地面各层，缝内使用具有弹性的油膏、金属调节片、沥青麻丝等材料做嵌缝处理，面层和顶棚应当加设不妨碍构件之间变形需要的盖缝板，盖缝板的形式和色彩应与室内装修协调，如图 12-5 所示。

12.2.3　屋顶变形缝

屋顶变形缝的位置和宽度应当与墙体、楼地面的变形缝一致。缝内用金属调节片、沥青麻丝等材料做嵌缝和盖缝处理。屋顶变形缝按照建筑设计可设于同层等高屋面上，也可设于高低屋面交接处。同层等高屋面依据其上人或不上人等要求，构造做法也各不相同。

(1) 柔性防水屋顶变形缝

① 同层等高不上人屋面　不上人屋面变形缝，通常是在缝两侧各砌半砖厚矮墙，并做好屋面防水和泛水构造处理，矮墙顶部用镀锌薄钢板或者钢筋混凝土盖板盖缝，如图 12-6 所示。

② 同层等高上人屋面　上人屋面为便于行走，缝两侧通常不砌小矮墙，此时应做好屋面防水，避免雨水渗漏，如图 12-7 所示。

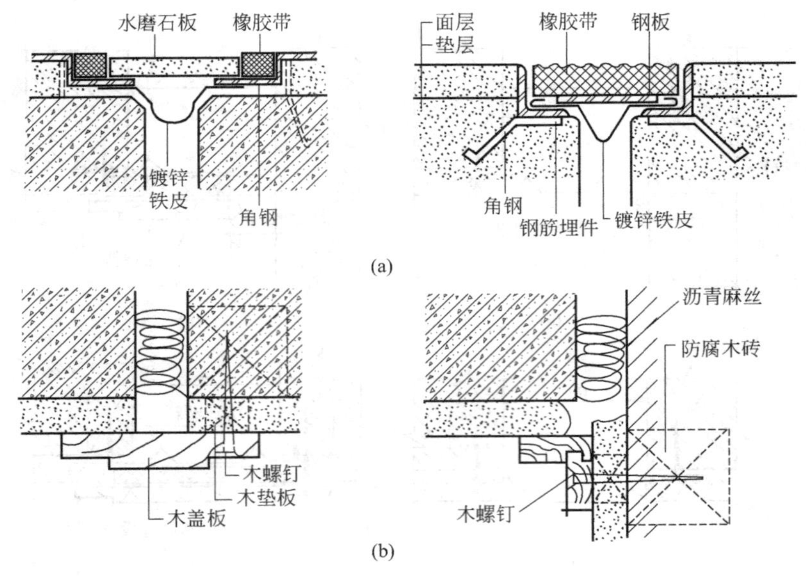

图 12-5　楼地面、顶棚变形缝构造

（a）地面变形缝；（b）顶棚变形缝

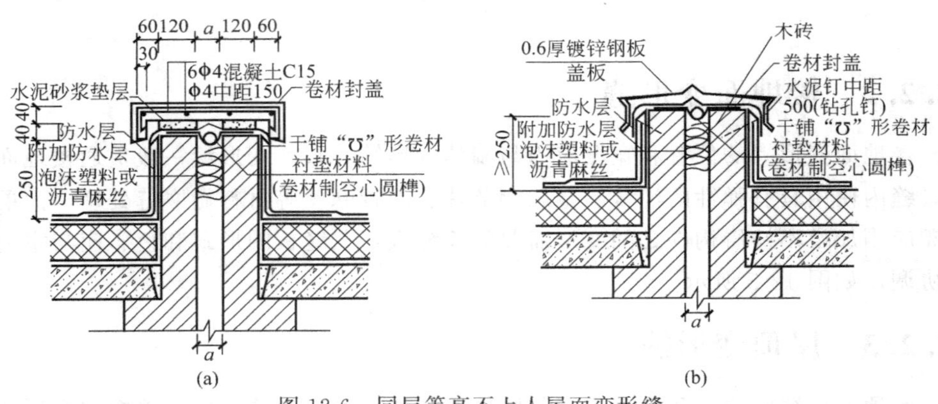

图 12-6　同层等高不上人屋面变形缝

（a）钢筋混凝土板盖缝；（b）镀锌薄钢板盖缝

a—变形缝宽度

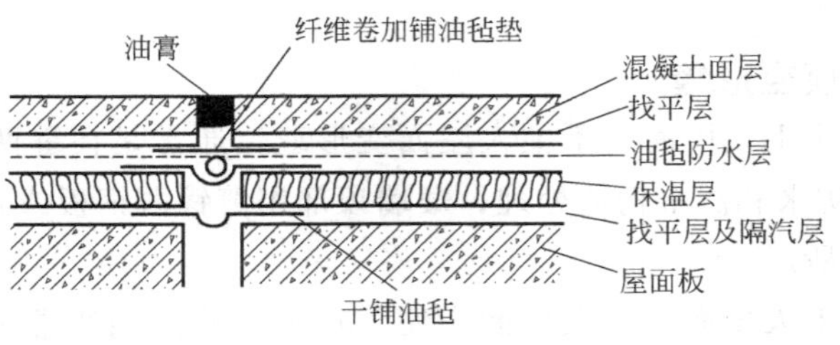

图 12-7　同层等高上人屋面变形缝

③ 高低屋面的变形缝　高低屋面交接处的变形缝，应当在低侧屋面板上砌半砖矮墙，与高侧墙之间留出变形缝隙，并且做好屋面防水和泛水处理。矮墙之上可用从高侧墙上悬挑的钢筋混凝土板或者镀锌薄钢板盖缝，如图 12-8 所示。

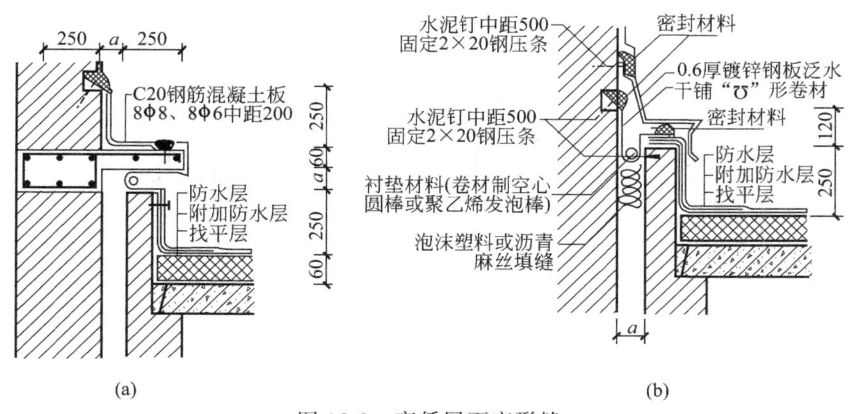

图 12-8　高低屋面变形缝

(a) 结构一；(b) 结构二

a—变形缝宽度

(2) 刚性防水屋顶变形缝

刚性防水屋面变形缝的构造与柔性防水屋面的做法相似，只是防水材料不同，如图 12-9 所示。

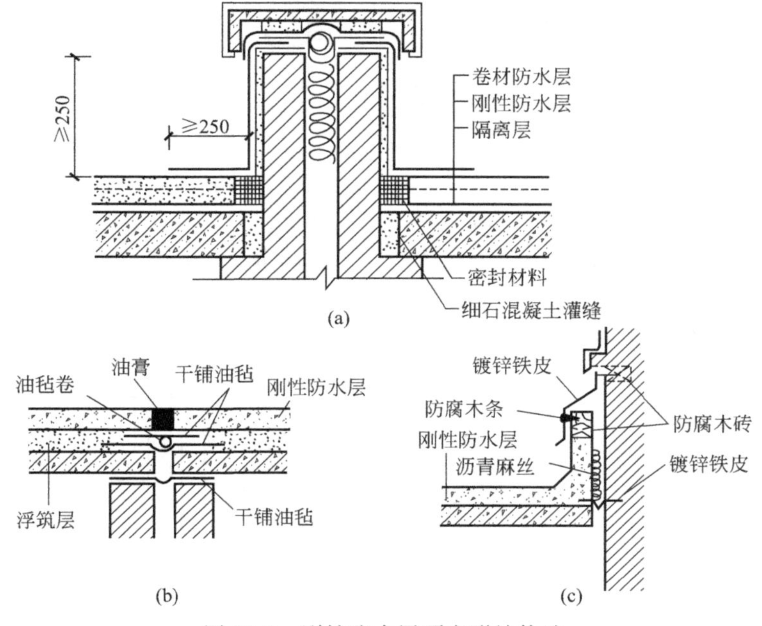

图 12-9　刚性防水屋顶变形缝构造

(a) 不上人屋面变形缝；(b) 上人屋面变形缝；(c) 高低跨屋面变形缝

12.2.4 基础沉降缝

基础沉降缝的构造处理方案有双墙式、挑梁式和交叉式三种，分别如图 12-10～图 12-12 所示。

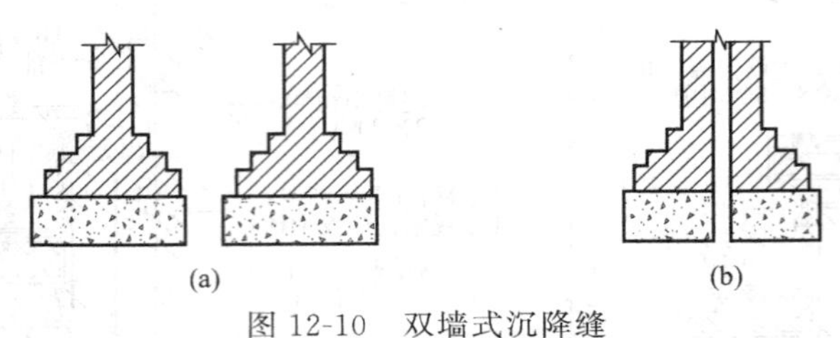

图 12-10 双墙式沉降缝

(a) 一般基础变形缝；(b) 偏心基础变形缝

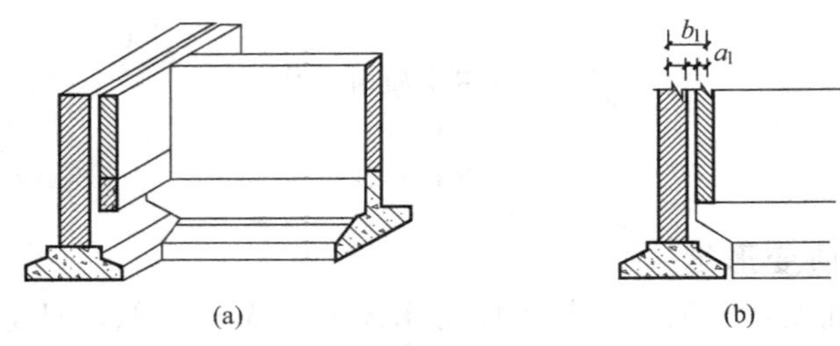

图 12-11 挑梁式基础沉降缝

(a) 外观；(b) 示意尺寸

b_1—插入距；a_1—沉降缝宽度

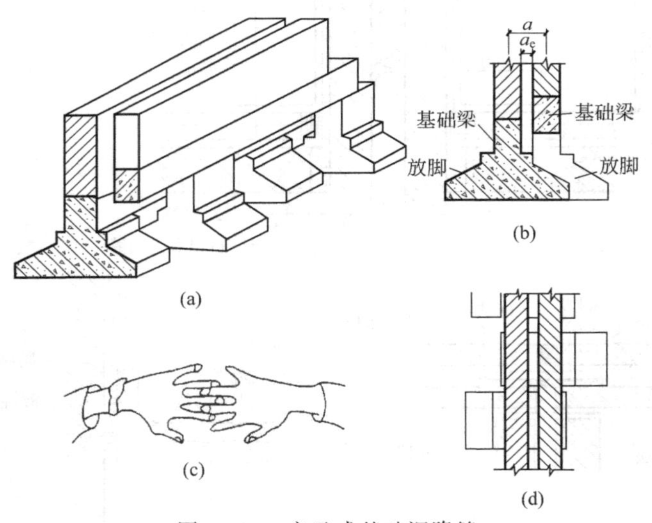

图 12-12 交叉式基础沉降缝

(a) 外观；(b) 示意；(c) 剖面；(d) 平面

a—插入距；a_e—沉降缝宽度

双墙式处理方案施工简单，造价低，但是易出现两墙之间间距较大或基础偏心受压的情况，所以常用于基础荷载较小的房屋。

挑梁式处理方案是将沉降缝一侧的墙及基础按一般构造做法处理，而另一侧则采用挑梁支承基础梁，基础梁上支承轻质墙的做法。轻质墙可以减少挑梁承受的荷载，但是挑梁下基础的底面要相应加宽。这种做法两侧基础分开较大，相互影响小，适用于沉降缝两侧基础埋深相差较大或者新旧建筑毗连的情况。

交叉式处理方案是将沉降缝两侧的基础都做成墙下独立基础，交叉设置，在各自的基础上设置基础梁以支承墙体。这种做法受力明确，效果较好，但是施工难度大，造价也较高。

参 考 文 献

[1] 中华人民共和国住房和城乡建设部.总图制图标准（GB/T 50103—2010）[S].北京：中国计划出版社，2011.
[2] 中华人民共和国住房和城乡建设部.房屋建筑统一制图标准（GB/T 50001—2017）[S].北京：中国计划出版社，2017.
[3] 中华人民共和国住房和城乡建设部.建筑制图标准（GB/T 50104—2010）[S].北京：中国计划出版社，2011.
[4] 中华人民共和国建设部.屋面工程质量验收规范（GB 50207—2012）[S].北京：中国建筑工业出版社，2012.
[5] 中华人民共和国住房和城乡建设部.厂房建筑模数协调标准（GB/T 50006—2010）[S].北京：中国计划出版社，2011.
[6] 中国建筑标准设计研究院. 16G101-1混凝土结构施工图平面整体表示方法制图规则和构造详图（现浇混凝土、剪力墙、梁、板）. 北京：中国计划出版社，2016.
[7] 魏明.建筑构造与识图 [M].北京：机械工业出版社，2011.
[8] 朱缨.建筑识图与构造 [M].北京：化学工业出版社，2010.
[9] 陈梅，郑敏华.建筑识图与房屋结构 [M].武汉：华中科技大学出版社，2010.
[10] 杨福云.建筑构造与识图 [M].北京：中国建材工业出版社，2011.
[11] 刘仁传.建筑识图 [M].北京：中国劳动社会保障出版社，2012.